高 等 数 学

上 册

柴英明　郑志静　王　璐　主　编
敬晓龙　谢小凤　贾堰林　副主编

重庆大学出版社

内容提要

本书共分为 5 章,内容包括函数、极限与连续、导数、微分中值定理与导数的应用、不定积分、定积分等.在各章之后配有一定数量的习题,书后附有习题参考答案.

本书可作为高等院校非数学专业类高等数学的教材,也可供工程技术人员参考.

图书在版编目(CIP)数据

高等数学.上册 / 柴英明,郑志静,王璐主编.——
重庆:重庆大学出版社,2015.7(2020.10 重印)
ISBN 978-7-5624-9234-4

Ⅰ.①高… Ⅱ.①柴…②郑…③王… Ⅲ.①高等数
学—高等学校—教材 Ⅳ.①O13

中国版本图书馆 CIP 数据核字(2015)第 139681 号

高等数学

(上册)

柴英明 郑志静 王 璐 主编
责任编辑:文 鹏 版式设计:文 鹏
责任校对:关德强 责任印制:邱 瑶

*

重庆大学出版社出版发行
出版人:饶帮华
社址:重庆市沙坪坝区大学城西路 21 号
邮编:401331
电话:(023)88617190 88617185(中小学)
传真:(023)88617186 88617166
网址:http://www.cqup.com.cn
邮箱:fxk@ cqup.com.cn(营销中心)
全国新华书店经销
重庆升光电力印务有限公司印刷

*

开本:720mm×960mm 1/16 印张:16.5 字数:279 千
2015 年 8 月第 1 版 2020 年 10 月第 7 次印刷
ISBN 978-7-5624-9234-4 定价:39.00 元

前　言

　　高等数学课程是一门非常重要的基础课,它不仅为学生学习后续课程和进一步扩大数学知识面奠定了必要的基础,而且在培养学生抽象思维能力、逻辑推理能力、自主学习能力、创新能力等方面都具有非常重要的作用.

　　本书是以 TOPCARES-CDIO 教学理念为指导思想,结合各专业需求以及专任教师多年来的教学经验所编写的一本教材。本书在编写过程中,首先充分考虑高等数学课程的特点,力求浅显易懂,适合学生自学。其次,在基本理论的叙述上重新调整了结构,使其更便于学生理解。最后,在习题的处理上,考虑各个层次学生需求的不同,分别设计了基础题与提高题。

　　本书的编写者均为多年在教学一线从事高等数学教学的老师,有着非常丰富的教学经验。本书主编为成都东软学院的柴英明、郑志静和王璐。执笔分工如下:柴英明编写第 1 章,王璐编写第 2 章,谢小凤编写第 3 章第 3.1—3.3 节,贾堰林编写第 3 章第 3.4—3.7 节,敬晓龙编写第 4 章,郑志静编写第 5 章。

　　蒙立副教授、何曦老师还有成都大学的刘春燕老师在使用本书过程中提出了宝贵的建议,在此表示感谢! 同时一并感谢 2015 级同学使用本书过程中提出的有益建议!

　　限于编者的水平,书中难免有不妥之处,恳请读者批评指正。

编　者

2015 年 4 月

目 录

预备知识

一、逻辑符号

$P \Rightarrow Q$ 表示命题 P 成立,则命题 Q 成立;$P \Leftrightarrow Q$ 表示命题 P 成立当且仅当命题 Q 成立.

$\forall$ 表示任意,$\exists$ 表示存在,如 $\forall x$,$\exists y$,使得 $x > y$.

二、集合

一般来说,把某类对象的总体叫做**集合**,这些对象叫作该集合的**元素**.这是对"集合"与"元素"的描述而不是定义.设 A 是一个集合,a 是 A 的元素,记作 $a \in A$;反之 a 不是 A 的元素,记作 $a \notin A$.不含任何元素的集合称为**空集**,记作 $\varnothing$.

设 A,B 是两个集合,若 $\forall x \in A$,有 $x \in B$,则称 A 包含于 B,或 A 是 B 的**子集**,记作 $A \subset B$.若 $A \subset B$,$B \subset A$,则称集合 A,B **相等**,记作 $A = B$.若 $A \subset B$ 且 $A \neq B$,则称 A 是 B 的**真子集**.

包含关系有下列性质:

(1) 自反性:$A \subset A$.

(2) 反对称性:若 $A \subset B$ 且 $B \subset A$,则 $A = B$.

(3) 传递性:若 $A \subset B$ 且 $B \subset C$,则 $A \subset C$.

设 A,B 是两个集合,A 与 B 的**并集** $A \cup B = \{x \mid x \in A \text{ 或 } x \in B\}$;$A$ 与 B 的**交集** $A \cap B = \{x \mid x \in A \text{ 且 } x \in B\}$;$A$ 与 B 的**差集** $A - B = \{x \mid x \in A \text{ 且 } x \notin B\}$.

集合的交、并和差运算有如下定律:

(1) 交换律:$A \cup B = B \cup A$,$A \cap B = B \cap A$.

(2) 结合律:$A \cup (B \cup C) = (A \cup B) \cup C$,$A \cap (B \cap C) = (A \cap B) \cap C$.

(3) 分配律:

$A \cup (B \cap C) = (A \cup B) \cap (A \cup C)$,$A \cap (B \cup C) = (A \cap B) \cup (A \cap C)$.

（4）对偶律：

$A - (B \cup C) = (A - B) \cap (A - C), A - (B \cap C) = (A - B) \cup (A - C).$

其中，A, B, C 是任意集合.

对于给定集合 A，若存在实数 a，满足：

（1）$\forall x \in A$，有 $x \leqslant a$；

（2）$\forall \varepsilon > 0, \exists x \in A$，使得 $x > a - \varepsilon$；

则称 a 是 A 的上确界，记作 $a = \sup A$。类似的可定义下确界 $\inf A$。

三、数集

下面来复习一些常用的数集.

（1）自然数集用符号 **N** 表示，$\mathbf{N} = \{0, 1, 2, 3, \cdots, n, \cdots\}$.

（2）整数集用符号 **Z** 表示，$\mathbf{Z} = \{x \mid x \in \mathbf{N} \text{ 或 } -x \in \mathbf{N}^+\}$. $\mathbf{N}^+$ 表示正的自然数集.

（3）有理数集用符号 **Q** 表示，$\mathbf{Q} = \left\{ \dfrac{q}{p} \mid p \in \mathbf{N}^+, q \in \mathbf{Z}, p, q \text{ 互质} \right\}$.

（4）实数集用符号 **R** 表示，$\mathbf{R} = \{x \mid x \text{ 为有理数或无理数}\}$.

四、区间与邻域

常用的区间有以下几种：

（1）开区间，如 $(a, b) = \{x \mid a < x < b\}$；

（2）闭区间，如 $[a, b] = \{x \mid a \leqslant x \leqslant b\}$；

（3）半开半闭区间，如 $(a, b] = \{x \mid a < x \leqslant b\}$ 等；

（4）无穷区间，如 $(a, +\infty) = \{x \mid x > a\}$ 等.

有时我们需要研究某个数附近的数的性质，由此引入邻域的概念.我们用 $U(x_0, \delta), (\delta > 0)$ 表示 x_0 的 δ 邻域 $U(x_0, \delta) = (x_0 - \delta, x_0 + \delta) = \{x \mid |x - x_0| < \delta\}$；用 $\overset{\circ}{U}(x_0, \delta), (\delta > 0)$ 表示 x_0 的**去心 δ 邻域** $\overset{\circ}{U}(x_0, \delta) = (x_0 - \delta, x_0) \cup (x_0, x_0 + \delta) = \{x \mid 0 < |x - x_0| < \delta\}$，$x_0$ 叫作**邻域的中心**，δ 叫作**邻域的半径**.

当不需要知道邻域半径时，我们用 $U(x_0), \overset{\circ}{U}(x_0)$ 表示 x_0 的**邻域**和**去心邻域**.

例如，$U(1, 0.1) = (0.9, 1.1)$，$U(3, 0.2) = (2.8, 3.2)$，$\overset{\circ}{U}(3, 0.2) = (2.8, 3) \cup (3, 3.2)$.

第1章 函数、极限与连续

§1.1 函 数

1.1.1 函数的概念

高等数学与初等数学的区别,在于研究的对象和研究的方法不同.初等数学主要研究的是常量的数学,而高等数学是研究变量的数学.

1)常量与变量

在生产与生活中,我们会接触到各种各样的量.有些量在考察过程中是变化的,在不同时刻取不同的值,称为**变量**,如变速运动的速度等;有些量在考察过程中是不变化的,在任何时刻取相同的值,称为**常量**,如匀速运动的速度等.

一般地,常量与变量是相对的.比如指数函数 $y = a^x$ 中,a 是常量,相对不变,它也可以变,但在每个指数函数中是不变的.习惯上,变量常用字母 x,y,t 等表示;常量常用字母 a,b,c 等表示.

2)函数的定义

定义1 给定实数集合 A 和 B,若存在某种对应法则 f,对于 A 中每一个元素 $x \in A$,都有 B 中唯一的元素 y 与之对应,则称 f 是从 A 到 B 的一个**函数**,记作

$$f: A \to B.$$

函数 f 在 x 的取值记作 $y = f(x)$,其中,x 称为**自变量**,y 称为**因变量**.而 A 称为函数 f 的**定义域**,记作 $D_f.R_f = \{f(x) \mid x \in A\}$ 称为函数 f 的**值域**.若 $R_f = B$,则称

3

f 为**满射**.若任意 $x_1, x_2 \in A$ 且 $x_1 \neq x_2$,有 $f(x_1) \neq f(x_2)$,则称 f 为**单射**.若 f 既是单射又是满射,则称 f 为**双射**.

定义 2　平面上的点集 $E = \{(x, f(x)) \mid x \in D_f\}$,称为函数 $f(x)$ 的**图像**.一般来说,函数的图像为一曲线.函数不同,所画出的曲线也不同.

例 1　绝对值函数

$$y = f(x) = |x| = \begin{cases} x, & x \geq 0, \\ -x, & x < 0, \end{cases}$$

其图像如图 1.1 所示.

例 2　符号函数

$$y = \operatorname{sgn} x = \begin{cases} 1, & x > 0, \\ 0, & x = 0, \\ -1, & x < 0, \end{cases}$$

其图像如图 1.2 所示.

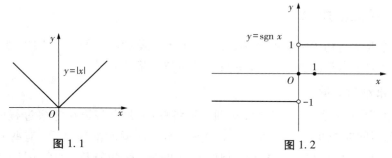

图 1.1　　　　　　　　　　图 1.2

符号函数是分段函数.分段函数的图像应该分段作出:对于 x 的函数值,应先判明 x 属于定义域的哪一子集,用相应的表达式计算.需要注意的是:分段函数的各段也可能在端点处重合,比如例 1.另外,不要认为图像分段的函数就是分段函数,比如正切函数的图像是分段的,但正切函数不是分段函数.

例 3　取整函数 $y = [x]$,$[x]$ 表示不超过 x 的最大整数.例如

$[0.3] = 0, [3.14] = 3, [2] = 2, [-1.5] = -2.$

其图像如图 1.3 所示.

例 4　函数 $f: \mathbf{N}^+ \rightarrow A$,称为**数列**,其中

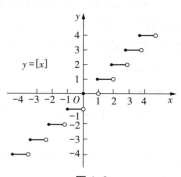

图 1.3

$A \subseteq \mathbf{R}$. 习惯上把 $f(1)$ 写成 a_1, $f(2)$ 写成 a_2, $\cdots$, $f(n)$ 写成 a_n, $\cdots$. 数列通常记作 $\{a_n\}$.

例 5　狄里克莱(Dirichlet)函数, $y = D(x) = \begin{cases} 1, & x \in \mathbf{Q}, \\ 0, & x \notin \mathbf{Q}. \end{cases}$

注 1: 狄里克莱函数的图像不能作出.

1.1.2　函数的性质

1)函数的奇偶性

设函数 $f(x)$ 的定义域 D_f 关于原点对称, 如果对于任一 $x \in D_f$, 都有

$$f(-x) = -f(x)$$

成立, 则称 $f(x)$ 为**奇函数**; 如果对于任一 $x \in D_f$, 都有

$$f(-x) = f(x)$$

成立, 则称 $f(x)$ 为**偶函数**.

奇函数的图像关于原点对称, 偶函数的图像关于 y 轴对称. 例如 $y = 3x$, $y = \ln(x + \sqrt{1 + x^2})$ 是奇函数; $y = x^2$, $y = |x|$ 是偶函数; 狄里克莱函数也是偶函数; 取整函数既不是奇函数也不是偶函数; 函数 $f(x) = 0$ 既是奇函数又是偶函数.

定义域关于原点对称的函数都可以表示成一个奇函数与一个偶函数的和. 比如设函数 $f(x)$ 的定义域关于原点对称, 令

$$\Phi(x) = \frac{f(x) + f(-x)}{2}, \Psi(x) = \frac{f(x) - f(-x)}{2},$$

则 $\Phi(x)$ 是偶函数, $\Psi(x)$ 是奇函数, 且 $f(x) = \Phi(x) + \Psi(x)$.

2)函数的单调性

设函数 $f(x): A \to B$, $\forall x_1, x_2 \in A$, 且 $x_1 < x_2$ 时, 有

$$f(x_1) \leqslant f(x_2) (f(x_1) \geqslant f(x_2)),$$

则称函数 $f(x)$ 为**增函数(减函数)**. 若

$$f(x_1) < f(x_2) (f(x_1) > f(x_2)),$$

则称函数 $f(x)$ 为**严格增函数(严格减函数)**.

增函数和减函数统称**单调函数**, 严格增函数和严格减函数统称严格单调函数. 有时 $f(x)$ 在整个定义域 A 上没有单调性, 但限制在 A 的某个子集 D 上是单调的, 则称 $f(x)$ 在 D 上是单调的. 特别地, 当 D 是区间时, 称 D 为 f 的单调区间.

例如符号函数、取整函数是增函数,但不是严格增函数;狄里克莱函数既不是增函数也不是减函数;$y = x^2$ 在 $(0, +\infty)$ 上单调增加,在 $(-\infty, 0)$ 上单调减少.

直接从定义出发检查函数的单调性常常是困难的,可以利用导数检查可微函数的单调性.

3）函数的有界性

设函数 $f(x)$ 的定义域为 A,若对 $\forall x \in A$, $\exists M > 0$,有

$$|f(x)| \leq M,$$

则称函数 $f(x)$ 在 A 内**有界**.如果这样的正数 M 不存在,就称函数 $f(x)$ 在区间 A 内**无界**.若是 $f(x) \leq M(f(x) \geq -M)$,则称函数 $f(x)$ 在 A 内**有上界(有下界)**,否则称函数 $f(x)$ 在 A 内**无上界(无下界)**.若存在 $U(x_0)$,使得 $f(x)$ 有界,则称 $f(x)$ 在 x_0 点**局部有界**.

例如,对于任一 $x \in (-\infty, +\infty)$,总有 $|\sin x| \leq 1$, $e^x > 0$,所以函数 $y = \sin x$ 在区间 $(-\infty, +\infty)$ 内有界,函数 $y = e^x$ 在区间 $(-\infty, +\infty)$ 内有下界.函数 $f(x) = x^3$ 在区间 $(-\infty, +\infty)$ 内无界,因为对任意取定的一个正数 M,取 $x = \sqrt[3]{M+1}$,则 $|x^3| = M + 1 > M$,即不存在 M 使得 $|x^3| \leq M$ 在区间 $(-\infty, +\infty)$ 内都成立,所以函数 $f(x) = x^3$ 在区间 $(-\infty, +\infty)$ 内无界.

4）函数的周期性

设 $f(x): A \to B$,若 $\exists T \neq 0$,使得对每个 $x \in A$, $x \pm T \in A$,且有 $f(x+T) = f(x)$ 成立,则称 $f(x)$ 为**周期函数**,T 为 $f(x)$ 的**周期**.显然,若 n 为正整数,则 nT 也是周期,因此每个周期函数的周期有无数个.通常,周期函数的周期是指这无数个周期中最小的一个正数,即**最小正周期**.

注 2:周期函数的最小正周期不一定存在.例如,常值函数以任意非零实数为周期,它没有最小正周期.狄里克莱函数以任意非零有理数为周期,它也没有最小正周期.$y = \sin x$, $y = \cos x$ 都是以 2π 为周期的周期函数;函数 $y = \tan x$ 是以 π 为周期的周期函数;函数 $y = x^2$ 不是周期函数.

1.1.3　函数的运算

1）函数的四则运算

设函数 $y = f(x)$ 与 $y = g(x)$ 的定义域相同,则 $y = f(x)$ 与 $y = g(x)$ 的和差积

商分别为 $f(x) + g(x)$, $f(x) - g(x)$, $f(x) \cdot g(x)$, $\dfrac{f(x)}{g(x)}(g(x) \neq 0)$.

2）复合函数

设 $y = f(x)$ 的定义域包含函数 $y = g(x)$ 的值域,则称
$$y = f[g(x)]$$
为 $f(x)$ 与 $g(x)$ 的**复合函数**,记作 $f \circ g$. 复合函数 $y = f[g(x)]$ 可以写成 $y = f(u)$, $u = g(x)$,其中 u 叫作**中间变量**.

一般来说,$f \circ g \neq g \circ f$. 比如令 $f(x) = x^2$,$g(x) = \sin x$,则 $(f \circ g)(x) = f(g(x)) = \sin^2 x$,$(g \circ f)(x) = g(f(x)) = \sin x^2$,故 $f \circ g \neq g \circ f$. 这说明复合运算与四则运算不同,它不满足交换律. 容易证明结合律是成立的,即 $f \circ (g \circ h) = (f \circ g) \circ h$.

例 6 写出下列函数的复合函数:

（1）$y = \ln u, u = x^4 + 1$.

（2）$y = \sqrt{u}, u = x^2 + 1$.

解 （1）将 $u = x^4 + 1$ 代入 $y = \ln u$ 得所求的复合函数是 $y = \ln(x^4 + 1)$.

（2）将 $u = x^2 + 1$ 代入 $y = \sqrt{u}$ 得所求的复合函数是 $y = \sqrt{x^2 + 1}$.

例 7 指出下列复合函数的复合过程:

（1）$y = \sin 2^x$.

（2）$y = \sqrt{1 + x^2}$.

（3）$y = \ln \cos 3x$.

解 （1）$y = \sin 2^x$ 的复合过程是
$$y = \sin u, u = 2^x.$$

（2）$y = \sqrt{1 + x^2}$ 的复合过程是
$$y = \sqrt{u}, u = 1 + x^2.$$

（3）$y = \ln \cos 3x$ 的复合过程是
$$y = \ln u, u = \cos v, v = 3x.$$

3）反函数

设函数 $y = f(x)$ 的定义域为 A,值域为 B,且 f 是单射,则对每一个 $y \in B$,都存在唯一 $x \in A$,使得 $y = f(x)$. 定义函数
$$f^{-1} : B \to A, \quad f^{-1}(y) = x,$$
函数 $x = f^{-1}(y)$ 叫作函数 $y = f(x)$ 的**反函数**. 相对于反函数 $x = f^{-1}(y)$ 来说,原来

的函数 $y = f(x)$ 叫作**直接函数**.

习惯上，函数的自变量都用 x 表示，因变量用 y 表示，所以，反函数通常表示为

$$y = f^{-1}(x).$$

直接函数与它的反函数的图像关于直线 $y = x$ 对称．严格单调函数的反函数总是存在的，并且严格增（减）函数的反函数也是严格增（减）的．

例如，$y = x^3$ 的反函数是 $y = \sqrt[3]{x}$，$y = 2^x$ 的反函数是 $y = \log_2 x$.

习题 1-1

基础题

1. 求下列函数的定义域：

（1）$y = \dfrac{1}{x + 3}$.　　　　　　　（2）$y = \sqrt{3x - 6}$.

（3）$y = \ln(x^2 - 3x)$.　　　　　　（4）$y = \tan 2x$.

2. 指出下列函数中哪些是奇函数，哪些是偶函数，哪些既不是奇函数也不是偶函数.

（1）$f(x) = x^3 - 2x + 6$.　　　　（2）$f(x) = x^2 \sin x$.

（3）$f(x) = \dfrac{e^x + e^{-x}}{2}$.　　　　　（4）$f(x) = \dfrac{e^x - e^{-x}}{2}$.

3. 下列函数中哪些是周期函数？对于周期函数，指出其周期：

（1）$y = \sin\left(x - \dfrac{\pi}{3}\right)$.　　　　（2）$y = 2\cos 5x$.

（3）$y = \tan \pi x - 9$.　　　　　（4）$y = x^2 \tan x$.

4. 求下列函数的单调区间：

（1）$y = \dfrac{1}{(x + 3)^2}$.　　　　　（2）$y = \log_2(x + 4)$.

（3）$y = \sin\left(2x - \dfrac{\pi}{3}\right)$.　　　（4）$y = \cos\left(x + \dfrac{\pi}{6}\right)$.

5. 下列函数中哪些函数在区间 $(-\infty, +\infty)$ 内是有界的？

$(1)y = 3\sin^2 x.$ $(2)y = \dfrac{1}{1 + \tan x}.$

6.指出下列复合函数的复合过程：

$(1)y = e^{\sin x}.$ $(2)y = (3x - 1)^{10}.$

$(3)y = \ln(5x + 3).$ $(4)y = \cos^2(2x - 3).$

7.求下列函数的反函数：

$(1)y = x^5.$ $(2)y = 3 + x.$

$(3)y = 10^{x+1}.$ $(4)y = \log_2(x - 2).$

提高题

1.下列各对函数是否相同？为什么？

$(1)f(x) = x, g(x) = \sqrt{x^2}.$ $(2)f(x) = x + 1, g(x) = \dfrac{x^2 - 1}{x - 1}.$

$(3)f(x) = \cot x, g(x) = \dfrac{1}{\tan x}.$ $(4)f(x) = \sec x, g(x) = \dfrac{1}{\cos x}.$

2.函数 $f(x)$ 满足 $2f(x) + x^2 f\left(\dfrac{1}{x}\right) = \dfrac{3x^3 - x^2 + 4x + 3}{x + 1}$，求 $f(x)$.

3.对下列各种情形，求 $f(x)$：

$(1)g(x) = x^3, g(f(x)) = x^3 - 3x^2 + 3x - 1.$

$(2)g(x) = 3 + x + x^2, g(f(x)) = x^2 - 3x + 5.$

4.求下列各对函数的复合函数 $f \circ g$.

$(1)f(x) = x^2, g(x) = \sqrt{x + 1}.$

$(2)f(x) = \begin{cases} e^x, & x < 1, \\ x^2 - 1, & x \geqslant 1. \end{cases}$ $g(x) = \begin{cases} x + 2, & x < 0, \\ x^2 - 1, & x \geqslant 0. \end{cases}$

§1.2 基本初等函数

常值函数、幂函数、指数函数、对数函数、三角函数、反三角函数，这六类函数称为基本初等函数.初等数学已经涉及部分基本初等函数的内容,本书先将其归纳总结一下.

1.2.1 常值函数

$$y = C, (-\infty < x < +\infty).$$

常值函数相当于把实数看成一类特殊的函数.

1.2.2 幂函数

$$y = x^{\alpha}.$$

幂函数的图像共有 11 种类型.当 α 为有理数时,设 $\alpha = \dfrac{q}{p}, p \in \mathbf{N}^+, q \in \mathbf{Z}$.

表 1.1

α	$\alpha > 1$	$0 < \alpha < 1$	$\alpha < 0$
α 为有理数,p,q 均为奇数	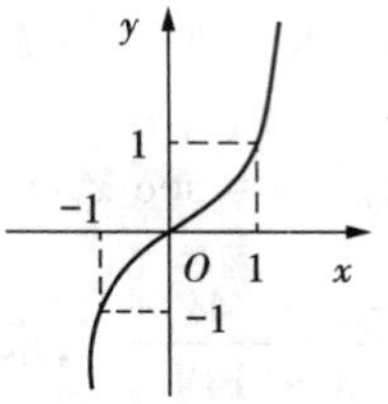	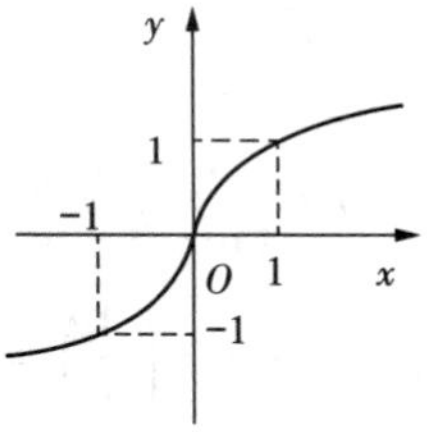	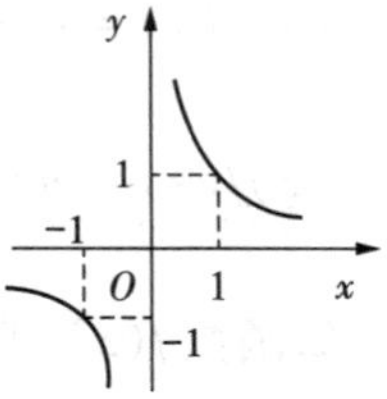
α 为有理数,p 为奇数,q 为偶数	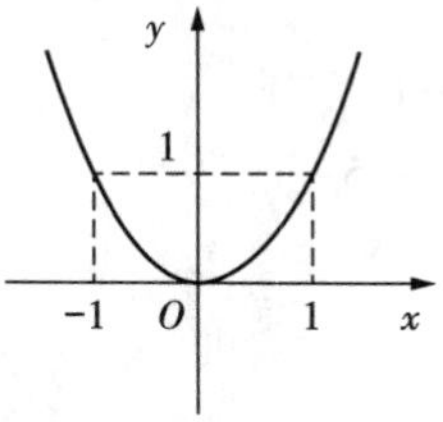	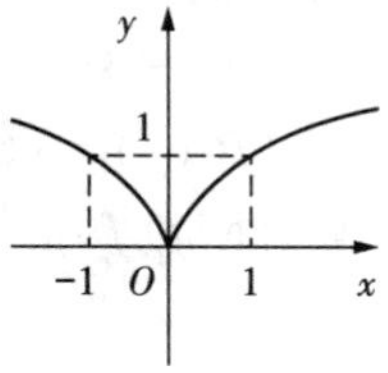	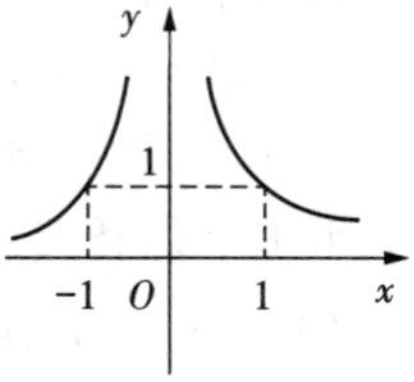
α 为有理数,p 为偶数,或 α 为无理数	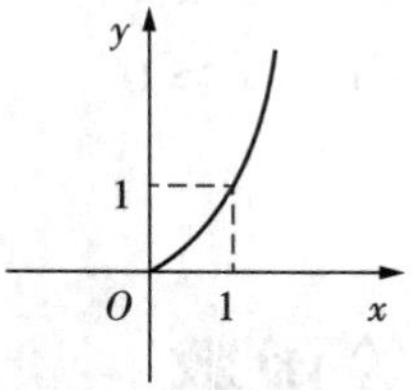	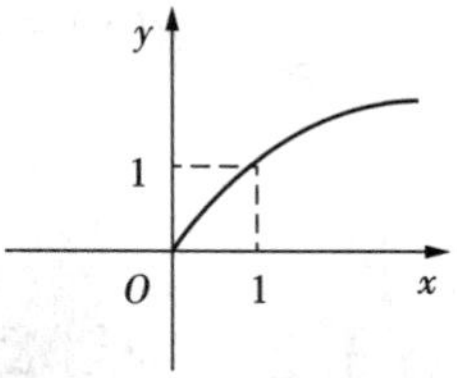	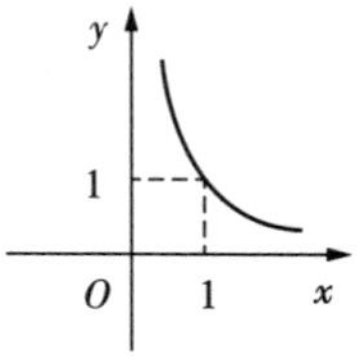

当 $\alpha = 1$ 时,图像如图 1.4 所示.

当 $\alpha = 0$ 时,图像如图 1.5 所示.

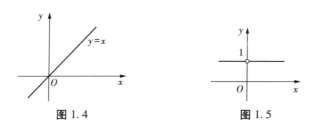

图1.4 　　　　　　　　　　图1.5

1.2.3 指数函数

$$y = a^x, (a > 0, a \neq 1).$$

指数函数的图像只有两种类型.当 $a > 1$ 时,$y = a^x$ 是增函数,图像如图 1.6 所示;当 $0 < a < 1$ 时,$y = a^x$ 是减函数,图像如图 1.7 所示.

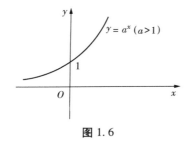

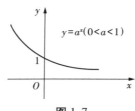

图1.6 　　　　　　　　　　图1.7

指数运算有一些常用的性质:
(1) $\forall m, n \in \mathbf{R}, a > 0, a^m \cdot a^n = a^{m+n}$;
(2) $\forall m, n \in \mathbf{R}, a > 0, (a^m)^n = a^{mn}$.

1.2.4 对数函数

$$y = \log_a x, (a > 0, a \neq 1).$$

对数函数的图像也只有两种类型.当 $a > 1$ 时,$y = \log_a x$ 是增函数,图像如图 1.8 所示;当 $0 < a < 1$ 时,$y = \log_a x$ 是减函数,图像如图 1.9 所示.

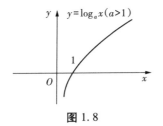

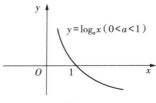

图1.8 　　　　　　　　　　图1.9

对数运算有一些常用的性质：

(1) $\forall M, N > 0, a > 0, a \neq 1, \log_a M + \log_a N = \log_a MN;$

(2) $\forall M, N > 0, a > 0, a \neq 1, \log_a M - \log_a N = \log_a \dfrac{M}{N};$

(3) $\forall M, N > 0, a > 0, a \neq 1, a^{\log_a N} = N.$

注 1：$y = \lg x$ 被称为常用对数，它是以 10 为底数的对数函数；$y = \ln x$ 被称为自然对数，它是以 e 为底数的对数函数，e $= 2.718\ 281\ 828\ 4\cdots$，是一个无理数.

1.2.5　三角函数

三角函数共有六个：正弦函数 $y = \sin x$，余弦函数 $y = \cos x$，正切函数 $y = \tan x$，余切函数 $y = \cot x$，正割函数 $y = \sec x$，余割函数 $y = \csc x$. 三角函数都是周期函数，其中正弦函数、余弦函数、正割函数和余割函数的周期为 2π；正切函数和余切函数的周期为 π. 它们都有奇偶性，其中正弦函数、正切函数、余切函数和余割函数是奇函数；余弦函数和正割函数是偶函数.

1）正弦函数 $y = \sin x$. 它的定义域为 $(-\infty, +\infty)$，值域为 $[-1, 1]$，图像如图 1.10 所示.

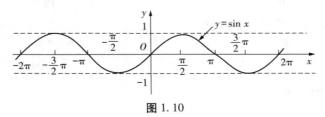

图 1.10

2）余弦函数 $y = \cos x$. 它的定义域为 $(-\infty, +\infty)$，值域为 $[-1, 1]$，图像如图 1.11 所示.

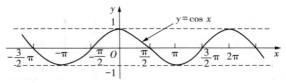

图 1.11

由定义，可得　$\sin^2 x + \cos^2 x = 1.$

3）正切函数 $y = \tan x$. $\tan x = \dfrac{\sin x}{\cos x}$，它的定义域为 $\left\{ x \mid x \in \mathbf{R}, x \neq \dfrac{\pi}{2} + k\pi, \right.$ $\left. k \in \mathbf{Z} \right\}$，值域为 $(-\infty, +\infty)$，图像如图 1.12 所示.

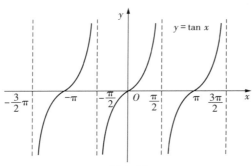

图 1.12

4）余切函数 $y = \cot x$. $\cot x = \dfrac{\cos x}{\sin x}$，它的定义域为 $\{ x \mid x \in \mathbf{R}, x \neq k\pi, k \in$ $\mathbf{Z}\}$，值域为 $(-\infty, +\infty)$，图像如图 1.13 所示.

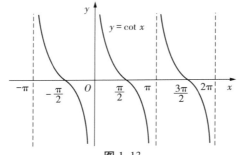

图 1.13

5）正割函数 $y = \sec x$. $\sec x = \dfrac{1}{\cos x}$，它的定义域为 $\left\{ x \mid x \in \mathbf{R}, x \neq \dfrac{\pi}{2} + k\pi, \right.$ $\left. k \in \mathbf{Z} \right\}$，值域为 $(-\infty, -1] \cup [1, +\infty)$，图像如图 1.14 所示.

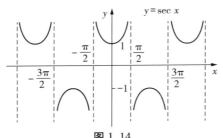

图 1.14

由定义,可得 $1 + \tan^2 x = \sec^2 x$.

6)余割函数 $y = \csc x$. $\csc x = \dfrac{1}{\sin x}$,它的定义域为 $\{x \mid x \in \mathbf{R}, x \neq k\pi, k \in \mathbf{Z}\}$,值域为 $(-\infty, -1] \cup [1, +\infty)$,图像如图 1.15 所示.

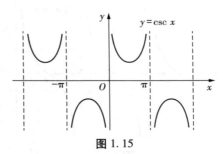

图 1.15

由定义,可得 $1 + \cot^2 x = \csc^2 x$.

例 1   求下列各式的值:

(1) $\sin \dfrac{\pi}{2}$.   (2) $\cos \pi$.   (3) $\tan 0$.

(4) $\cot \dfrac{\pi}{3}$.   (5) $\sec \dfrac{\pi}{4}$.   (6) $\csc \dfrac{\pi}{6}$.

解   (1) $\sin \dfrac{\pi}{2} = 1$.   (2) $\cos \pi = -1$.

(3) $\tan 0 = 0$.   (4) $\cot \dfrac{\pi}{3} = \tan \dfrac{\pi}{3} = \dfrac{\sqrt{3}}{3}$.

(5) $\sec \dfrac{\pi}{4} = \dfrac{1}{\cos \dfrac{\pi}{4}} = \dfrac{1}{\dfrac{\sqrt{2}}{2}} = \sqrt{2}$.   (6) $\csc \dfrac{\pi}{6} = \dfrac{1}{\sin \dfrac{\pi}{6}} = \dfrac{1}{\dfrac{1}{2}} = 2$.

1.2.6   反三角函数

正弦函数、余弦函数、正切函数和余切函数在各自定义域内不存在反函数,只有在它们的单调区间上才有反函数. 对正弦函数,取 $\left[-\dfrac{\pi}{2}, \dfrac{\pi}{2}\right]$ 这一单调区间;对余弦函数,取 $[0, \pi]$ 这一单调区间;对正切函数,我们取 $\left(-\dfrac{\pi}{2}, \dfrac{\pi}{2}\right)$ 这一单调区间;对余切函数,我们取 $(0, \pi)$ 这一单调区间,并把在这几个区间上的反函数称为反三角函数.

1）反正弦函数 $y = \arcsin x$，$\left(-1 \leqslant x \leqslant 1, -\dfrac{\pi}{2} \leqslant y \leqslant \dfrac{\pi}{2} \right)$．它既是奇函数，还是增函数，图像如图 1.16 所示.

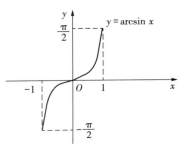

图 1.16

例 1 求下列各式的值：

（1）$\arcsin \dfrac{\sqrt{2}}{2}$.

（2）$\arcsin \left(-\dfrac{\sqrt{3}}{2} \right)$.

（3）$\arcsin 0$.

（4）$\arcsin (-1)$.

解 （1）因为 $\dfrac{\pi}{4} \in \left[-\dfrac{\pi}{2}, \dfrac{\pi}{2} \right]$，且 $\sin \dfrac{\pi}{4} = \dfrac{\sqrt{2}}{2}$，所以 $\arcsin \dfrac{\sqrt{2}}{2} = \dfrac{\pi}{4}$.

（2）因为 $-\dfrac{\pi}{3} \in \left[-\dfrac{\pi}{2}, \dfrac{\pi}{2} \right]$，且 $\sin \left(-\dfrac{\pi}{3} \right) = -\dfrac{\sqrt{3}}{2}$，所以 $\arcsin \left(-\dfrac{\sqrt{3}}{2} \right) = -\dfrac{\pi}{3}$.

（3）因为 $0 \in \left[-\dfrac{\pi}{2}, \dfrac{\pi}{2} \right]$，且 $\sin 0 = 0$，所以 $\arcsin 0 = 0$.

（4）因为 $-\dfrac{\pi}{2} \in \left[-\dfrac{\pi}{2}, \dfrac{\pi}{2} \right]$，且 $\sin \left(-\dfrac{\pi}{2} \right) = -1$，所以 $\arcsin (-1) = -\dfrac{\pi}{2}$.

由定义，可得：

（1）$\sin(\arcsin x) = x$，$(-1 \leqslant x \leqslant 1)$；

（2）$\arcsin(\sin x) = x$，$-\dfrac{\pi}{2} \leqslant x \leqslant \dfrac{\pi}{2}$.

例2 求下列各式的值：

$(1) \tan\left(\arcsin\dfrac{\sqrt{3}}{2}\right).$ $(2) \cos\left(\arcsin\dfrac{4}{5}\right).$

解 $(1) \tan\left(\arcsin\dfrac{\sqrt{3}}{2}\right) = \tan\dfrac{\pi}{3} = \sqrt{3}.$

(2) 设 $\arcsin\dfrac{4}{5} = \alpha$，则 $\sin\alpha = \dfrac{4}{5}$．由 $\alpha \in \left[-\dfrac{\pi}{2}, \dfrac{\pi}{2}\right]$，得 $\cos\alpha \geqslant 0$，可知

$$\cos\alpha = \sqrt{1 - \sin^2\alpha} = \sqrt{1 - \left(\dfrac{4}{5}\right)^2} = \dfrac{3}{5}.$$

所以

$$\cos\left(\arcsin\dfrac{4}{5}\right) = \dfrac{3}{5}.$$

2）反余弦函数 $y = \arccos x$，$(-1 \leqslant x \leqslant 1, 0 \leqslant y \leqslant \pi)$．它是减函数，如图 1.17 所示．

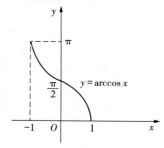

图 1.17

例3 求下列各式的值：

$(1) \arccos\dfrac{\sqrt{3}}{2}.$ $(2) \arccos\left(-\dfrac{\sqrt{2}}{2}\right).$

解 (1) 因为 $\dfrac{\pi}{6} \in [0, \pi]$，且 $\cos\dfrac{\pi}{6} = \dfrac{\sqrt{3}}{2}$，所以 $\arccos\dfrac{\sqrt{3}}{2} = \dfrac{\pi}{6}.$

(2) 因为 $\dfrac{3\pi}{4} \in [0, \pi]$，且 $\cos\dfrac{3\pi}{4} = -\dfrac{\sqrt{2}}{2}$，所以 $\arccos\left(-\dfrac{\sqrt{2}}{2}\right) = \dfrac{3\pi}{4}.$

由定义，可得：

$(1) \cos(\arccos x) = x, (-1 \leqslant x \leqslant 1);$

(2) $\arccos(\cos x) = x, 0 \leqslant x \leqslant \pi$;

(3) $\arcsin x + \arccos x = \dfrac{\pi}{2}, (-1 \leqslant x \leqslant 1)$.

证明 因为 $-\dfrac{\pi}{2} \leqslant \arcsin x \leqslant \dfrac{\pi}{2}$ 和 $0 \leqslant \arccos x \leqslant \pi$

所以 $-\dfrac{\pi}{2} \leqslant \arcsin x + \arccos x \leqslant \dfrac{3}{2}\pi$

又 $\sin(\arcsin x + \arccos x)$

$= \sin(\arcsin x)\cos(\arccos x) + \cos(\arcsin x)\sin(\arccos x)$

$= x \cdot x + \sqrt{1 - x^2} \cdot \sqrt{1 - x^2}$

$= x^2 + (1 - x^2)$

$= 1$

故 $\arcsin x + \arccos x = \dfrac{\pi}{2}$。

例4 求下列各式的值:

(1) $\sin\left[\arccos\left(-\dfrac{4}{5}\right)\right]$.　　(2) $\tan(\arccos x), x \in [-1,1]$, 且 $x \neq 0$.

解 (1) 设 $\arccos\left(-\dfrac{4}{5}\right) = \alpha$, 则 $\cos\alpha = -\dfrac{4}{5}$, 由 $\alpha \in [0,\pi]$, 得 $\sin\alpha \geqslant 0$, 可知

$$\sin\alpha = \sqrt{1 - \cos^2\alpha} = \sqrt{1 - \left(-\dfrac{4}{5}\right)^2} = \dfrac{3}{5}.$$

所以

$$\sin\left[\arccos\left(-\dfrac{4}{5}\right)\right] = \dfrac{3}{5}.$$

(2) 由 $\arccos x \in [0,\pi]$, 知 $\sin(\arccos x) \geqslant 0$, 所以

$$\tan(\arccos x) = \dfrac{\sin(\arccos x)}{\cos(\arccos x)} = \dfrac{\sqrt{1 - [\cos(\arccos x)]^2}}{\cos(\arccos x)} = \dfrac{\sqrt{1 - x^2}}{x}.$$

3) 反正切函数 $y = \arctan x, \left(-\infty < x < +\infty, -\dfrac{\pi}{2} < y < \dfrac{\pi}{2}\right)$. 它不仅是

奇函数, 还是增函数, 如图 1.18 所示.

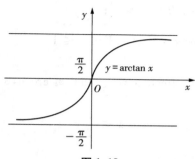

图 1.18

由定义,可得:

(1) $\tan(\arctan x) = x$, $(-\infty < x < +\infty)$;

(2) $\arctan(\tan x) = x$, $-\dfrac{\pi}{2} < x < \dfrac{\pi}{2}$.

4) 反余切函数 $y = \operatorname{arccot} x$, $(-\infty < x < +\infty, 0 < y < \pi)$.它是减函数,如图 1.19 所示.

由定义,可得:

(1) $\cot(\operatorname{arc}\cot x) = x$, $(-\infty < x < +\infty)$;

(2) $\operatorname{arc}\cot(\cot x) = x$, $0 < x < \pi$;

(3) $\arctan x + \operatorname{arccot} x = \dfrac{\pi}{2}$, $(-\infty < x <$

$+\infty)$.

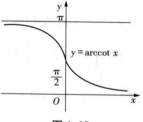

图 1.19

例 5   求下列各式的值:

(1) $\arctan 0$.

(2) $\arctan(-1)$.

(3) $\operatorname{arccot}\sqrt{3}$.

(4) $\operatorname{arccot}\left(-\dfrac{\sqrt{3}}{3}\right)$.

解   由定义得:

(1) $\arctan 0 = 0$.

(2) $\arctan(-1) = -\dfrac{\pi}{4}$

(3) $\operatorname{arccot}\sqrt{3} = \dfrac{\pi}{6}$.

(4) $\operatorname{arccot}\left(-\dfrac{\sqrt{3}}{3}\right) = \dfrac{2\pi}{3}$.

需要指出的是,虽然只给出了反三角函数的定义,但三角函数任一单调区间上的反函数都可以表示出来.

例6 求函数 $y = \sin x, \left(\dfrac{\pi}{2} \leqslant x \leqslant \dfrac{3\pi}{2} \right)$ 的反函数.

解 因为 $\dfrac{\pi}{2} \leqslant x \leqslant \dfrac{3\pi}{2}$，所以 $-\dfrac{\pi}{2} \leqslant x - \pi \leqslant \dfrac{\pi}{2}$.

又 $y = \sin x = -\sin(x - \pi)$，所以 $x - \pi = \arcsin(-y)$.

即 $x = \pi - \arcsin y$.

故函数 $y = \sin x, \left(\dfrac{\pi}{2} \leqslant x \leqslant \dfrac{3\pi}{2} \right)$ 的反函数为

$$y = \pi - \arcsin x.$$

显然，反三角函数不再是周期函数.

由基本初等函数经过有限次四则运算和有限次复合而成的函数，称为**初等函数**.例如，

$$y = \sqrt{1 + x^2}, y = 2^x + \cos(2x + 1), y = \arcsin^2 x - 1, y = \ln(\sec x + \tan x) \text{ 等}$$

都是初等函数.

注2：需要指出的是，我们在定义初等函数时，提到的四则运算与复合运算是有所变更的.若函数 $y = f(x)$ 与 $y = g(x)$ 的定义域不同，但 $A = D_f \cap D_g \neq \varnothing$，则 $y = f(x)$ 与 $y = g(x)$ 的四则运算指的是限制在 A 上的四则运算.若 $y = g(x)$ 的值域 R_g 不含在 $y = f(x)$ 的定义域 D_f 里，但 $R_g \cap D_f \neq \varnothing$，不妨记 $B = \{x \mid g(x) \in R_g \cap D_f\}$，则 $y = f(x)$ 与 $y = g(x)$ 的复合运算指的是 $y = f(x)$ 与 $y = g(x), x \in B$ 的复合.

注3：分段函数不一定是初等函数.例如，符号函数不是初等函数（后面会给出原因）.而分段函数

$$y = \begin{cases} x, & x \geqslant 0, \\ -x, & x < 0, \end{cases}$$

可以由 $y = \sqrt{u}, u = x^2$ 复合得到，故 $y = |x|$ 是初等函数.

1.2.7 幂指函数

对于函数 $y = u(x)^{v(x)}, (u(x) > 0, u(x) \neq 1)$，若 $u(x), v(x)$ 都不是常值函数，则它既不是幂函数也不是指数函数，我们称它为幂指函数.利用对数恒等式，幂指函数可以转化成 $u(x)^{v(x)} = e^{v(x)\ln u(x)}$，由此可以看出幂指函数是初等函数.

 习题 1-2

基础题

1.求下列各式的值：

（1）$\arcsin \dfrac{\sqrt{3}}{2}$.

（2）$\arcsin\left(-\dfrac{1}{2}\right)$.

（3）$\arccos \dfrac{\sqrt{2}}{2}$.

（4）$\arccos 0$.

（5）$\arctan \dfrac{\sqrt{3}}{3}$.

（6）$\operatorname{arccot}(-1)$.

2.求下列各式的值：

（1）$\sin\left(\arcsin \dfrac{4}{5}\right)$.

（2）$\sin\left[\arcsin\left(-\dfrac{1}{3}\right)\right]$.

（3）$\cos\left(\arcsin \dfrac{4}{5}\right)$.

（4）$\sin\left(\dfrac{\pi}{3} + \arccos \dfrac{1}{4}\right)$.

（5）$\tan(\operatorname{arccot}\sqrt{3})$.

（6）$\sin(\arctan 2)$.

3.证明下列各式：

（1）$1 + \tan^2 x = \sec^2 x$；

（2）$\arcsin x + \arccos x = \dfrac{\pi}{2}, (-1 \leqslant x \leqslant 1)$.

提高题

1.请画出下列函数的图像：

（1）$y = x^{\frac{8}{3}}$；　（2）$y = x^{\frac{5}{4}}$；　（3）$y = x^{\frac{2}{3}}$；　（4）$y = x^{-\frac{1}{2}}$.

2.求证：

（1）$1 + \sec^4 x = 2\sec^2 x + \tan^4 x$；

（2）$\dfrac{\sec x + \tan x + 1}{\sec x - \tan x + 1} = \dfrac{\tan x + \sec x - 1}{\tan x - \sec x + 1}$；

（3）$\cos(\arccos x) = x, (-1 \leqslant x \leqslant 1)$；

（4）$\arctan(\tan x) = x$，$-\dfrac{\pi}{2} < x < \dfrac{\pi}{2}$.

§1.3 数列的极限

高等数学与初等数学不仅研究的对象不同，研究的方法也不同.初等数学的研究方法是建立在有限的观念上的，而高等数学的研究方法是建立在无限的观念上的.对于无限，我们用极限的方法处理.

数列就是从正整数集到实数集的函数，通常记作 $\{a_n\}$.例如

$$1, \frac{1}{2}, \frac{1}{3}, \cdots, \frac{1}{n}, \cdots$$

$$\frac{1}{2}, \frac{1}{4}, \frac{1}{8}, \cdots, \frac{1}{2^n}, \cdots$$

$$1, -1, 1, -1, \cdots, (-1)^{n+1}, \cdots$$

$$\frac{1}{2}, \frac{2}{3}, \frac{3}{4}, \cdots, \frac{n}{n+1}, \cdots$$

$$2, 4, 6, \cdots, 2n, \cdots$$

分别表示数列 $\left\{\dfrac{1}{n}\right\}$，$\left\{\dfrac{1}{2^n}\right\}$，$\{(-1)^{n+1}\}$，$\left\{\dfrac{n}{n+1}\right\}$，$\{2n\}$.如果将数列 $\{a_n\}$ 的每一项所对应的点画在数轴上，则数列 $\{a_n\}$ 可看成数轴上的一个动点，它依次取数轴上的点 $a_1, a_2, \cdots, a_n$，如图 1.20 所示.

图 1.20

对于数列 $\{a_n\}$，当 n 无限增大时（即 $n \to \infty$ 时），对应的 a_n 的变化趋势如何？

考察当 $n \to \infty$ 时，数列

$$1, \frac{1}{2}, \frac{1}{3}, \cdots, \frac{1}{n}, \cdots$$

的变化趋势.将数列的各项依次画在数轴上，如图 1.21 所示.可以看出，当 n 无限

增大时，$\dfrac{1}{n}$ 对应的点无限接近于确定的常数 0. 这时，我们把常数 0 称为数列

$\left\{\dfrac{1}{n}\right\}$ 的极限.

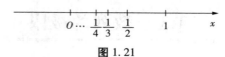

图 1.21

一般地，有下面的定义：

定义 1 如果当 n 无限增大时，数列 $\{a_n\}$ 无限接近于一个确定的常数 a，则称常数 a 是数列 $\{a_n\}$ 的**极限**，或者称数列 $\{a_n\}$ **收敛**于 a，记作

$$\lim_{n\to\infty} a_n = a，或 a_n \to a (n \to \infty).$$

例如，当 $n \to \infty$ 时，数列 $\left\{\dfrac{n}{n+1}\right\}$ 的极限是 1. 可记作

$$\lim_{n\to\infty} \frac{n}{n+1} = 1，或 \frac{n}{n+1} \to 1 (n \to \infty).$$

例 1 观察下列数列的变化趋势，写出它们的极限：

$(1) a_n = 2 - \dfrac{1}{n^2}.$ $(2) a_n = \left(-\dfrac{1}{2}\right)^n.$

解 计算出数列的前几项，考察当 $n \to \infty$ 时数列的变化趋势，见表 1.2.

表 1.2

n	1	2	3	4	5	...	$\to \infty$
$a_n = 2 - \dfrac{1}{n^2}$	$2 - \dfrac{1}{1}$	$2 - \dfrac{1}{4}$	$2 - \dfrac{1}{9}$	$2 - \dfrac{1}{16}$	$2 - \dfrac{1}{25}$	...	$\to 2$
$a_n = \left(-\dfrac{1}{2}\right)^n$	$-\dfrac{1}{2}$	$\dfrac{1}{4}$	$-\dfrac{1}{8}$	$\dfrac{1}{16}$	$-\dfrac{1}{32}$	...	$\to 0$

可以看出，它们的极限分别是：

$(1) \lim\limits_{n\to\infty} a_n = \lim\limits_{n\to\infty}\left(2 - \dfrac{1}{n^2}\right) = 2.$

$(2) \lim\limits_{n\to\infty} a_n = \lim\limits_{n\to\infty}\left(-\dfrac{1}{2}\right)^n = 0.$

一般地，有下述结论：

（1）$\lim\limits_{n \to \infty} \dfrac{1}{n^{\alpha}} = 0 (\alpha > 0)$.

（2）$\lim\limits_{n \to \infty} q^{n} = 0 (|q| < 1)$.

（3）$\lim\limits_{n \to \infty} C = C (C \text{ 为常数})$.

例2 观察下列数列的变化趋势，写出它们的极限：

（1）$a_{n} = 3 \times 2^{n-1}$.

（2）$a_{n} = (-1)^{n+1}$.

解 （1）通过计算数列的前几项，可以看出：当 n 无限增大时，a_n 也无限增大，不能无限接近于某一个确定的常数，所以这个数列没有极限.

（2）通过计算数列的前几项，可以看出：当 n 无限增大时，a_n 的值在 1 与 -1 这两个数值上跳来跳去，不能无限接近于一个确定的常数，所以这个数列没有极限.

如果数列 $\{a_n\}$ 没有极限，则称这个数列是**发散**的.这时，也说数列的极限不存在.

前面的数列极限定义是借助于直观理解给出的一种描述性定义，它不够严密.例如，"无限接近"这个词的意义就不明确，事实上，它不是一个纯粹的数学概念.因此，我们有必要用数学语言将其精确化，给出数列极限的精确定义.

首先我们来分析"什么是 a_n 无限接近于 a".下面以数列

$$a_{n} = \frac{n-1}{n}$$

为例来说明"无限接近"的意思.数列 a_n 与常数 1 的接近程度可用这两个数的差的绝对值 $|a_n - 1|$ 来衡量，$|a_n - 1|$ 越小，表示 a_n 与常数 1 越接近.因此，"a_n 无限接近于 1"的含义是绝对值 $|a_n - 1|$ 无限制地小，于是，极限定义的条件可表述为："当 n 无限增大时，$|a_n - 1|$ 无限制地小."

现在再来分析"无限制地小"是什么意思.所谓 $|a_n - 1|$ 无限制地小，通俗地讲，就是"要多么小，就可以做到多么小".例如，要

$$|a_{n} - 1| = \left| \frac{n-1}{n} - 1 \right| = \frac{1}{n} < 0.1.$$

事实上，只需 $n > \dfrac{1}{0.1} = 10$，即只需从第 11 项开始，以后的每一项与 1 的差的绝对值都要小于 0.1. 又如，要

$$|a_n - 1| = \left| \frac{n-1}{n} - 1 \right| = \frac{1}{n} < 0.01.$$

只要 $n > \dfrac{1}{0.01} = 100$ 即可.而要

$$|a_n - 1| = \left| \frac{n-1}{n} - 1 \right| = \frac{1}{n} < 0.000\ 01.$$

只需 $n > \dfrac{1}{0.000\ 01} = 100\ 000$ 即可.

一般地,任意给定一个正数 ε,无论它是多么小,要

$$|a_n - 1| = \left| \frac{n-1}{n} - 1 \right| = \frac{1}{n} < \varepsilon.$$

只需 $n > \dfrac{1}{\varepsilon}$,即只需从第 $\left[\dfrac{1}{\varepsilon}\right]$ 项起,以后的每一项与 1 之差的绝对值满足小于 ε.如果记 $N = \left[\dfrac{1}{\varepsilon}\right]$,则"当 n 无限增大时,$|a_n - 1|$ 无限制地小"这句话可用数学语言精确地描述为:对于预先给定的任意小的正数 $\varepsilon > 0$,总存在正整数 N,当 $n > N$ 时,$|a_n - 1| < \varepsilon$ 恒成立.

一般地,数列极限的精确定义如下:

定义 2 $\forall \varepsilon > 0$,存在正整数 N.当 $n > N$ 时,有 $|a_n - a| < \varepsilon$,则称 a 是数列 $\{a_n\}$ 的极限,或者称数列 $\{a_n\}$ 收敛于 a,记作

$$\lim_{n \to \infty} a_n = a, \text{或 } a_n \to a(n \to \infty).$$

例 3 证明数列 $a_n = \dfrac{2n-1}{3n+4}$ 的极限是 $\dfrac{2}{3}$.

证明

$$|a_n - a| = \left| \frac{2n-1}{3n+4} - \frac{2}{3} \right| = \frac{11}{9n+12} < \frac{11}{9n} < \frac{2}{n}.$$

对于任意给定的正数 ε(设 $\varepsilon < 1$),只要

$$\frac{2}{n} < \varepsilon \text{ 或 } n > \frac{2}{\varepsilon},$$

则不等式 $|a_n - a| < \varepsilon$ 必定成立.所以,取正整数 $N = \left[\dfrac{2}{\varepsilon}\right]$,则当 $n > N$ 时,就有

$$|a_n - a| = \left| \frac{2n-1}{3n+4} - \frac{2}{3} \right| < \frac{2}{n} < \varepsilon.$$

故由极限的定义知

$$\lim_{n \to \infty} a_n = \lim_{n \to \infty} \frac{2n-1}{3n+4} = \frac{2}{3}.$$

下面讨论收敛数列的性质.

定理 1(唯一性) 如果数列 $\{a_n\}$ 收敛,则数列 $\{a_n\}$ 的极限是唯一的.

证明 用反证法,假设数列 $\{a_n\}$ 有两个不同的极限,即 $\lim_{n \to \infty} a_n = a$,$\lim_{n \to \infty} a_n = b$,且 $a \neq b$,则根据定义2,对于给定的 $\varepsilon = \frac{|b-a|}{2} > 0$,因为 $\lim_{n \to \infty} a_n = a$,所以存在正整数 N_1.当 $n > N_1$ 时,有

$$|a_n - a| < \frac{|b-a|}{2}.$$

又因为 $\lim_{n \to \infty} a_n = b$,所以存在正整数 N_2,当 $n > N_2$ 时,有

$$|a_n - b| < \frac{|b-a|}{2}.$$

取 $N = \max\{N_1, N_2\}$,则当 $n > N$ 时,以上两个不等式都成立.于是

$$|a - b| = |a - a_n + a_n - b| \leq |a_n - a| + |a_n - b| <$$
$$\frac{|b-a|}{2} + \frac{|b-a|}{2} = |a-b|$$

矛盾,所以数列 $\{a_n\}$ 有唯一的极限.

定理 2(有界性) 如果数列 $\{a_n\}$ 收敛,则数列 $\{a_n\}$ 一定有界.

证明 因为数列 $\{a_n\}$ 收敛,所以数列的极限存在.设这个极限值为 a,即 $\lim_{n \to \infty} a_n = a$.根据数列极限的定义,对于 $\varepsilon = 1$,必存在正整数 N,使得当 $n > N$ 时,有

$$|a_n - a| < 1$$

成立.因此,当 $n > N$ 时,有

$$|a_n| = |a_n - a + a| \leq |a_n - a| + |a| < 1 + |a|.$$

取 $M = \max\{|a_1|, |a_2|, \cdots, |a_N|, 1+|a|\}$,于是对一切正整数 n,不等式

$$|a_n| \leq M$$

都成立,所以数列 $\{a_n\}$ 有界.

由上述定理可知,如果数列 $\{a_n\}$ 无界,则数列一定发散.据此可判定一类数列的发散性.例如,数列 $a_n = 2^n$ 无界,所以发散,即极限 $\lim_{n \to \infty} 2^n$ 不存在.

数列有界只是数列收敛的必要条件,不是充分条件.即数列$\{a_n\}$有界,不能断定数列$\{a_n\}$一定收敛.例如,数列$\{(-1)^{n+1}\}$有界,但它是发散的.

给定数列$\{a_n\}$,怎么判定它有没有极限呢?用极限定义判定,先要看出极限值,这对稍微复杂的数列是办不到的,所以只能通过数列本身来判断它有没有极限.判断一般的数列是否有极限则比较复杂,我们这里不进行讨论.判断单调的数列是否有极限,有简单的判别准则.这个准则称为单调有界数列必有极限准则,这个准则证明比较困难,涉及实数的严格定义,故它的证明略去不讲,只陈述内容.

定理3 单调有界数列必有极限.

定理3表明:单调增加有上界的数列必收敛,单调减小有下界的数列也必收敛.

例4 证明极限$\lim\limits_{n\to\infty}\left(1+\dfrac{1}{n}\right)^n$存在.

证明 先证数列$\left\{\left(1+\dfrac{1}{n}\right)^n\right\}$是单调增加的.

$$\left(1+\frac{1}{n}\right)^n$$

$$=1+n\cdot\frac{1}{n}+\frac{n(n-1)}{2!}\frac{1}{n^2}+\frac{n(n-1)(n-2)}{3!}\frac{1}{n^3}+\cdots+$$

$$\frac{n(n-1)(n-2)\cdots1}{n!}\frac{1}{n^n}$$

$$=1+1+\frac{1}{2!}\left(1-\frac{1}{n}\right)+\frac{1}{3!}\left(1-\frac{1}{n}\right)\left(1-\frac{2}{n}\right)+\cdots+$$

$$\frac{1}{n!}\left(1-\frac{1}{n}\right)\left(1-\frac{2}{n}\right)\cdots\left(1-\frac{n-1}{n}\right)$$

同理可得

$$\left(1+\frac{1}{n+1}\right)^{n+1}$$

$$=1+1+\frac{1}{2!}\left(1-\frac{1}{n+1}\right)+\frac{1}{3!}\left(1-\frac{1}{n+1}\right)\left(1-\frac{2}{n+1}\right)+\cdots+$$

$$\frac{1}{n!}\left(1-\frac{1}{n+1}\right)\left(1-\frac{2}{n+1}\right)\cdots\left(1-\frac{n-1}{n+1}\right)+$$

$$\frac{1}{(n+1)!}\left(1-\frac{1}{n+1}\right)\left(1-\frac{2}{n+1}\right)\cdots\left(1-\frac{n}{n+1}\right)$$

比较$\left(1+\dfrac{1}{n}\right)^n$与$\left(1+\dfrac{1}{n+1}\right)^{n+1}$.$\left(1+\dfrac{1}{n}\right)^n$有$(n+1)$项,$\left(1+\dfrac{1}{n+1}\right)^{n+1}$有

$(n+2)$项,其中$\left(1+\dfrac{1}{n+1}\right)^{n+1}$的前$(n+1)$项比$\left(1+\dfrac{1}{n}\right)^n$中相应的项要大或

相等,最后一项大于0,所以$\left(1+\dfrac{1}{n+1}\right)^{n+1}>\left(1+\dfrac{1}{n}\right)^n$,即$\left\{\left(1+\dfrac{1}{n}\right)^n\right\}$单调

增加.

再证数列$\left\{\left(1+\dfrac{1}{n}\right)^n\right\}$有界.

$$\left|\left(1+\frac{1}{n}\right)^n\right|$$

$$=\left(1+\frac{1}{n}\right)^n$$

$$=1+1+\frac{1}{2!}\left(1-\frac{1}{n}\right)+\frac{1}{3!}\left(1-\frac{1}{n}\right)\left(1-\frac{2}{n}\right)+\cdots+$$

$$\frac{1}{n!}\left(1-\frac{1}{n}\right)\left(1-\frac{2}{n}\right)\cdots\left(1-\frac{n-1}{n}\right)$$

$$\leqslant 1+1+\frac{1}{2!}+\frac{1}{3!}+\cdots+\frac{1}{n!}$$

$$\leqslant 1+1+\frac{1}{2\times 1}+\frac{1}{3\times 2}+\cdots+\frac{1}{n(n-1)}$$

$$=1+1+1-\frac{1}{2}+\frac{1}{2}-\frac{1}{3}+\cdots+\frac{1}{(n-1)}-\frac{1}{n}$$

$$=3-\frac{1}{n}<3$$

综上所述,数列$\left\{\left(1+\dfrac{1}{n}\right)^n\right\}$有界.

根据单调有界数列必有极限准则,极限$\lim\limits_{n\to\infty}\left(1+\dfrac{1}{n}\right)^n$存在.那么,这个极限

等于多少呢?下面看一下表1.3.

表 1.3

n	1	2	10	10^2	10^3	10^4
$\left(1+\dfrac{1}{n}\right)^n$	2	2.25	2.593 742 460	2.704 813 829	2.716 923 932	2.718 145 927

n	10^5	10^6	10^7	10^8	$\cdots$	
$\left(1+\dfrac{1}{n}\right)^n$	2.718 268 237	2.718 280 469	2.718 281 694	2.718 281 798	$\cdots$	

通过表 1.3 可以看出随着 n 增大，$\left(1+\dfrac{1}{n}\right)^n$ 趋近于 2.718 28. 事实上，这个极限的值为 2.718 281 828 459 045$\cdots$，它是一个无理数. 一般地，我们用 e 来表示，即有

$$\lim_{n\to\infty}\left(1+\frac{1}{n}\right)^n = \mathrm{e}.$$

在微积分中，经常用到以 e 为底数的指数函数 $y=\mathrm{e}^x$ 和以 e 为底数的对数函数 $y=\ln x$（即前面讲到的自然对数）.

习题 1-3

基础题

1.观察数列 $\{a_n\}$ 的一般项 a_n 的变化趋势，写出它们的极限：

(1) $a_n=\dfrac{1}{2^n}$.

(2) $a_n=(-1)^n\dfrac{2}{n+1}$.

(3) $a_n=3$.

(4) $a_n=4-\dfrac{1}{n^3}$.

(5) $a_n=\dfrac{2-n}{n+1}$.

(6) $a_n=1+\dfrac{1}{n^2}$.

2.观察下列数列的变化趋势，写出它们的极限：

(1) $a_n=\dfrac{n+1}{n-1}$.

(2) $a_n=5n$.

$(3) a_n = 5 + (-1)^n \dfrac{1}{n}.$ $(4) a_n = 2 + (-1)^n.$

3.观察并求下列极限:

$(1) \lim\limits_{n \to \infty} \dfrac{1}{n^2}.$ $(2) \lim\limits_{n \to \infty} \dfrac{3n - 1}{2n + 3}.$

$(3) \lim\limits_{n \to \infty} \dfrac{\sqrt{n^2 - a^2}}{2n}.$ $(4) \lim\limits_{n \to \infty} \underbrace{0.999 \cdots 9}_{n \uparrow}.$

提高题

根据数列极限的定义证明:

$(1) \lim\limits_{n \to \infty} \dfrac{1}{n^2} = 0.$ $(2) \lim\limits_{n \to \infty} \dfrac{3n + 2}{2n + 1} = \dfrac{3}{2}.$

§1.4 函数的极限

我们知道,数列可看作一种特殊的函数,因此,前面实际上是研究了数列 $a_n = f(n)$ 这种特殊的函数的极限.现在研究一般函数的极限.

在数列极限中,由于自变量 n 只能取正整数,所以自变量只有 $n \to \infty$ 这一种变化方式.研究一般函数 $y = f(x)$ 的极限时,自变量通常取实数,其变化过程有两种基本情况,即自变量趋于无穷大和自变量趋于有限值.

下面分别讨论这两种基本情况的极限问题.

1.4.1 自变量趋于无穷大时函数的极限

看下面的例子:

考察 $x \to \infty$ 时,函数 $f(x) = \dfrac{1}{x}$ 的变化趋势.

由图 1.22 可以看出,当 x 的绝对值无限增大时, $f(x)$ 的值无限接近于 0.这时,我们把数 0 称为 $f(x)$ 当 $x \to \infty$ 时的极限.

一般地,我们有下列定义:

定义 1 设函数 $y = f(x)$ 在 $|x|$ 充分大时有定义,如果当 x 的绝对值无限增

大时，函数 $f(x)$ 的值无限接近于一个确定的常数 A，则 A 叫作函数 $f(x)$ 当 $x \to \infty$ 时的**极限**，记作

$$\lim_{x \to \infty} f(x) = A，或 f(x) \to A（当 x \to \infty）.$$

例如，当 $x \to \infty$ 时，函数 $f(x) = \dfrac{1}{x}$ 的极限是 0，记作

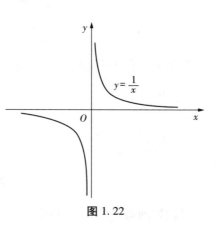

图 1.22

$$\lim_{x \to \infty} f(x) = \lim_{x \to \infty} \frac{1}{x} = 0.$$

或 $f(x) = \dfrac{1}{x} \to 0（当 x \to \infty）.$

很明显，这里所述的自变量 x 的绝对值无限增大包含两种基本情形，即沿 x 轴正方向趋于无穷大，即正无穷，记作 $x \to +\infty$；以及沿 x 轴负方向趋于无穷大，即负无穷记作 $x \to -\infty$.

定义 2　如果当 $x \to +\infty$（$x \to -\infty$）时，函数 $f(x)$ 的值无限接近于一个确定的常数 A，则 A 叫作函数 $f(x)$ 当 $x \to +\infty$（$x \to -\infty$）时的极限，记作

$$\lim_{x \to +\infty} f(x) = A，或 f(x) \to A（当 x \to +\infty）;$$
$$\lim_{x \to -\infty} f(x) = A，或 f(x) \to A（当 x \to -\infty）.$$

例如，由图 1.22 知

$$\lim_{x \to +\infty} \frac{1}{x} = 0, \lim_{x \to -\infty} \frac{1}{x} = 0.$$

这两个极限值与 $\lim\limits_{x \to \infty} \dfrac{1}{x} = 0$ 相等，都是 0.

也就是说，如果 $\lim\limits_{x \to +\infty} f(x)$ 和 $\lim\limits_{x \to -\infty} f(x)$ 都存在并且相等，则 $\lim\limits_{x \to \infty} f(x)$ 也存在并且与它们相等. 由定义可知，如果 $\lim\limits_{x \to +\infty} f(x)$ 和 $\lim\limits_{x \to -\infty} f(x)$ 有一个不存在，或两者存在但不相等，则 $\lim\limits_{x \to \infty} f(x)$ 不存在.

例 1　考察函数 $y = \arctan x$ 的图像，求出下列极限：

$$\lim_{x \to +\infty} \arctan x, \lim_{x \to -\infty} \arctan x, \lim_{x \to \infty} \arctan x.$$

解　考察图 1.18 知，当 $x \to +\infty$ 时，函数 $\arctan x$ 无限接近于常数 $\dfrac{\pi}{2}$，所以

$$\lim_{x \to +\infty} \arctan x = \frac{\pi}{2};$$

当 $x \to -\infty$ 时, $\lim\limits_{x \to -\infty} \arctan x = -\frac{\pi}{2}$.

因为 $\lim\limits_{x \to +\infty} \arctan x \neq \lim\limits_{x \to -\infty} \arctan x$, 所以当 $x \to \infty$ 时, 极限 $\lim\limits_{x \to \infty} \arctan x$ 不存在.

仿照数列极限的 $\varepsilon\text{-}N$ 定义, 可以给出当 $x \to \infty$ 时, 函数极限的精确定义.

定义 3 设函数 $y = f(x)$ 在 $|x| > M (M > 0)$ 处有定义, 如果 $\forall \varepsilon > 0$, $\exists X > 0$, 当 $|x| > X$ 时, 有

$$|f(x) - A| < \varepsilon.$$

则称 A 为 $f(x)$ 的极限, 记作

$$\lim_{x \to \infty} f(x) = A \text{ 或 } f(x) \to A (x \to \infty).$$

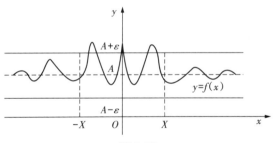

图 1.23

极限 $\lim\limits_{x \to \infty} f(x) = A$ 的几何意义是: 作直线 $y = A - \varepsilon$ 和 $y = A + \varepsilon$, 则总有一个正数 X 存在, 使得当 $x < -X$ 或 $x > X$ 时, 函数 $y = f(x)$ 的图像夹在这两条平行直线之间. 这时, 直线 $y = A$ 是 $y = f(x)$ 图像的水平渐近线.

例 2 证明: $\lim\limits_{x \to \infty} \dfrac{1}{x} = 0$.

证明 因为 $|f(x) - A| = \left| \dfrac{1}{x} - 0 \right| = \dfrac{1}{|x|}$, 所以对于给定的任意小的正数 ε, 要使

$$|f(x) - A| = \left| \frac{1}{x} - 0 \right| < \varepsilon,$$

只要 $\dfrac{1}{|x|} < \varepsilon$, 即 $|x| > \dfrac{1}{\varepsilon}$. 所以, 取 $X = \dfrac{1}{\varepsilon}$, 当 $|x| > X$ 时, 就有

$$\left| \frac{1}{x} - 0 \right| < \varepsilon$$

成立.故由定义知，$\lim\limits_{x \to \infty} \dfrac{1}{x} = 0$.

例 3　证明：$\lim\limits_{x \to \infty} \dfrac{3x^2 + 2x - 2}{x^2 - 1} = 3$.

证明　设 $|x| > 1$.因为

$$\left| \frac{3x^2 + 2x - 2}{x^2 - 1} - 3 \right| = \left| \frac{2x + 1}{x^2 - 1} \right| \leqslant \frac{2|x| + 1}{|x|^2 - 1} < \frac{2}{|x| - 1},$$

所以，对任意 $\varepsilon > 0$，取 $X = \dfrac{2}{\varepsilon} + 1$，则 $|x| > X$ 时，有

$$\left| \frac{3x^2 + 2x - 2}{x^2 - 1} - 3 \right| < \varepsilon.$$

1.4.2　自变量趋于有限值时函数的极限

看下面的例子：考察 $x \to 0$ 时，函数 $f(x) = 1 + x^2$ 的变化趋势.

由图 1.24 可以看出，当 x 从 0 的左边无限接近于 0 时，例如 x 依次取值

$- 0.1, - 0.01, - 0.001, - 0.0001, - 0.00001, \cdots \to 0$

时，函数 $f(x)$ 的对应值依次为

$1 + 0.01, 1 + 0.0001, 1 + 0.000001, 1 + 0.00000001, \cdots \to 1$.

即函数 $f(x) = 1 + x^2$ 的值无限接近于 1.

同样，当 x 从 0 的右边无限接近于 0 时，例如，x 依次取值

$0.1, 0.01, 0.001, 0.0001, 0.00001, \cdots \to 0$

时，函数 $f(x)$ 的对应值依次为

$1 + 0.01, 1 + 0.0001, 1 + 0.000001,$
$1 + 0.00000001, \cdots \to 1$.

即函数 $f(x) = 1 + x^2$ 的值无限接近于 1.

因此，当 $x \to 0$ 时，函数 $f(x) = 1 + x^2$ 的值

无限接近于 1.这时，我们把数 1 叫作 $f(x)$ 当 $x \to 0$ 时的极限.

一般地，我们有如下定义：

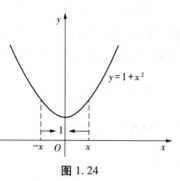

图 1.24

定义 4 设函数 $f(x)$ 在点 x_0 的某一去心邻域内有定义.如果当 x 无限接近于定值 x_0,即 $x \to x_0$(x 不等于 x_0)时,函数 $f(x)$ 的值无限接近于一个确定的常数 A,则 A 叫作函数 $f(x)$ 当 $x \to x_0$ 时的**极限**,记作

$$\lim_{x \to x_0} f(x) = A, \text{或} f(x) \to A(\text{当} x \to x_0).$$

例如,当 $x \to 0$ 时,函数 $f(x) = 1 + x^2$ 的极限是 1,可记作

$$\lim_{x \to 0} f(x) = \lim_{x \to 0}(1 + x^2) = 1, \text{或} f(x) = 1 + x^2 \to 1(\text{当} x \to 0).$$

很明显,这里所述的自变量 x 的值无限接近 x_0 包含两种基本情形,即 x 从 x_0 的左边($x < x_0$)无限接近于 x_0(记作 $x \to x_0^-$)和 x 从 x_0 的右边($x > x_0$)无限接近于 x_0(记作 $x \to x_0^+$).

定义 5 如果当 $x \to x_0^-$($x \to x_0^+$)时,函数 $f(x)$ 的值无限接近于一个确定的常数 A,则 A 叫作函数 $f(x)$ 当 $x \to x_0^-$($x \to x_0^+$)时的**左(右)极限**,记作

$$\lim_{x \to x_0^-} f(x) = A \text{ 或 } f(x_0^-) = A;$$
$$(\lim_{x \to x_0^+} f(x) = A \text{ 或 } f(x_0^+) = A).$$

例如,由图 1.24 知

$$\lim_{x \to 0^-}(1 + x^2) = 1, \lim_{x \to 0^+}(1 + x^2) = 1$$

这两个极限值与 $\lim_{x \to 0}(1 + x^2) = 1$ 相等,都是 1.

这就是说,如果当 $x \to x_0$ 时,函数 $f(x)$ 的左右极限都存在并且相等,即 $f(x_0^-) = f(x_0^+) = A$,则 $\lim_{x \to x_0} f(x)$ 存在并且也等于 A.反之,如果 $\lim_{x \to x_0} f(x)$ 存在并且等于 A,则 $\lim_{x \to x_0^-} f(x)$ 和 $\lim_{x \to x_0^+} f(x)$ 存在并且都等于 A,即 $f(x_0^-) = f(x_0^+) = A$.

由此,得:

定理 1 函数 $f(x)$ 当 $x \to x_0$ 时极限存在的充分必要条件是左右极限都存在并且相等,即

$$\lim_{x \to x_0} f(x) = A \Leftrightarrow f(x_0^-) = f(x_0^+) = A.$$

因此,如果 $f(x_0^-)$ 和 $f(x_0^+)$ 至少有一个不存在,或都存在但不相等,则 $\lim_{x \to x_0} f(x)$ 不存在.

例 4 考察极限 $\lim_{x \to x_0} x$ 和 $\lim_{x \to x_0} C$(C 为常数).

解 观察图 1.25,图 1.26 知:

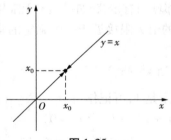

图 1.25   图 1.26

当 $x \to x_0$ 时，函数 $f(x) = x$ 的值无限接近于 x_0，所以 $\lim\limits_{x \to x_0} f(x) = \lim\limits_{x \to x_0} x = x_0$.

当 $x \to x_0$ 时，函数 $f(x) = C$ 的值无限接近于 C，所以 $\lim\limits_{x \to x_0} f(x) = \lim\limits_{x \to x_0} C = C$.

例 5　通过正、余弦函数的图像考察极限 $\lim\limits_{x \to 0} \sin x$ 和 $\lim\limits_{x \to 0} \cos x$ 的值.

解　由图 1.27、图 1.28 知，当 $x \to 0$ 时，$\sin x$ 无限接近于 0，$\cos x$ 无限接近于 1，所以

$$\lim_{x \to 0} \sin x = 0, \ \lim_{x \to 0} \cos x = 1.$$

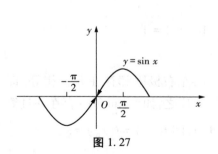

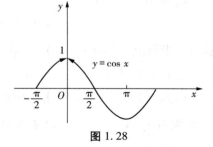

图 1.27   图 1.28

例 6　求符号函数，当 $x \to 0$ 时的左右极限，并讨论极限 $\lim\limits_{x \to 0} f(x)$ 是否存在.

解　由图 1.2 知，当 $x \to 0$ 时，函数的左极限为

$$f(0^-) = \lim_{x \to 0^-} f(x) = \lim_{x \to 0^-} (-1) = -1,$$

右极限为

$$f(0^+) = \lim_{x \to 0^+} f(x) = \lim_{x \to 0^+} 1 = 1.$$

因为 $f(0^-) \ne f(0^+)$，所以极限 $\lim\limits_{x \to 0} f(x)$ 不存在.

例 7　讨论函数 $f(x) = \dfrac{x^2}{x}$ 当 $x \to 0$ 时的极限.

解 因为 $x \to 0$, 所以 $x \ne 0$. 因此, $f(x) = \dfrac{x^2}{x} = x$. 于是

$$\lim_{x \to 0} f(x) = \lim_{x \to 0} \frac{x^2}{x} = \lim_{x \to 0} x = 0.$$

注: 在例7中, 虽然函数 $f(x) = \dfrac{x^2}{x}$ 在 $x = 0$ 点没有定义, 但函数在 $x = 0$ 点有极限. 这就是说, 函数 $x = x_0$ 点是否有极限与函数在 $x = x_0$ 点是否有定义是无关的.

当 $x \to x_0$ 时, 函数极限的精确定义如下:

定义 6 设函数 $y = f(x)$ 在点 x_0 的某个去心邻域内有定义, A 为常数, 如果 $\forall \varepsilon > 0, \exists \delta > 0$, 当 $0 < |x - x_0| < \delta$ 时, 有

$$|f(x) - A| < \varepsilon,$$

则称常数 A 为 $f(x)$ 当 $x \to x_0$ 时的极限, 记作

$$\lim_{x \to x_0} f(x) = A \ \text{或} \ f(x) \to A (x \to x_0).$$

极限 $\lim_{x \to x_0} f(x) = A$ 的几何意义是: 作直线 $y = A - \varepsilon$ 和 $y = A + \varepsilon$, 则总有一个正数 δ 存在, 使当 $x \in (x_0 - \delta, x_0) \cup (x_0, x_0 + \delta)$ 时, 函数 $y = f(x)$ 的图像夹在这两条平行直线之间, 如图 1.29 所示.

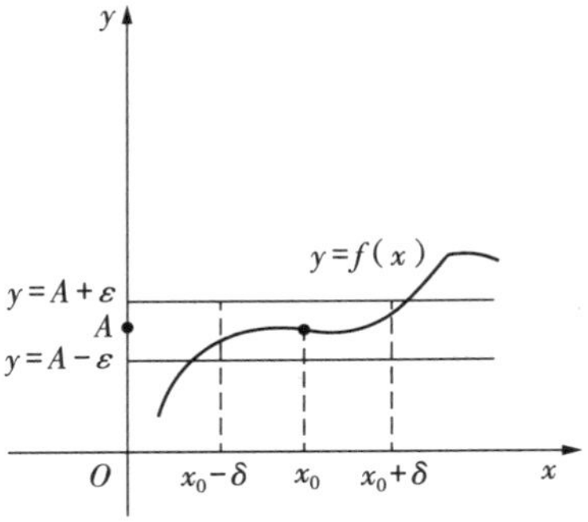

例 8 证明: $\lim_{x \to x_0} x = x_0$.

证明 由于 $|f(x) - A| = |x - x_0|$. 所以, 对于任意给定的正数 ε, 要使 $|f(x) - A| < \varepsilon$, 只要 $|x - x_0| < \varepsilon$. 因此, 取 $\delta = \varepsilon$, 当 $0 < |x - x_0| < \delta$ 时, 有

$$|f(x) - A| = |x - x_0| < \varepsilon.$$

图 1.29

故由定义 6 知, $\lim_{x \to x_0} x = x_0$.

关于函数极限有一些定理, 但这里不予证明, 感兴趣的读者可以自己试着证明一下.

定理 2(函数极限的唯一性) 如果 $\lim_{x \to x_0} f(x)$ 存在, 那么极限唯一.

定理 3(函数极限的局部有界) 如果 $\lim_{x \to x_0} f(x) = A$, 那么存在常数 $M > 0$ 和

$\delta > 0$，使得当 $0 < |x - x_0| < \delta$ 时，有 $|f(x)| \leqslant M$.

定理4（函数极限的局部保号性） 如果 $\lim\limits_{x \to x_0} f(x) = A > 0$（或 $A < 0$），那么存在常数 $\delta > 0$，使得当 $0 < |x - x_0| < \delta$ 时，有 $f(x) > 0$（或 $f(x) < 0$）.

定理5 如果 $\lim\limits_{x \to x_0} f(x) = A \neq 0$，那么存在常数 $\delta > 0$，使得当 $0 < |x - x_0| < \delta$ 时，有 $|f(x)| > \dfrac{|A|}{2}$.

定理6 如果 $f(x) \geqslant 0$（或 $f(x) \leqslant 0$），且 $\lim\limits_{x \to x_0} f(x) = A$，则 $A \geqslant 0$（或 $A \leqslant 0$）.

定理7（夹逼准则） 如果存在常数 $\delta > 0$（或 $M > 0$），使得当 $0 < |x - x_0| < \delta$（或 $|x| > M$）时，有 $g(x) \leqslant f(x) \leqslant h(x)$，且 $\lim\limits_{x \to x_0} g(x) = A$，$\lim\limits_{x \to x_0} h(x) = A$（或 $\lim\limits_{x \to \infty} g(x) = A$，$\lim\limits_{x \to \infty} h(x) = A$），那么 $\lim\limits_{x \to x_0} f(x) = A$（或 $\lim\limits_{x \to \infty} f(x) = A$）.

例 9 求极限 $\lim\limits_{n \to \infty} n\left(\dfrac{1}{n^2 + 1} + \cdots + \dfrac{1}{n^2 + n}\right)$.

解 因为 $\dfrac{n^2}{n^2 + n} \leqslant n\left(\dfrac{1}{n^2 + 1} + \cdots + \dfrac{1}{n^2 + n}\right) \leqslant \dfrac{n^2}{n^2 + 1}$，又 $\lim\limits_{n \to \infty} \dfrac{n^2}{n^2 + n} = 1$，$\lim\limits_{n \to \infty} \dfrac{n^2}{n^2 + 1} = 1$，根据夹逼准则得 $\lim\limits_{n \to \infty} n\left(\dfrac{1}{n^2 + 1} + \cdots + \dfrac{1}{n^2 + n}\right) = 1$.

习题 1-4

基础题

1.利用函数图像，求下列极限：

（1）$\lim\limits_{x \to 3} 3x$.

（2）$\lim\limits_{x \to -1}(x^2 + 1)$.

（3）$\lim\limits_{x \to 0}(e^x + 1)$.

（4）$\lim\limits_{x \to 1^-} \arcsin x$.

2.观察并写出下列极限：

（1）$\lim\limits_{x \to \infty} \dfrac{2}{x^2}$.

（2）$\lim\limits_{x \to -\infty} e^x$.

（3）$\lim\limits_{x \to +\infty}\left(\dfrac{1}{2}\right)^x$.

（4）$\lim\limits_{x \to \infty}\left(5 - \dfrac{1}{x}\right)$.

(5) $\lim\limits_{x \to \infty} \dfrac{2x+2}{3x+2}$ \qquad\qquad (6) $\lim\limits_{x \to -\infty} 4$.

3.观察并写出下列极限:

(1) $\lim\limits_{x \to 1} \ln x$. \qquad\qquad (2) $\lim\limits_{x \to 0} \tan x$.

(3) $\lim\limits_{x \to -2} (2x - 3)$. \qquad\qquad (4) $\lim\limits_{x \to 1} (-3)$.

4.设 $f(x) = \begin{cases} x + 1, & x < 1, \\ x - 1, & x > 1, \end{cases}$ 画出它的图像,并求当 $x \to 1$ 时,函数的左右极限,从而说明当 $x \to 1$ 时函数的极限是否存在.

5.设 $f(x) = \begin{cases} 1 + 2x, & x < 0, \\ 1, & x = 0, \\ 1 - x, & x > 0, \end{cases}$ 求 $f(0^+)$, $f(0^-)$, $\lim\limits_{x \to 0} f(x)$.

6.考察函数 $y = \operatorname{arccot} x$ 的图像,求出下列极限:

(1) $\lim\limits_{x \to +\infty} \operatorname{arccot} x$. \quad (2) $\lim\limits_{x \to -\infty} \operatorname{arccot} x$. \quad (3) $\lim\limits_{x \to \infty} \operatorname{arccot} x$.

提高题

1.选择题:

(1) 函数 $f(x)$ 在 $x = x_0$ 处有定义,是 $x \to x_0$ 时函数 $f(x)$ 有极限的( ).

A.必要条件 \qquad\qquad B.充分条件

C.充要条件 \qquad\qquad D.无关条件

(2) $f(x_0^+)$ 与 $f(x_0^-)$ 都存在是函数 $f(x)$ 在 $x = x_0$ 处有极限的( ).

A.必要条件 \qquad\qquad B.充分条件

C.充要条件 \qquad\qquad D.无关条件

(3) 设 $\lim\limits_{n \to \infty} a_n = a$,且 $a \neq 0$,则 n 充分大时有( ).

A. $|a_n| > \dfrac{|a|}{2}$ \qquad\qquad B. $|a_n| < \dfrac{|a|}{2}$

C. $a_n < a - \dfrac{1}{n}$ \qquad\qquad D. $a_n > a + \dfrac{1}{n}$

2.求函数 $f(x) = \dfrac{|x|}{x}$ 当 $x \to 0$ 时的左右极限,并说明当 $x \to 0$ 时的极限是否存在.

3.试用函数极限的定义证明下列各极限:

$(1)\ \lim\limits_{x \to 2}(3x - 2) = 4.$　　　　$(2)\ \lim\limits_{x \to +\infty} \dfrac{\cos x}{\sqrt{x}} = 0.$

§1.5　极限的运算法则

1.5.1　极限的四则运算法则

下面来研究极限的加法、减法、乘法与除法法则.自变量的所有变化过程共六种：$x \to x_0, x \to x_0^+, x \to x_0^-, x \to \infty, x \to +\infty, x \to -\infty$.为了简便，下面的讨论中只对 $x \to x_0$ 的情形进行说明，但得到的结论对于自变量的所有变化过程都是成立的.

定理1　如果 $\lim\limits_{x \to x_0} f(x) = A, \lim\limits_{x \to x_0} g(x) = B$，则

$(1)\ \lim\limits_{x \to x_0}[f(x) \pm g(x)] = \lim\limits_{x \to x_0} f(x) \pm \lim\limits_{x \to x_0} g(x) = A \pm B.$

$(2)\ \lim\limits_{x \to x_0}[f(x) \cdot g(x)] = \lim\limits_{x \to x_0} f(x) \cdot \lim\limits_{x \to x_0} g(x) = A \cdot B.$

$(3)\ \lim\limits_{x \to x_0} \dfrac{f(x)}{g(x)} = \dfrac{\lim\limits_{x \to x_0} f(x)}{\lim\limits_{x \to x_0} g(x)} = \dfrac{A}{B}(B \neq 0).$

证明　只证(1).

因为 $\lim\limits_{x \to x_0} f(x) = A, \lim\limits_{x \to x_0} g(x) = B$，所以由极限的定义有

$\forall \varepsilon > 0$，存在 $\delta_1, \delta_2 > 0$，当 $0 < |x - x_0| < \delta_1, 0 < |x - x_0| < \delta_2$ 时，使

$$|f(x) - A| < \frac{\varepsilon}{2},\ |g(x) - B| < \frac{\varepsilon}{2}.$$

取 $\delta = \min\{\delta_1, \delta_2\}$，则当 $0 < |x - x_0| < \delta$ 时，有

$$|f(x) - A| < \frac{\varepsilon}{2},\ |g(x) - B| < \frac{\varepsilon}{2}.$$

故　　$|(f(x) + g(x)) \pm (A + B)| = |(f(x) - A) \pm (g(x) - B)|$

$$\leqslant |f(x) - A| + |g(x) - B|$$

$$< \frac{\varepsilon}{2} + \frac{\varepsilon}{2}$$

$$= \varepsilon$$

所以 $\lim\limits_{x \to x_0}[f(x) \pm g(x)] = A \pm B = \lim\limits_{x \to x_0}f(x) \pm \lim\limits_{x \to x_0}g(x)$.

定理 1 的结论可推广到有限个函数的情形. 例如, 如果 $\lim\limits_{x \to x_0}f(x)$, $\lim\limits_{x \to x_0}g(x)$, $\lim\limits_{x \to x_0}h(x)$ 都存在, 则有

$$\lim\limits_{x \to x_0}[f(x) + g(x) - h(x)] = \lim\limits_{x \to x_0}f(x) + \lim\limits_{x \to x_0}g(x) - \lim\limits_{x \to x_0}h(x).$$

$$\lim\limits_{x \to x_0}[f(x) \cdot g(x) \cdot h(x)] = \lim\limits_{x \to x_0}f(x) \cdot \lim\limits_{x \to x_0}g(x) \cdot \lim\limits_{x \to x_0}h(x).$$

特别地, 在(2)中, 当 $g(x) = C$(C 为常数) 时, 因为 $\lim\limits_{x \to x_0}C = C$, 所以有如下推论:

推论 1 $\lim\limits_{x \to x_0}f(x)$ 存在, C 为常数, 则

$$\lim\limits_{x \to x_0}Cf(x) = C \cdot \lim\limits_{x \to x_0}f(x).$$

这就是说, 常数因子可以提到极限符号外面.

在(2)中, 当 $g(x) = f(x)$, 并将它推广到 n 个函数相乘时, 有如下推论:

推论 2   如果 $\lim\limits_{x \to x_0}f(x)$ 存在, n 为正整数, 则

$$\lim\limits_{x \to x_0}[f(x)]^n = [\lim\limits_{x \to x_0}f(x)]^n.$$

注 1:(1) 在使用上述运算法则时, 要求每个参与运算的函数的极限都必须存在.

(2) 在使用商的法则时, 还要求分母的极限不能为零.

例 1   求 $\lim\limits_{x \to 1}(3x^2 + 2x - 1)$.

解 $\lim\limits_{x \to 1}(3x^2 + 2x - 1) = \lim\limits_{x \to 1}3x^2 + \lim\limits_{x \to 1}2x - \lim\limits_{x \to 1}1$
$= 3(\lim\limits_{x \to 1}x)^2 + 2\lim\limits_{x \to 1}x - 1 = 3 \times 1^2 + 2 \times 1 - 1 = 4.$

例 2   求 $\lim\limits_{x \to 5}\dfrac{x + 3}{x - 2}$.

解   当 $x \to 5$ 时, 分母的极限不为 0, 所以应用商的极限运算法则, 得

$$\lim\limits_{x \to 5}\frac{x + 3}{x - 2} = \frac{\lim\limits_{x \to 5}(x + 3)}{\lim\limits_{x \to 5}(x - 2)} = \frac{\lim\limits_{x \to 5}x + \lim\limits_{x \to 5}3}{\lim\limits_{x \to 5}x - \lim\limits_{x \to 5}2} = \frac{5 + 3}{5 - 2} = \frac{8}{3}.$$

例 3   求 $\lim\limits_{x \to 1}\dfrac{x^2 - 1}{x - 1}$.

解   当 $x \to 1$ 时, 分母的极限为 0, 这时不能直接应用极限的运算法则. 但我们发现, 它的分子的极限也为零, 即分子分母都有一个公因式 $x - 1$. 因为 $x \to 1$,

所以 $x \neq 1$，即 $x - 1 \neq 0$．因此，我们可以先消去 $x - 1$，再求极限．于是有

$$\lim_{x \to 1} \frac{x^2 - 1}{x - 1} = \lim_{x \to 1} \frac{(x + 1)(x - 1)}{x - 1} = \lim_{x \to 1}(x + 1) = 1 + 1 = 2.$$

例4 求 $\lim\limits_{x \to 1} \dfrac{x + 3}{x - 1}$．

解 因为当 $x \to 1$ 时，分母的极限是 0，而分子极限不为零，故其极限不存在．

但在 $x \to 1$ 的过程中，$\left| \dfrac{x + 3}{x - 1} \right|$ 是无限增大的．我们记

$$\lim_{x \to 1} \frac{x + 3}{x - 1} = \infty.$$

这时也称 $\dfrac{x + 3}{x - 1}$ 为无穷大．关于无穷大，后面会详细介绍．

例5 求 $\lim\limits_{x \to \infty} \left[\left(2 - \dfrac{1}{x}\right)\left(1 + \dfrac{1}{x^2}\right) \right]$．

解 $\lim\limits_{x \to \infty} \left[\left(2 - \dfrac{1}{x}\right)\left(1 + \dfrac{1}{x^2}\right) \right] = \lim\limits_{x \to \infty}\left(2 - \dfrac{1}{x}\right) \cdot \lim\limits_{x \to \infty}\left(1 + \dfrac{1}{x^2}\right)$

$= \left(\lim\limits_{x \to \infty} 2 - \lim\limits_{x \to \infty} \dfrac{1}{x}\right) \cdot \left(\lim\limits_{x \to \infty} 1 + \lim\limits_{x \to \infty} \dfrac{1}{x^2}\right)$

$= (2 - 0) \times (1 + 0) = 2.$

例6 求 $\lim\limits_{x \to \infty} \dfrac{3x^3 - 2x - 1}{5x^3 + x - 5}$．

解 因为分子分母的极限都不存在，所以不能直接运用极限的运算法则．但是分子、分母同时除以 x^3，再求极限，得

$$\lim_{x \to \infty} \frac{3x^3 - 2x - 1}{5x^3 + x - 5} = \lim_{x \to \infty} \frac{3 - \dfrac{2}{x^2} - \dfrac{1}{x^3}}{5 + \dfrac{1}{x^2} - \dfrac{5}{x^3}} = \frac{\lim\limits_{x \to \infty}\left(3 - \dfrac{2}{x^2} - \dfrac{1}{x^3}\right)}{\lim\limits_{x \to \infty}\left(5 + \dfrac{1}{x^2} - \dfrac{5}{x^3}\right)} = \frac{3 - 0 - 0}{5 + 0 - 0} = \frac{3}{5}.$$

例7 求 $\lim\limits_{x \to \infty} \dfrac{8x^2 + 2x + 1}{x^3 + x^2 - 5}$．

解 分子、分母同时除以 x^3，再求极限，得

$$\lim_{x \to \infty} \frac{8x^2 + 2x + 1}{x^3 + x^2 - 5} = \lim_{x \to \infty} \frac{\left(\dfrac{8}{x} + \dfrac{2}{x^2} + \dfrac{1}{x^3} \right)}{\left(1 + \dfrac{1}{x} - \dfrac{5}{x^3} \right)} = \frac{\lim\limits_{x \to \infty} \left(\dfrac{8}{x} + \dfrac{2}{x^2} + \dfrac{1}{x^3} \right)}{\lim\limits_{x \to \infty} \left(1 + \dfrac{1}{x} - \dfrac{5}{x^3} \right)} = \frac{0}{1} = 0.$$

例 8   求 $\lim\limits_{x \to \infty} \dfrac{2x^3 + x^2 - 3}{x^2 + 1}$.

解   由于分子的次数比分母的次数高,如果分子、分母同时除以 x^3,则得

$$\lim_{x \to \infty} \frac{2 + \dfrac{1}{x} - \dfrac{3}{x^3}}{\dfrac{1}{x} + \dfrac{1}{x^3}}.$$

其分母极限为零,因此不能直接用极限的运算法则.仿照例 4,求原来函数的倒数的极限,得

$$\lim_{x \to \infty} \frac{x^2 + 1}{2x^3 + x^2 - 3} = \lim_{x \to \infty} \frac{\dfrac{1}{x} + \dfrac{1}{x^3}}{2 + \dfrac{1}{x} - \dfrac{3}{x^3}} = 0.$$

所以

$$\lim_{x \to \infty} \frac{2x^3 + x^2 - 3}{x^2 + 1} = \infty.$$

归纳例 6、例 7 及例 8,可得出以下的一般结论:

$$\lim_{x \to \infty} \frac{a_0 x^m + a_1 x^{m-1} + \cdots + a_m}{b_0 x^n + b_1 x^{n-1} + \cdots + b_n} = \begin{cases} \dfrac{a_0}{b_0}, & n = m, \\ 0, & n > m, \\ \infty, & n < m. \end{cases} \quad (a_0 \neq 0, b_0 \neq 0)$$

上述结论对数列极限同样适用.

例 9   求 $\lim\limits_{n \to \infty} \dfrac{1 + 2 + 3 \cdots + n}{n^2 + 1}$.

解   因为 $1 + 2 + 3 \cdots + n = \dfrac{n(n + 1)}{2}$,所以

$$\lim_{n\to\infty}\frac{1+2+3\cdots+n}{n^2+1}=\lim_{n\to\infty}\frac{\dfrac{n(n+1)}{2}}{n^2+1}=\frac{1}{2}\lim_{n\to\infty}\frac{n^2+n}{n^2+1}=\frac{1}{2}\lim_{n\to\infty}\frac{1+\dfrac{1}{n}}{1+\dfrac{1}{n^2}}=\frac{1}{2}.$$

1.5.2　复合函数的极限法则

定理 2　设函数 $y=f(u)$ 与 $u=\varphi(x)$ 满足条件：

（1）$\lim\limits_{u\to a}f(u)=A$；

（2）当 $x\neq x_0$ 时，$\varphi(x)\neq a$，且 $\lim\limits_{x\to x_0}\varphi(x)=a$，则复合函数 $f[\varphi(x)]$ 当 $x\to x_0$
时的极限存在，且

$$\lim_{x\to x_0}f[\varphi(x)]=\lim_{u\to a}f(u)=A.$$

注 2：上述定理的使用条件是当 $x\neq x_0$ 时，$\varphi(x)\neq a$. 否则不一定成立. 例如

$$y=f(u)=\begin{cases}u^2,&u\neq 2,\\0,&u=2.\end{cases}\qquad u=\varphi(x)=2.$$

则 $\lim\limits_{u\to 2}f(u)=4$，$\lim\limits_{x\to x_0}\varphi(x)=2$. 但 $\lim\limits_{x\to x_0}f(\varphi(x))=\lim\limits_{x\to x_0}f(2)=\lim\limits_{x\to x_0}0=0\neq 4$.

定理 2 表明，在一定条件下，求极限可以采用换元的方式.

例 10　求 $\lim\limits_{x\to 8}\dfrac{\sqrt[3]{x}-2}{x-8}$.

解　$\lim\limits_{x\to 8}\dfrac{\sqrt[3]{x}-2}{x-8}\overset{u=\sqrt[3]{x}}{=\!=\!=}\lim\limits_{u\to 2}\dfrac{u-2}{u^3-8}=\lim\limits_{u\to 2}\dfrac{u-2}{(u-2)(u^2+2u+4)}$

$$=\lim_{u\to 2}\frac{1}{u^2+2u+4}=\frac{1}{12}.$$

习题 1-5

基础题

1. 求下列极限：

（1）$\lim\limits_{x\to 2}(3x^2+2x-1)$.　　　　　　　　（2）$\lim\limits_{x\to 1}\dfrac{4x-1}{x-2}$.

（3）$\lim\limits_{x\to -1}\dfrac{x^2-1}{x+3}$.

（4）$\lim\limits_{x\to 5}\dfrac{x^2-25}{x-5}$.

（5）$\lim\limits_{x\to 1}\dfrac{x}{x-1}$.

2.求下列极限：

（1）$\lim\limits_{x\to \infty}\dfrac{3x^2+2x-4}{x^2+7}$.

（2）$\lim\limits_{x\to \infty}\dfrac{x^2-3x+7}{4x^3-x+5}$.

（3）$\lim\limits_{x\to \infty}\dfrac{3x^3-7x-27}{4x^2+5x+2}$.

（4）$\lim\limits_{n\to \infty}\dfrac{n^3+3n-1}{2n^3-n+5}$.

3.求下列极限：

（1）$\lim\limits_{x\to 1}\dfrac{x^2-2x+1}{x^3-x}$.

（2）$\lim\limits_{x\to 1}\left(\dfrac{1}{1-x}-\dfrac{1}{1-x^3}\right)$.

（3）$\lim\limits_{n\to \infty}\dfrac{1+2+3+\cdots+n}{n^3}$.

（4）$\lim\limits_{n\to \infty}\left(1+\dfrac{1}{n}\right)^2$.

（5）$\lim\limits_{x\to \infty}\dfrac{\sin 2x}{x}$.

（6）$\lim\limits_{x\to 0}x^2\cos\dfrac{1}{x}$.

4.设

$$f(x)=\begin{cases}x^2+2x-3, & x\leqslant 1,\\ x, & 1<x<2,\\ 2x-2, & x\geqslant 2,\end{cases}$$

求：$\lim\limits_{x\to 1}f(x)$，$\lim\limits_{x\to 2}f(x)$，$\lim\limits_{x\to 3}f(x)$.

提高题

1.求下列极限：

（1）$\lim\limits_{n\to \infty}\left(1+\dfrac{1}{2}+\dfrac{1}{4}+\cdots+\dfrac{1}{2^n}\right)$.

（2）$\lim\limits_{n\to \infty}\dfrac{1+\dfrac{1}{2}+\dfrac{1}{4}+\cdots+\dfrac{1}{2^n}}{1+\dfrac{1}{3}+\dfrac{1}{9}+\cdots+\dfrac{1}{3^n}}$.

（3）$\lim\limits_{n\to \infty}\dfrac{2^n-1}{2^n+1}$.

（4）$\lim\limits_{n\to \infty}\dfrac{2^n-3^n}{(-2)^{n+1}+3^{n+1}}$.

2.求下列极限：

（1）$\lim\limits_{h\to 0}\dfrac{(x+h)^3-x^3}{h}$.

（2）$\lim\limits_{x\to 1}\dfrac{\sqrt{5x-4}-\sqrt{x}}{x-1}$.

(3) $\lim\limits_{x\to\infty}\dfrac{(2x-1)^{30}(3x-2)^{20}}{(2x+1)^{50}}$.　　(4) $\lim\limits_{x\to\infty}(3x^2-x+1)$.

(5) $\lim\limits_{x\to0}\dfrac{3x^3+x}{4x^2-2x}$.

3.已知 $\lim\limits_{x\to1}\dfrac{x^2+ax+b}{1-x}=1$，试求 a 与 b 的值.

4.下列陈述中，哪些是对的，哪些是错的？ 如果是对的，说明理由；如果是错的，试给出一个反例.

(1) 如果 $\lim\limits_{x\to x_0}f(x)$ 存在，但 $\lim\limits_{x\to x_0}g(x)$ 不存在，则 $\lim\limits_{x\to x_0}[f(x)+g(x)]$ 不存在；

(2) 如果 $\lim\limits_{x\to x_0}f(x)$ 和 $\lim\limits_{x\to x_0}g(x)$ 都不存在，则 $\lim\limits_{x\to x_0}[f(x)+g(x)]$ 不存在；

(3) 如果 $\lim\limits_{x\to x_0}[f(x)+g(x)]$ 存在，则 $\lim\limits_{x\to x_0}f(x)$ 和 $\lim\limits_{x\to x_0}g(x)$ 都存在.

§1.6　两个重要极限

1.6.1　第一个重要极限 $\lim\limits_{x\to0}\dfrac{\sin x}{x}=1$

在如图 1.30 所示的单位圆中，设 $\angle AOB=x\left(0<x<\dfrac{\pi}{2}\right)$，点 A 处的切线与 OB 的延长线相交于 D，又

$$BC=\sin x,\ \overset{\frown}{AB}=x,\ AD=\tan x.$$

因为

$\triangle AOB$ 的面积 $<$ 扇形 AOB 的面积 $<$ $\triangle AOD$ 的面积，

所以

$$\sin x<x<\tan x$$

两边同除以 $\sin x$，得

$$1<\dfrac{x}{\sin x}<\dfrac{1}{\cos x}.$$

即

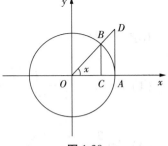

图 1.30

$$\cos x < \frac{\sin x}{x} < 1.$$

因为用 $-x$ 代替 x 时，$\cos x$ 与 $\frac{\sin x}{x}$ 都不变，所以当 $-\frac{\pi}{2} < x < 0$ 时，上述不等式仍然成立.

又因为 $\lim\limits_{x \to 0} \cos x = 1$，$\lim\limits_{x \to 0} 1 = 1$，所以由夹逼准则得

$$\lim\limits_{x \to 0} \frac{\sin x}{x} = 1.$$

$y = \frac{\sin x}{x}$ 在 0 附近的图像如图 1.31 所示.

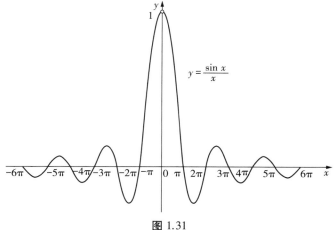

图 1.31

例 1 求 $\lim\limits_{x \to 0} \frac{\tan x}{x}$.

解 $\lim\limits_{x \to 0} \frac{\tan x}{x} = \lim\limits_{x \to 0} \left(\frac{\sin x}{x} \cdot \frac{1}{\cos x} \right) = \lim\limits_{x \to 0} \frac{\sin x}{x} \cdot \lim\limits_{x \to 0} \frac{1}{\cos x} = 1 \times 1 = 1$

例 2 求 $\lim\limits_{x \to 0} \frac{\sin 3x}{x}$.

解 $\lim\limits_{x \to 0} \frac{\sin 3x}{x} = \lim\limits_{x \to 0} \left(\frac{\sin 3x}{3x} \cdot 3 \right) = 3 \lim\limits_{x \to 0} \frac{\sin 3x}{3x}$.

设 $t = 3x$，则当 $x \to 0$ 时，$t \to 0$，所以

$$\lim\limits_{x \to 0} \frac{\sin 3x}{x} = 3 \lim\limits_{t \to 0} \frac{\sin t}{t} = 3 \times 1 = 3.$$

上面的解题过程可简写为

$$\lim_{x \to 0} \frac{\sin 3x}{x} = 3 \lim_{x \to 0} \frac{\sin 3x}{3x} = 3 \times 1 = 3.$$

例3 求 $\lim\limits_{x \to 0} \dfrac{\sin 2x}{\sin 3x}$.

解 对分式的分子和分母同除以 x,然后再利用例2的解法即可求得极限:

$$\lim_{x \to 0} \frac{\sin 2x}{\sin 3x} = \lim_{x \to 0} \frac{\dfrac{\sin 2x}{x}}{\dfrac{\sin 3x}{x}} = \frac{\lim\limits_{x \to 0} \dfrac{\sin 2x}{2x} \cdot 2}{\lim\limits_{x \to 0} \dfrac{\sin 3x}{3x} \cdot 3} = \frac{2}{3}.$$

例4 求 $\lim\limits_{x \to 0} = \dfrac{1 - \cos x}{x^2}$.

解 $\lim\limits_{x \to 0} \dfrac{1 - \cos x}{x^2} = \lim\limits_{x \to 0} \dfrac{2 \sin^2 \dfrac{x}{2}}{x^2} = \lim\limits_{x \to 0} \dfrac{1}{2} \left(\dfrac{\sin \dfrac{x}{2}}{\dfrac{x}{2}} \right)^2 = \dfrac{1}{2}.$

1.6.2 第二个重要极限 $\lim\limits_{x \to \infty} \left(1 + \dfrac{1}{x} \right)^x = e$

先证 $x \to + \infty$ 的情形. 当 $x > 0$ 时,有

$$1 + \frac{1}{[x] + 1} \leqslant 1 + \frac{1}{x} \leqslant 1 + \frac{1}{[x]},$$

由幂函数的性质得

$$\left(1 + \frac{1}{[x] + 1} \right)^x \leqslant \left(1 + \frac{1}{x} \right)^x \leqslant \left(1 + \frac{1}{[x]} \right)^x.$$

再由指数函数的性质得

$$\left(1 + \frac{1}{[x] + 1} \right)^{[x]} \leqslant \left(1 + \frac{1}{x} \right)^x \leqslant \left(1 + \frac{1}{[x]} \right)^{[x] + 1}.$$

利用 $\lim\limits_{n \to \infty} \left(1 + \dfrac{1}{n} \right)^n = e$,可知

$$\lim_{x \to + \infty} \left(1 + \frac{1}{[x] + 1} \right)^{[x]} = \lim_{x \to + \infty} \left(1 + \frac{1}{[x] + 1} \right)^{[x] + 1} \left(1 + \frac{1}{[x] + 1} \right)^{-1} = e \cdot 1 = e;$$

$$\lim_{x \to + \infty} \left(1 + \frac{1}{[x]} \right)^{[x] + 1} = \lim_{x \to + \infty} \left(1 + \frac{1}{[x]} \right)^{[x]} \left(1 + \frac{1}{[x]} \right) = e \cdot 1 = e.$$

所以 $\lim\limits_{x \to +\infty}\left(1 + \dfrac{1}{x}\right)^x = \mathrm{e}$.

再证 $x \to -\infty$ 的情形.令 $x = -t$,则 $t \to +\infty$.

$$\lim_{x \to -\infty}\left(1 + \frac{1}{x}\right)^x = \lim_{t \to +\infty}\left(1 + \frac{1}{-t}\right)^{-t} = \lim_{t \to +\infty}\left(\frac{t}{t-1}\right)^t$$

$$= \lim_{t \to +\infty}\left(1 + \frac{1}{t-1}\right)^{t-1}\left(1 + \frac{1}{t-1}\right) = \mathrm{e} \cdot 1 = \mathrm{e}$$

最后得 $\lim\limits_{x \to \infty}\left(1 + \dfrac{1}{x}\right)^x = \mathrm{e}$.

若令 $t = \dfrac{1}{x}$,可得 $\lim\limits_{t \to 0}(1 + t)^{\frac{1}{t}} = \mathrm{e}$.

$y = (1 + x)^{\frac{1}{x}}$ 在 0 附近的图像如图 1.32 所示.

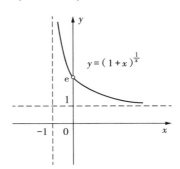

图 1.32

例 5　求极限 $\lim\limits_{x \to \infty}\left(1 + \dfrac{1}{x}\right)^{-x}$.

解　$\lim\limits_{x \to \infty}\left(1 + \dfrac{1}{x}\right)^{-x} = \lim\limits_{x \to \infty}\left[\left(1 + \dfrac{1}{x}\right)^x\right]^{-1}$

$$= \mathrm{e}^{-1} = \frac{1}{\mathrm{e}}.$$

例 6　求极限 $\lim\limits_{x \to \infty}\left(1 + \dfrac{3}{x}\right)^x$.

解　所求极限可分为

$$\lim_{x \to \infty}\left(1 + \frac{3}{x}\right)^x = \lim_{x \to \infty}\left[\left(1 + \frac{3}{x}\right)^{\frac{x}{3}}\right]^3.$$

设 $t = \dfrac{x}{3}$,则当 $x \to \infty$ 时,$t \to \infty$,于是

$$\lim_{x \to \infty}\left(1 + \frac{3}{x}\right)^x = \lim_{t \to \infty}\left[\left(1 + \frac{1}{t}\right)^t\right]^3 = \mathrm{e}^3.$$

上面的解题过程可简写为

$$\lim_{x \to \infty}\left(1 + \frac{3}{x}\right)^x = \lim_{x \to \infty}\left[\left(1 + \frac{3}{x}\right)^{\frac{x}{3}}\right]^3 = \mathrm{e}^3.$$

例 7　求极限 $\lim\limits_{x \to 0}(1 + \tan x)^{\cot x}$.

47

解 设 $t = \tan x$，则当 $x \to 0$ 时，$t \to 0$，于是

$$\lim_{x \to 0}(1 + \tan x)^{\cot x} = \lim_{t \to 0}(1 + t)^{\frac{1}{t}} = \mathrm{e}.$$

例 8 求 $\lim\limits_{x \to \infty}\left(\dfrac{x + 2}{x - 1}\right)^{x}$.

解 $\lim\limits_{x \to \infty}\left(\dfrac{x + 2}{x - 1}\right)^{x} = \lim\limits_{x \to \infty}\left[\left(1 + \dfrac{3}{x - 1}\right)^{\frac{x-1}{3}}\right]^{\frac{3x}{x-1}} = \mathrm{e}^{3}.$

1.6.3 复利计算问题

用 a 表示本金，r 表示年利率，那么经过 t 年后的余额为 $a(1 + r)^{t}$. 如果一年复利 n 次，那么经过 t 年后的余额为 $a\left(1 + \dfrac{r}{n}\right)^{nt}$. 根据前面的知识，我们知道 $a\left(1 + \dfrac{r}{n}\right)^{nt}$ 随着 n 的增大而增大，那么它最终可以增大到多少呢？

$$\lim_{n \to \infty} a\left(1 + \frac{r}{n}\right)^{nt} = \lim_{n \to \infty} a\left[\left(1 + \frac{r}{n}\right)^{\frac{n}{r}}\right]^{rt} = a\mathrm{e}^{rt}.$$

这个值称为**连续复利**. 它究竟有多大？由 3.3.3 节例 1 可得 $\mathrm{e}^{r} \approx 1 + r + \dfrac{r^{2}}{2}$，这说明 e^{r} 与 $(1 + r)$ 几乎相等，误差很小.

习题 1-6

基础题

1.填空题：

（1）$\lim\limits_{x \to 0}\dfrac{\sin 7x}{x} = $ _____ .

（2）$\lim\limits_{x \to \infty}\dfrac{\sin 7x}{x} = $ _____ .

（3）$\lim\limits_{x \to \infty}\left(1 - \dfrac{5}{x}\right)^{x} = $ _____ .

（4）$\lim\limits_{n \to \infty}\left(1 - \dfrac{1}{n}\right)^{n+1} = $ _____ .

2.求下列极限：

（1）$\lim\limits_{x \to 0} x \cot x$.

（2）$\lim\limits_{x \to 0} = \dfrac{(x + 2)\sin x}{x}$.

（3）$\lim\limits_{x \to 0} \dfrac{1 - \cos 2x}{x \sin x}$.

3.求下列极限：

（1）$\lim\limits_{x \to \infty} \left(1 + \dfrac{1}{3x}\right)^{3x}$.

（2）$\lim\limits_{x \to \infty} \left(1 - \dfrac{1}{x}\right)^{2x}$.

（3）$\lim\limits_{t \to 0}(1 + 2t)^{\frac{1}{t}}$.

（4）$\lim\limits_{x \to \infty} \left(1 + \dfrac{2}{x}\right)^{2x}$.

（5）$\lim\limits_{x \to \infty} \left(\dfrac{x + 1}{x}\right)^{3x}$.

（6）$\lim\limits_{x \to \frac{\pi}{2}}(1 + \cos x)^{2 \tan x}$.

（7）$\lim\limits_{x \to \infty} \left(\dfrac{x + a}{x - a}\right)^{x}$.

（8）$\lim\limits_{x \to \infty} \left(\dfrac{2x + 3}{2x + 1}\right)^{x + 1}$.

提高题

1.利用极限存在的准则证明：

（1）$\lim\limits_{n \to \infty} \left[\dfrac{1}{\sqrt{n^2 + 1}} + \dfrac{1}{\sqrt{n^2 + 2}} + \cdots + \dfrac{1}{\sqrt{n^n + n}}\right] = 1$.

（2）数列 $\sqrt{2}, \sqrt{2 + \sqrt{2}}, \sqrt{2 + \sqrt{2 + \sqrt{2}}}, \cdots$ 的极限存在.

2.求下列极限：

（1）$\lim\limits_{x \to a} \dfrac{\sin x - \sin a}{x - a}$.

（2）$\lim\limits_{n \to \infty} 2^n \sin \dfrac{x}{2^n}$.

（3）$\lim\limits_{x \to 0}(\cos x)^{\frac{2}{x^2}}$.

§1.7　无穷小、无穷大及无穷小的比较

1.7.1　无穷小

定义1　极限是零的函数,称为**无穷小**.

例如，因为 $\lim\limits_{n \to \infty} \left(\dfrac{1}{n} \right)^2 = 0$，所以 $\left(\dfrac{1}{n} \right)^2$ 是当 $n \to \infty$ 时的无穷小；因为 $\lim\limits_{x \to \infty} \dfrac{1}{x} = 0$，所以 $\dfrac{1}{x}$ 是当 $x \to \infty$ 时的无穷小；因为 $\lim\limits_{x \to 1}(1 - x) = 0$，所以 $1 - x$ 是当 $x \to 1$ 时的无穷小．

注 1：（1）说一个函数 $f(x)$ 是无穷小，必须指明自变量 x 的变化趋向，如函数 $x + 3$ 是当 $x \to -3$ 时的无穷小，但当 $x \to 1$ 时，$x + 3$ 就不是无穷小．

（2）不要把一个绝对值很小的常数（如 0.000 000 1）说成是无穷小，因为这个常数的极限不等于 0.

（3）数"0"可以看作无穷小，因为 $\lim\limits_{x \to x_0} 0 = 0$.

下面讨论无穷小的运算性质．

想一想 两个无穷小的和与差是否仍是无穷小？

例如，设 $\alpha = x^2, \beta = x^3$，当 $x \to 0$ 时，这两个函数都是无穷小．考察它们的和与差

$$\alpha + \beta = x^2 + x^3, \quad \alpha - \beta = x^2 - x^3.$$

可以看出，当 $x \to 0$ 时，它们都是无穷小．这就是说，两个无穷小的代数和仍是无穷小．一般地，我们有：

性质 1 有限个无穷小的代数和仍是无穷小．

想一想 两个无穷小的积是否仍是无穷小？

要回答上述问题，我们先讨论有界函数与无穷小的乘积是否为无穷小的问题．

考察当 $x \to 0$ 时，函数 $x \sin \dfrac{1}{x}$ 的变化趋势．因为 $\lim\limits_{x \to 0} |x| = 0$，所以 x 是当 $x \to 0$ 的无穷小．又因为 $\left| \sin \dfrac{1}{x} \right| \leqslant 1$，所以 $\sin \dfrac{1}{x}$ 是有界函数．因此，当 $x \to 0$ 时，$x \sin \dfrac{1}{x}$ 是有界函数 $\sin \dfrac{1}{x}$ 与无穷小 x 的乘积．由

$$0 \leqslant \left| x \sin \dfrac{1}{x} \right| = |x| \left| \sin \dfrac{1}{x} \right| \leqslant |x|$$

可以看出，当 $x \to 0$ 时，上式左右两端的函数的极限都等于零，即 $\lim\limits_{x \to 0} 0 = 0$，$\lim\limits_{x \to 0} |x| = 0$. 因此，应有 $\lim\limits_{x \to 0} x \sin \dfrac{1}{x} = 0$. 所以 $x \sin \dfrac{1}{x}$ 仍是无穷小．一般地，有如下

性质:

性质2 有界函数与无穷小的乘积是无穷小.

例1 求 $\lim\limits_{x\to\infty}\dfrac{\sin x}{x}$.

解 当 $x\to\infty$ 时,分子、分母的极限都不存在,不能直接应用极限运算法则,但

$$\frac{\sin x}{x}=\frac{1}{x}\cdot\sin x.$$

且 $\dfrac{1}{x}$ 当 $x\to\infty$ 时为无穷小,$\sin x$ 是有界函数,所以根据无穷小的性质,有

$$\lim_{x\to\infty}\frac{\sin x}{x}=0.$$

因为常数可以看作有界函数,所以根据性质2,有如下推论:

推论1 常数与无穷小的乘积是无穷小.

可以证明无穷小是局部有界函数,所以根据性质2,得:

推论2 有限个无穷小的乘积是无穷小.

注2:无限个无穷小的和不一定是无穷小. 例如 $\lim\limits_{n\to\infty}n\left(\dfrac{1}{n^2+1}+\cdots+\dfrac{1}{n^2+n}\right)=1$.无限个无穷小的乘积也不一定是无穷小,读者可以试着举个例子.

无穷小与函数的极限之间有着密切的关系.

如果 $\lim\limits_{x\to x_0}f(x)=A$,则可以看出极限 $\lim\limits_{x\to x_0}[f(x)-A]=0$.设 $\alpha=f(x)-A$,则 α 是当 $x\to x_0$ 时的无穷小.于是,$f(x)=A+\alpha$,即函数 $f(x)$ 可以表示为它的极限与一个无穷小的和.

反之,如果函数 $f(x)$ 可以表示为一个常数 A 与一个无穷小 α 的和,即 $f(x)=A+\alpha$,则可以看出 $\lim\limits_{x\to x_0}f(x)=\lim\limits_{x\to x_0}(A+\alpha)=A$.

综上所述,得如下定理:

定理1 具有极限的函数等于它的极限与一个无穷小之和;反之,如果函数可表示为常数与无穷小之和,那么该常数就是这个函数的极限.即

$$\lim_{x\to x_0}f(x)=A\Leftrightarrow f(x)=A+\alpha\ (\alpha\text{ 是当 }x\to x_0\text{ 时的无穷小}).$$

1.7.2 无穷大

观察图 1.33 可知，当 $x \to 0$ 时，函数 $f(x) = \dfrac{1}{x}$ 的绝对值无限制地增大.

观察图 1.34 可知，当 $x \to +\infty$ 时，函数 $f(x) = e^x$ 的绝对值无限制地增大.

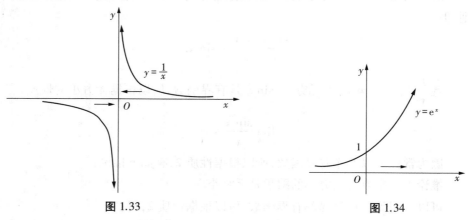

图 1.33   图 1.34

这类函数的共同特点是：虽然不趋于某个确定的常数，但在各自的变化过程中都是无限增大的，称为无穷大.

定义 2 如果当 $x \to x_0$（或 $x \to \infty$）时，函数 $f(x)$ 的绝对值无限增大，则函数 $f(x)$ 叫作当 $x \to x_0$（或 $x \to \infty$）时的 **无穷大**.

如果函数 $f(x)$ 当 $x \to x_0$（或 $x \to \infty$）时是无穷大，则它的极限是不存在的.但为了便于描述函数的这种变化趋势，我们也说"函数的极限是无穷大"，并记作

$$\lim_{x \to x_0} f(x) = \infty \ (\text{或} \lim_{x \to \infty} f(x) = \infty).$$

例如，$f(x) = \dfrac{1}{x}$ 是当 $x \to 0$ 时的无穷大，记作

$$\lim_{x \to 0} \frac{1}{x} = \infty.$$

$f(x) = e^x$ 是当 $x \to +\infty$ 的无穷大，记作

$$\lim_{x \to +\infty} e^x = \infty.$$

如果函数 $f(x)$ 当 $x \to x_0$（或 $x \to \infty$）时是无穷大，且当 x 充分接近 x_0（或 x 的绝对值充分大）时，对应的函数值都是正的或都是负的，则分别记作

$$\lim_{x \to x_0} f(x) = +\infty, \quad \lim_{x \to x_0} f(x) = -\infty.$$

例如,由图 1.33 可知

$$\lim_{x \to 0^+} \frac{1}{x} = +\infty, \quad \lim_{x \to 0^-} \frac{1}{x} = -\infty.$$

由图 1.34 可知

$$\lim_{x \to +\infty} e^x = +\infty.$$

又如,当 $x \to 0^+$ 时,$\ln x$ 为负值且绝对值无限增大,所以 $\ln x$ 是当 $x \to 0^+$ 时的负无穷大,即

$$\lim_{x \to 0^+} \ln x = -\infty.$$

注 3:(1) 说一个函数 $f(x)$ 是无穷大,必须指明自变量 x 的变化趋向.如函数 $\frac{1}{x}$ 是当 $x \to 0$ 时的无穷大,但当 $x \to 1$ 时就不是无穷大.

(2) 不要把一个绝对值很大的常数(如 1 000 000)说成是无穷大,因为这个常数当 $x \to x_0$(或 $x \to \infty$)时,其绝对值不能无限制地增大.

如果 $\lim\limits_{x \to x_0} f(x) = \infty$,那么直线 $x = x_0$ 是函数 $y = f(x)$ 的图像的**铅直渐近线**.

注 4:无界函数不一定是无穷大.比如,$y = x\cos x$.

1.7.3　无穷小与无穷大的关系

定理 2　在自变量的同一变化过程中,如果 $f(x)$ 是无穷大,则 $\frac{1}{f(x)}$ 是无穷小;反之,如果 $f(x)$ 是无穷小,且 $f(x) \neq 0$,则 $\frac{1}{f(x)}$ 是无穷大.

1.7.4　无穷小的比较

我们知道,两个无穷小的代数和、乘积仍然是无穷小.自然会问:两个无穷小的商是否一定是无穷小? 回答是否定的.例如,当 $x \to 0$ 时,$x, 2x, x^3$ 都是无穷小,但

$$\lim_{x \to 0} \frac{x^3}{2x} = 0, \quad \lim_{x \to 0} \frac{2x}{x^3} = \infty, \quad \lim_{x \to 0} \frac{2x}{x} = 2.$$

即它们的商可以是无穷小,可以是无穷大,也可以是普通的常数等.

两个无穷小之比之所以出现各种不同的情况,是因为它们趋于 0 的快慢程度是不同的,见表 1.4.

表 1.4

x	1	0.1	0.01	0.001	$\cdots$	$\rightarrow$	0
$2x$	2	0.2	0.02	0.002	$\cdots$	$\rightarrow$	0
x^3	1	0.001	0.000 001	0.000 000 001	$\cdots$	$\rightarrow$	0

可以看出,当 $x \rightarrow 0$ 时,趋于 0 较快的无穷小 (x^3) 与较慢的无穷小 $(2x)$ 之商的极限是 0;趋于 0 较慢的无穷小 $(2x)$ 与较快的无穷小 (x^3) 之商的极限是 ∞;趋于 0 快慢相当的两个无穷小 $(2x$ 与 $x)$ 之商的极限是不为 0 的常数.

定义 3 设 α 和 β 都是在同一个自变量的变化过程中的无穷小,又 $\lim\dfrac{\alpha}{\beta}$ 是在这一变化过程中的极限:

（1）如果 $\lim\dfrac{\alpha}{\beta} = 0$,就说 α 是 β 的**高阶无穷小**,记作 $\alpha = o(\beta)$.

（2）如果 $\lim\dfrac{\alpha}{\beta} = \infty$,就说 α 是 β 的**低阶无穷小**.

（3）如果 $\lim\dfrac{\alpha}{\beta} = C$（$C$ 为不等于 0 的常数）,就说 α 是 β 的**同阶无穷小**.

（4）如果 $\lim\dfrac{\alpha}{\beta} = 1$,就说 α 与 β 是**等价无穷小**,记作 $\alpha \sim \beta$.

例如,由上面的分析可知,当 $x \rightarrow 0$ 时:x^3 是 $2x$ 的高阶无穷小;$2x$ 是 x^3 的低阶无穷小;$2x$ 是 x 的同阶无穷小.

很明显,等价无穷小是同阶无穷小当 $C = 1$ 时的特殊情形.

注 5:不是任意两个无穷小都可以比较.比如当 $x \rightarrow 0$ 时,$f(x)$ 为无穷小,则 $\sin f(x) \sim f(x)$ 不一定成立,比如 $f(x) = x \sin \dfrac{1}{x}$.

例 2 比较下列无穷小的阶数的高低:

（1）$x \rightarrow \infty$ 时,无穷小 $\dfrac{1}{x^2}$ 与 $\dfrac{3}{x}$.

（2）$x \rightarrow 1$ 时,无穷小 $1 - x$ 与 $1 - x^2$.

解 （1）因为 $\lim\limits_{x \rightarrow \infty} \dfrac{\dfrac{1}{x^2}}{\dfrac{3}{x}} = \dfrac{1}{3} \lim\limits_{x \rightarrow \infty} \dfrac{1}{x} = 0$,所以 $\dfrac{1}{x^2}$ 是 $\dfrac{3}{x}$ 的高阶无穷小,即

$\dfrac{1}{x^2} = o\left(\dfrac{3}{x}\right).$

（2）因为 $\lim\limits_{x \to 1} \dfrac{1 - x^2}{1 - x} = \lim\limits_{x \to 1} \dfrac{(1 + x)(1 - x)}{1 - x} = \lim\limits_{x \to 1}(1 + x) = 2$，所以 $1 - x$ 是

$1 - x^2$ 的同阶无穷小.

常见的等价无穷小（当 $x \to 0$ 时）：

$\sin x \sim x, \tan x \sim x, \arcsin x \sim x, \arctan x \sim x, 1 - \cos x \sim \dfrac{1}{2}x^2, \mathrm{e}^x - 1 \sim x,$

$\ln(1 + x) \sim x, (1 + x)^\alpha - 1 \sim \alpha x.$

定理 3　β 与 α 是等价无穷小的充分必要条件为 $\beta = \alpha + o(\alpha)$.

定理 4　设 $\alpha \sim \tilde{\alpha}, \beta \sim \tilde{\beta}$，且 $\lim \dfrac{\tilde{\beta}}{\tilde{\alpha}}$ 存在，则 $\lim \dfrac{\beta}{\alpha} = \lim \dfrac{\tilde{\beta}}{\tilde{\alpha}}$.

证明：

$$\lim \frac{\beta}{\alpha} = \lim \frac{\beta}{\tilde{\beta}} \cdot \frac{\tilde{\beta}}{\tilde{\alpha}} \cdot \frac{\tilde{\alpha}}{\alpha} = \lim \frac{\beta}{\tilde{\beta}} \cdot \lim \frac{\tilde{\beta}}{\tilde{\alpha}} \cdot \lim \frac{\tilde{\alpha}}{\alpha} = \lim \frac{\tilde{\beta}}{\tilde{\alpha}}.$$

求两个无穷小之比的极限时，分子和分母都可以用等价无穷小来代替.

例 3　$\lim\limits_{x \to 0} \dfrac{\tan 2x}{\sin 5x} = \lim\limits_{x \to 0} \dfrac{2x}{5x} = \dfrac{2}{5}.$

例 4　$\lim\limits_{x \to 0} \dfrac{\arcsin x}{x^3 + 4x} = \lim\limits_{x \to 0} \dfrac{x}{x^3 + 4x} = \lim\limits_{x \to 0} \dfrac{1}{x^2 + 4} = \dfrac{1}{4}.$

例 5　$\lim\limits_{x \to 0} \dfrac{(1 + x^2)^{\frac{1}{3}} - 1}{\cos x - 1} = \lim\limits_{x \to 0} \dfrac{\dfrac{1}{3}x^2}{-\dfrac{1}{2}x^2} = -\dfrac{2}{3}.$

习题 1-7

基础题

1.当 $x \to 0$ 时，下列函数中哪些是无穷小，哪些是无穷大？

（1）$y = 5x^2.$ 　　　　　　　　　　　（2）$y = \sqrt[3]{x}.$

$(3)\, y = \dfrac{3}{x}$.

$(4)\, y = \dfrac{x}{2x^3}$.

$(5)\, y = \tan x$.

$(6)\, y = \cot x$.

2.用无穷小的性质说明下列函数是无穷小：

$(1)\, y = 2x^3 + 3x^2 + x\,(x \to 0)$.

$(2)\, y = x^2 \cos \dfrac{1}{x}\,(x \to 0)$.

$(3)\, y = \dfrac{\sin x}{x}\,(x \to \infty)$.

$(4)\, y = \dfrac{\arctan x}{x}\,(x \to \infty)$.

3.比较下列无穷小阶数的高低：

(1) 当 $x \to 0$ 时，$5x^2$ 与 $3x$.

(2) 当 $x \to \infty$ 时，$\dfrac{5}{x^2}$ 与 $\dfrac{4}{x^3}$.

提高题

1.指出下列函数在自变量给定的变化过程中哪些是无穷小？哪些是无穷大？

$(1)\, y = \dfrac{x+3}{x^2-9}\,(x \to 3)$.

$(2)\, y = \log_a x\,(a > 1)\,(x \to 0^+)$.

$(3)\, y = \dfrac{x^2}{1+x}\,(x \to 0)$.

$(4)\, y = 2^x\,(x \to -\infty)$.

2.下列函数在自变量怎样变化时是无穷小？无穷大？

$(1)\, y = \dfrac{1}{x^3+1}$.

$(2)\, y = \dfrac{x}{x+5}$.

$(3)\, y = \sin x$.

$(4)\, y = \ln x$.

3.利用等价无穷小求极限：

$(1)\, \lim\limits_{x \to 0} \dfrac{\sin 2x}{e^{3x}-1}$.

$(2)\, \lim\limits_{x \to 0} \dfrac{1-\cos x}{\ln(1+4x^2)}$.

$(3)\, \lim\limits_{x \to 0} \dfrac{\sqrt[5]{1+x^3}-1}{\sin x - \tan x}$.

§1.8 函数的连续性与间断点

函数的连续性是与极限密切相关的一个基本概念.它反映了现实生活中的渐变与突变.连续函数有非常好的性质,它是高等数学的主要研究对象.

为了研究函数的连续性,我们先引进函数增量的概念.

1.8.1 函数的增量

看下面的例子:

设 $f(x) = x^2$,当自变量 x 由 $x_0 = 1$ 变到 $x_1 = 1.02$ 时,对应的函数值由 $f(x_0) = f(1) = 1$ 变到 $f(x_1) = f(1.02) = 1.02^2 = 1.040\ 4$,则自变量 x 和函数 $f(x)$ 的改变量分别是

$$x_1 - x_0 = 1.02 - 1 = 0.02,$$
$$f(x_1) - f(x_0) = 1.040\ 4 - 1 = 0.040\ 4.$$

定义1 如果函数 $y = f(x)$ 在点 x_0 的某一邻域内有定义,当自变量 x 由 x_0 变到 x_1 时,函数对应的值由 $f(x_0)$ 变到 $f(x_1)$,则差 $x_1 - x_0$ 叫作**自变量 x 的增量(或改变量)**,记作 Δx,即

$$\Delta x = x_1 - x_0. \tag{①}$$

而差 $f(x_1) - f(x_0)$ 叫作**函数 $y = f(x)$ 在 x_0 处的增量**,记作 Δy,即

$$\Delta y = f(x_1) - f(x_0). \tag{②}$$

由式①可得

$$x_1 = x_0 + \Delta x \tag{③}$$

将式③代入式②,得函数增量的另一种表达形式:

$$\Delta y = f(x_0 + \Delta x) - f(x_0).$$

上述关系式的几何解释如图1.35所示.

注:(1)Δy 是一个整体记号,不能看作是 Δ 与 y 的乘积.

(2)Δy 可正可负,不一定是"增加的"量.

例1 设 $y = f(x) = 3x^2 - 1$,求适合下列条件的自变量的增量 Δx 和函数的增量 Δy:

(1)x 由 1 变化到 0.5.

(2)x 由 1 变化到 $1 + \Delta x$.

(3)x 由 x_0 变化到 $x_0 + \Delta x$.

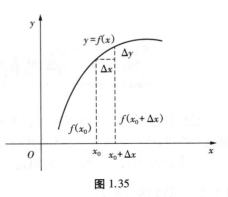

图 1.35

解 （1）$\Delta x = 0.5 - 1 = -0.5$.

$$\Delta y = f(0.5) - f(1) = (3 \times$$
$$0.5^2 - 1) - (3 \times 1^2 - 1)$$
$$= -2.25.$$

（2）$\Delta x = (1 + \Delta x) - 1 = \Delta x$.

$$\Delta y = f(1 + \Delta x) - f(1)$$
$$= [3(1 + \Delta x)^2 - 1] - (3 \times 1^2 - 1)$$
$$= 3 + 6\Delta x + 3(\Delta x)^2 - 3 = 6\Delta x + 3(\Delta x)^2.$$

（3）$\Delta x = (x_0 + \Delta x) - x_0 = \Delta x$.

$$\Delta y = f(x_0 + \Delta x) - f(x_0) = [3(x_0 + \Delta x)^2 - 1] - (3x_0^2 - 1)$$
$$= 6x_0\Delta x + 3(\Delta x)^2.$$

1.8.2　函数连续的定义

观察图 1.36 知，函数 $y = f(x)$ 所表示的曲线在点 $M(x_0, f(x_0))$ 处连续，当 $\Delta x \to 0$ 时，$\Delta y = f(x_0 + \Delta x) - f(x_0) \to 0$.

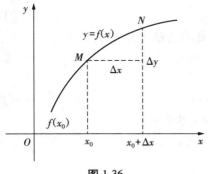

图 1.36

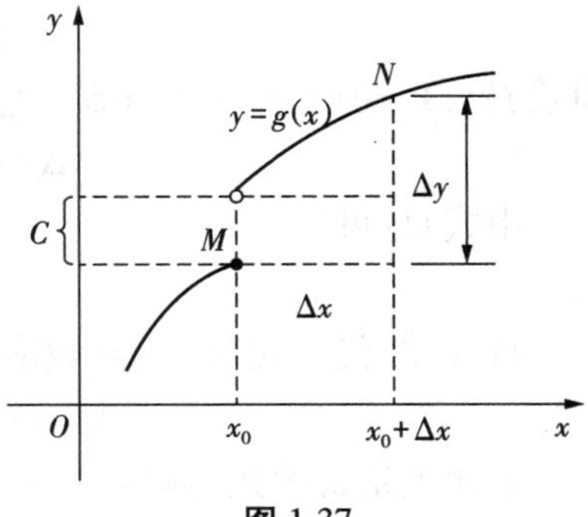

图 1.37

观察图 1.37 知，函数 $y = g(x)$ 所表示的曲线在点 $M(x_0, g(x_0))$ 处不连续，当 $\Delta x \to 0$ 时，$\Delta y = g(x_0 + \Delta x) - g(x_0) \to C \neq 0$.

定义 2　设函数 $y = f(x)$ 在点 x_0 的某个邻域内有定义，如果当自变量 x 在点 x_0 处的增量 Δx 趋于 0 时，函数 $y = f(x)$ 相应的增量 $\Delta y = f(x_0 + \Delta x) - f(x_0)$ 也趋

于 0,即

$$\lim_{\Delta x \to 0} \Delta y = \lim_{\Delta x \to 0} [f(x_0 + \Delta x) - f(x_0)] = 0,$$

则称函数 $y = f(x)$ 在点 x_0 处**连续**.

例 2 证明函数 $y = f(x) = x^2 - 2x + 2$ 在点 $x = x_0$ 处连续.

证明 设自变量在点 $x = x_0$ 处有增量 Δx,则函数相应的增量是

$$\begin{aligned}
\Delta y &= f(x_0 + \Delta x) - f(x_0) \\
&= [(x_0 + \Delta x)^2 - 2(x_0 + \Delta x) + 2] - (x_0^2 - 2x_0 + 2) \\
&= (\Delta x)^2 + 2x_0 \Delta x - 2\Delta x
\end{aligned}$$

因为

$$\lim_{\Delta x \to 0} \Delta y = \lim_{\Delta x \to 0} [(\Delta x)^2 - 2x_0 \Delta x - 2\Delta x] = 0,$$

所以,函数 $y = f(x) = x^2 - 2x + 2$ 在点 $x = x_0$ 处连续.

在定义 2 中,如果 $x = x_0 + \Delta x$,则 $\Delta y = f(x) - f(x_0)$,于是

$$x = x_0 + \Delta x, \quad f(x) = f(x_0) + \Delta y.$$

因为

$$\Delta x \to 0 \Leftrightarrow x \to x_0.$$

$$\Delta y \to 0 \Leftrightarrow f(x) \to f(x_0).$$

所以,上述函数连续的定义又可叙述如下:

定义 3 设函数 $y = f(x)$ 在点 x_0 的某个邻域内有定义,如果函数 $y = f(x)$ 当 $x \to x_0$ 时的极限存在,且等于它在点 x_0 处的函数值,即

$$\lim_{x \to x_0} f(x) = f(x_0),$$

则称函数 $y = f(x)$ 在点 x_0 **处连续**.

由定义 3 知,$y = f(x)$ 在点 x_0 连续必须满足以下三个条件:

(1)函数 $y = f(x)$ 在点 x_0 处有定义,即 $f(x_0)$ 是一个确定的数.

(2)函数 $y = f(x)$ 在点 x_0 处有极限,即 $\lim_{\Delta x \to 0} f(x)$ 存在.

(3)极限值等于函数值,即 $\lim_{x \to x_0} f(x) = f(x_0)$.

类似地,可以给出函数在一点左连续及右连续的概念.

定义 4 如果函数 $y = f(x)$ 在点 x_0 处的左极限 $\lim_{x \to x_0^-} f(x)$ 存在且等于 $f(x_0)$,即

$$\lim_{x \to x_0^-} f(x) = f(x_0),$$

则称函数 $f(x)$ 在点 x_0 处**左连续**;如果函数 $y = f(x)$ 在点 x_0 处的右极限 $\lim_{x \to x_0^+} f(x)$

存在且等于以 $f(x_0)$，即

$$\lim_{x \to x_0^+} f(x) = f(x_0),$$

则称函数 $y = f(x)$ 在点 x_0 处**右连续**.

根据极限存在的充要条件，我们有下面的结论：

如果函数 $f(x)$ 在点 x_0 处连续，则它在点 x_0 处左连续且右连续；反之，如果函数 $f(x)$ 在点 x_0 处左连续且右连续，则它在 x_0 点连续.

如果函数 $f(x)$ 在定义域内每一点都连续，则称函数 $f(x)$ **连续**，或称函数 $f(x)$ 为**连续函数**.如果函数 $f(x)$ 在开区间 (a, b) 内连续，且在端点 a 右连续，在端点 b 左连续，则称 $f(x)$ **在闭区间 $[a, b]$ 上连续**.闭区间 $[a, b]$ 上连续的所有函数之集记作 $C[a, b]$.

例3 证明 $y = x^3$ 是连续函数.

证明 设 x_0 是区间 $(-\infty, +\infty)$ 内的任意一点，当自变量 x 在点 x_0 处有增量 Δx 时，对应的函数的增量为

$$\Delta y = (x_0 + \Delta x)^3 - x_0^3 = 3x_0^2 \Delta x + 3x_0 (\Delta x)^2 + (\Delta x)^3.$$

因为

$$\lim_{\Delta x \to 0} \Delta y = \lim_{\Delta x \to 0} \left[3x_0^2 \Delta x + 3x_0 (\Delta x)^2 + (\Delta x)^3 \right] = 0,$$

所以，$y = x^3$ 在点 x_0 处连续.又因为 x_0 是区间 $(-\infty, +\infty)$ 内的任意一点，所以 $y = x^3$ 是连续函数.

例4 证明：$y = \dfrac{1}{x}$ 是连续函数.

证明 $y = \dfrac{1}{x}$ 的定义域为 $(-\infty, 0) \cup (0, +\infty)$，设 $x_0 \in (-\infty, 0) \cup (0, +\infty)$，则 $x_0 \neq 0$.当自变量 x 在点 x_0 处有增量 Δx 时，对应的函数的增量为

$$\Delta y = \frac{1}{x_0 + \Delta x} - \frac{1}{x_0} = \frac{-\Delta x}{x_0 (x_0 + \Delta x)}.$$

因为

$$\lim_{\Delta x \to 0} \Delta y = \lim_{\Delta x \to 0} \frac{-\Delta x}{x_0 (x_0 + \Delta x)} = 0,$$

所以，$y = \dfrac{1}{x}$ 在点 x_0 处连续.又因为 x_0 是区间 $(-\infty, 0) \cup (0, +\infty)$ 内的任意一点，所以 $y = \dfrac{1}{x}$ 是连续函数.

例 5　证明:$y = \sin x$ 是连续函数.

证明　设 $x_0 \in (-\infty, +\infty)$，$\forall \varepsilon > 0$，$\exists \delta = \varepsilon$，当 $|x - x_0| < \delta$ 时，

$$|\sin x - \sin x_0| = \left| 2\cos \frac{x + x_0}{2} \cdot \sin \frac{x - x_0}{2} \right|$$

$$\leqslant 2 \left| \sin \frac{x - x_0}{2} \right|$$

$$\leqslant 2 \left| \frac{x - x_0}{2} \right|$$

$$= |x - x_0| < \varepsilon$$

所以，$y = \sin x$ 在点 x_0 处连续.又因为 x_0 是 $(-\infty, +\infty)$ 内的任意一点，所以，$y = \sin x$ 是连续函数.

1.8.3　函数的间断点

定义 5　如果函数 $y = f(x)$ 在点 x_0 处不连续，则称 x_0 为函数 $f(x)$ 的**间断点**.

由函数连续的定义 3 知，如果函数 $y = f(x)$ 在点 x_0 处有下列三种情况之一，则 x_0 是 $f(x)$ 的一个间断点:

(1) 函数 $y(x)$ 在点 x_0 没有定义.

(2) 极限 $\lim\limits_{x \to x_0} f(x)$ 不存在.

(3) 极限值不等于函数值，即 $\lim\limits_{x \to x_0} f(x) \neq f(x_0)$.

例如，函数 $y = \dfrac{1}{x}$ 在 $x = 0$ 处无定义，所以函数 $y = \dfrac{1}{x}$ 在 $x = 0$ 处不连续，即 $x = 0$ 是函数的间断点，因为 $\lim\limits_{x \to 0} \dfrac{1}{x} = \infty$，所以这类间断点又称为**无穷间断点**.

例如，函数 $y = \sin \dfrac{1}{x}$ 在点 $x = 0$ 没有定义，当 $x \to 0$ 时，函数值在 -1 与 1 之间变动无限多次，所以点 $x = 0$ 称为函数 $y = \sin \dfrac{1}{x}$ 的**振荡间断点**.

符号函数在点 $x = 0$ 的左右极限都存在但不相等，所以当 $x \to 0$ 时，函数 $f(x)$ 的极限不存在，因此函数在点 $x = 0$ 不连续，即 $x = 0$ 是函数的间断点.由图 1.2 可以看出，曲线在间断点处发生了跳跃，所以这类间断点又称为**跳跃间断点**，跳跃间断点是指左右极限存在但不相等的间断点.

函数 $f(x) = \begin{cases} x + 1, & x \neq 1, \\ 0, & x = 1, \end{cases}$ 在 $x = 1$ 的极

限 $\lim\limits_{x \to 1} f(x) = \lim\limits_{x \to 1} (x + 1) = 2$，但 $f(1) = 0$，即 $\lim\limits_{x \to 1} f(x) \neq f(1)$，所以函数 $f(x)$ 在 $x = 1$ 不连续，即 $x = 1$ 是函数的间断点（图 1.38）.由图可以看出，如果改变定义或补充定义，则可使函数在该点处连续，所以这类间断点又称为**可去间断点**，可去间断点是指左右极限存在且相等的间断点.

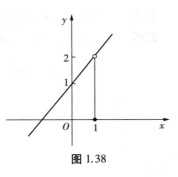

图 1.38

函数的间断点可按左右极限是否存在分类.

定义 6　设 x_0 是函数 $f(x)$ 的间断点，如果左极限 $f(x_0^-)$ 及右极限 $f(x_0^+)$ 都存在，则 x_0 称为**第一类间断点**；如果左极限 $f(x_0^-)$ 和右极限 $f(x_0^+)$ 中至少有一个不存在，则 x_0 称为**第二类间断点**.

很明显，无穷间断点、振荡间断点是第二类间断点，跳跃间断点和可去间断点是第一类间断点.

例 6　求函数 $f(x) = \dfrac{\sin x}{x}$ 的间断点，并指出间断点的类型.

解　因为函数 $f(x) = \dfrac{\sin x}{x}$ 在 $x = 0$ 点无定义，所以 $x = 0$ 是函数的间断点.由于 $\lim\limits_{x \to 0} \dfrac{\sin x}{x} = 1$，所以 $x = 0$ 是函数的可去间断点；又因为 $f(0^-) = f(0^+) = 1$ 都存在，所以 $x = 0$ 是函数的第一类间断点.

习题 1-8

基础题

1.讨论函数 $f(x) = \begin{cases} x + 1, & x \geq 1, \\ 3 - x, & x < 1, \end{cases}$ 在点 $x = 1$ 处的连续性，并画出它的图像.

2.求函数 $f(x) = \dfrac{x+3}{x^2+x-6}$ 的连续区间，并求极限 $\lim\limits_{x \to 2} f(x)$，$\lim\limits_{x \to -3} f(x)$，$\lim\limits_{x \to 0} f(x)$.

3.设函数

$$f(x) = \begin{cases} e^x, & x < 0, \\ a + x, & x \geqslant 0, \end{cases}$$

当 a 为何值时，才能使 $f(x)$ 在点 $x = 0$ 处连续？

4.求下列函数的间断点，并指出间断点的类型：

(1) $f(x) = \dfrac{1}{x^3 - 1}$.

(2) $f(x) = \dfrac{x+3}{x^2 - 9}$.

(3) $f(x) = \begin{cases} x^2 + 1, & x \leqslant 0, \\ x - 1, & x > 0. \end{cases}$

(4) $f(x) = \begin{cases} 3x - 1, & x \neq 0, \\ 2, & x = 0. \end{cases}$

提高题

1.设函数 $y = f(x) = x^3 - x + 2$，求适合下列条件的自变量的增量和对应的函数的增量：

(1) 当 x 由 2 变到 3.

(2) 当 x 由 2 变到 1.

(3) 当 x 由 $2 + \Delta x$ 变到 2.

2.证明函数 $f(x) = 3x^2 + 5$ 在点 $x = 0$ 处连续.

3.求下列函数的间断点，并指出间断点的类型：

(1) $f(x) = \dfrac{x}{\tan x}$.

(2) $f(x) = \cos \dfrac{1}{x}$.

§1.9 连续函数的运算与闭区间上连续函数的性质

1.9.1 连续函数的运算法则

根据连续函数的定义和极限的运算法则，可得以下结论：

定理 1 如果 $f(x)$ 和 $g(x)$ 都在点 x_0 处连续，则它们的和 $f(x) + g(x)$、差

$f(x) - g(x)$、积 $f(x)g(x)$、商 $\dfrac{f(x)}{g(x)}(g(x) \neq 0)$ 在点 x_0 处连续.

证明　只证 $f(x) + g(x)$ 在点 x_0 连续的情形，其他情形可类似证明.

因为 $f(x)$ 和 $g(x)$ 都在点 x_0 连续，所以

$$\lim_{x \to x_0} f(x) = f(x_0) , \lim_{x \to x_0} g(x) = g(x_0).$$

根据极限的运算法则，得

$$\lim_{x \to x_0} [f(x) + g(x)] = \lim_{x \to x_0} f(x) + \lim_{x \to x_0} g(x) = f(x_0) + g(x_0).$$

由函数在点 x_0 连续的定义知，$f(x) + g(x)$ 在点 x_0 连续.

定理 2　如果函数 $u = \varphi(x)$ 在点 x_0 连续，且 $u_0 = \varphi(x_0)$，而函数 $y = f(u)$ 在点 u_0 连续，则复合函数 $y = f[\varphi(x)]$ 在点 x_0 连续.

证明　因为 $\varphi(x)$ 在点 x_0 连续，即当 $x \to x_0$ 时，有 $u \to u_0$，所以

$$\lim_{x \to x_0} f[\varphi(x)] = \lim_{u \to u_0} f(u) = f(u_0) = f[\varphi(x_0)].$$

由函数在点 x_0 连续的定义知，$f[\varphi(x_0)]$ 在点 x_0 连续.

例 1　讨论函数 $y = \sin \dfrac{1}{x}$ 的连续性.

解　函数 $y = \sin \dfrac{1}{x}$ 可看作由 $y = \sin u$ 及 $u = \dfrac{1}{x}$ 复合而成. $y = \sin u$ 在 $(-\infty, +\infty)$ 内是连续的，$u = \dfrac{1}{x}$ 在 $(-\infty, 0)$ 及 $(0, +\infty)$ 内是连续的，根据定理 2，函数在 $(-\infty, 0)$ 及 $(0, +\infty)$ 内是连续的.

定理 3　设连续函数 $y = f(x)$ 在区间 (a, b) 上严格单调，则其反函数存在且连续.

前面证明了 $y = x^3$ 在区间 $(-\infty, +\infty)$ 内是连续的，根据定理 3，它的反函数 $y = \sqrt[3]{x}$ 在区间 $(-\infty, +\infty)$ 内也是连续的.

1.9.2　初等函数连续性

为了讨论指数函数的连续性，需要给出指数是无理数的定义. 设 λ 为无理数，$a > 0, a \neq 1$，定义 $a^\lambda = \sup\limits_{q < \lambda} a^q$，$q$ 为有理数. 由该定义，可以证明指数函数 $y = a^x$ 是连续函数. 进而再由定理 3 得，对数函数 $y = \log_a x$ 也是连续函数.

对于幂函数 $y = x^\alpha$，可以化成 $y = x^\alpha = e^{\alpha \ln x}$，由复合函数的连续性可得幂函数 $y = x^\alpha$ 连续.

由复合函数的连续性还可得 $y = \cos x = \sin\left(\dfrac{\pi}{2} - x\right)$ 连续.再根据连续函数的四则运算得,三角函数 $y = \tan x$,$y = \cot x$,$y = \sec x$,$y = \csc x$ 都连续.进而再由定理 3 得反三角函数都连续.

综上所述,基本初等函数,常值函数、幂函数、指数函数、对数函数、三角函数和反三角函数在其定义域内是连续的.最后由定理 1,2 得,**所有初等函数在它们的定义区间内都是连续的**.

注 1:因为定义初等函数时用到的四则运算与复合运算可能是变更的(见 1.2 节注 2),故它们的定义域不一定是区间.例如,$y = \sqrt{\cos x - 1}$ 是初等函数,它不是由函数 $y = \sqrt{x}$ 和函数 $y = \cos x - 1$ 复合而成,而是由有函数 $y = \sqrt{x}$ 和函数 $y = \cos x - 1(x = 2k\pi, k \in \mathbf{Z})$ 复合而成,而函数 $y = \cos x - 1(x = 2k\pi, k \in \mathbf{Z})$ 的定义域不是区间.

例 2 求函数 $f(x) = \dfrac{2 - x}{(x + 4)(x - 2)}$ 的连续区间.

解 因为函数 $f(x)$ 是初等函数,所以根据定理 3,函数的连续区间就是它的定义区间,故所求函数的连续区间为 $(-\infty, -4) \cup (-4, 2) \cup (2, +\infty)$.

如果 $f(x)$ 是初等函数,x_0 是其定义区间内的点,则 $f(x)$ 在 x_0 点连续.于是,根据连续性的定义,有

$$\lim_{x \to x_0} f(x) = f(x_0).$$

这就是说,初等函数对定义域内的点求极限,就是求它的函数值.注意到 $\lim_{x \to x_0} x = x_0$,因此有

$$\lim_{x \to x_0} f(x) = f(x_0) = f\left(\lim_{x \to x_0} x\right).$$

上式表明,对于连续函数,极限符号与函数符号可以交换次序.利用这一点,可方便地求出函数的极限.

例 3 求 $\lim\limits_{x \to \frac{\pi}{2}} \ln \sin x$.

解 因为 $f(x) = \ln \sin x$ 是**初等函数**,它的一个定义区间为 $(0, \pi)$,$x = \dfrac{\pi}{2}$ 在该区间内,所以

$$\lim_{x \to \frac{\pi}{2}} \ln \sin x = \ln \sin \frac{\pi}{2} = 0.$$

例 4 求 $\lim\limits_{x\to 0}\cos(1+x)^{\frac{1}{x}}$.

解 $\lim\limits_{x\to 0}\cos(1+x)^{\frac{1}{x}} = \cos[\lim\limits_{x\to 0}(1+x)^{\frac{1}{x}}] = \cos \mathrm{e}$.

1.9.3 闭区间上连续函数的性质

定理 4(最大值与最小值定理) 如果 $f(x)$ 在闭区间 $[a,b]$ 上连续,则 $f(x)$ 在 $[a,b]$ 上必有最大值和最小值,如图 1.39 所示.

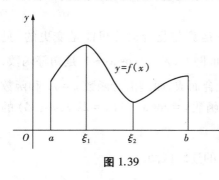

图 1.39

例如,函数 $y = \sin x$ 在闭区间 $[0, \pi]$ 上连续,它在该区间上有最大值 $1\left(\text{当 } x = \dfrac{\pi}{2}\right)$ 和最小值 $0($ 当 $x = 0$ 或 $x = \pi)$.

注 2:如果函数 $f(x)$ 在闭区间 $[a,b]$ 上不连续,或只在开区间 (a, b) 内连续,则函数 $f(x)$ 在该区间上不一定有最大值或最小值,如图 1.40 和图 1.41 所示.

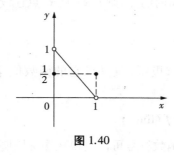

图 1.40

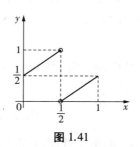

图 1.41

定理 5(介值定理) 如果函数 $f(x)$ 在闭区间 $[a,b]$ 上连续,且在这区间的端点取不同的函数值

$$f(a) = A \neq f(b) = B,$$

则对于 A 与 B 之间的任意一个数 C,在开区间 (a, b) 内至少有一点 ξ,使得

$$f(\xi) = C(a < \xi < b).$$

如图 1.42 所示,$f(x)$ 在闭区间 $[a,b]$ 上连续,且 $f(a) \leqslant C \leqslant f(b)$,在 (a, b) 内的 ξ_1,ξ_2,ξ_3 点的函数值都等于 C,即 $f(\xi_1) = f(\xi_2) = f(\xi_3) = C$.其实,最大值最小值之间的值都能取到.

推论 如果函数 $f(x)$ 在闭区间 $[a,b]$ 上连续,且 $f(a)$ 与 $f(b)$ 异号,则在 (a,b) 内至少存在一点 ξ,使得 $f(\xi)=0$,如图 1.43 所示.

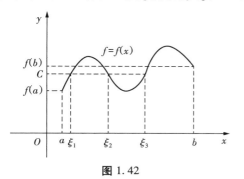

图 1.42

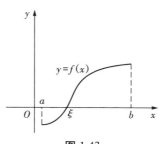

图 1.43

上述推论又称为**零点定理**.下面看它的一个应用.

例 5 证明方程 $x^5+3x-1=0$ 在区间 $(0,1)$ 内至少有一个根.

证明 设 $f(x)=x^5+3x-1$.因为 $f(x)$ 是初等函数,且在 $[0,1]$ 上有定义,所以在闭区间 $[0,1]$ 上连续.又因为 $f(0)=-1<0$,$f(1)=3>0$.所以,根据零点定理,在区间 $(0,1)$ 内至少有一点 ξ,使

$$f(\xi)=0(0<\xi<1),$$

即方程 $x^5+3x-1=0$ 在区间 $(0,1)$ 内至少有一个根.

习题 1-9

基础题

1.求下列极限:

(1) $\lim\limits_{x\to 0}(2x^2+5x-1)$.

(2) $\lim\limits_{x\to 0}\ln\cos x$.

(3) $\lim\limits_{x\to 1}\dfrac{x^3+x^2-1}{2x+3}$.

(4) $\lim\limits_{x\to 8}\dfrac{\sqrt[3]{x}-2}{x-8}$.

(5) $\lim\limits_{x\to 0}\dfrac{\ln(2+x)-\ln 2}{x}$.

(6) $\lim\limits_{x\to 0}\dfrac{e^x-1}{x}$.

2.指出函数 $y=\cos x$ 在 $\left[0,\dfrac{3\pi}{2}\right]$ 上的最大值和最小值.

3.指出函数 $y = e^x$ 在 $[2,4]$ 上的最大值和最小值.

提高题

1.证明方程 $x^5 - 3x - 1 = 0$ 在区间 $(1,2)$ 内至少有一个实根.

2.证明方程 $e^x - 2 = 0$ 在区间 $(0,1)$ 内必定有根.

3.证明方程 $x = a \sin x + b (a > 0, b > 0)$ 至少有一个正根,并且不超过 $a + b$.

第2章 导 数

§2.1 导数的概念

2.1.1 引 例

1)引例1:曲线的切线

我们都知道,圆的切线是与圆周只有一个交点的直线,如图 2.1(a) 所示,直线 L 就是圆过点 P 的切线.如果用相同的定义来寻找任意曲线的切线,就会发现问题.如图 2.1(b) 所示,抛物线在点 P 的切线究竟是 L_1 还是 L_2 呢? 直觉告诉我们,L_1 与抛物线相交,不是切线.那么,如何有效定义任意曲线的切线呢?

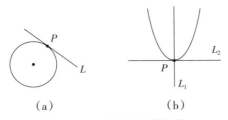

（a）   （b）

图 2.1　圆和抛物线的切线

如图 2.2 所示,已知函数 $y = f(x)$ 的图像是直角坐标系中的一条曲线,直线 L 是曲线 $y = f(x)$ 过点 $P(x_0, y_0)$ 的切线,如果能够给出 L 的方程,就等于给出了曲线上任意一点的切线.有一个定义非常容易给出,曲线的割线是通过曲线上任意不重合两点的直线.图中,$Q(x_1, y_1)$ 是曲线上的另外一点,直线 S 是过 P、Q 的割线.下面用割线的定义来寻找切线.

由斜率的定义,可以写出割线 S 的斜

率 $k_S = \dfrac{y_1 - y_0}{x_1 - x_0}$.现在,顺时针转动割线 S,曲

线上的 Q 点逐渐沿着曲线向 P 点逼近.当转

动到极限位置时,Q 点与 P 点重合,此时,割

线 S 就变成了过 P 点的切线.Q 点无限逼近

P 点的过程,可以用这两点的横坐标来刻

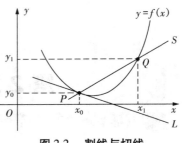

图 2.2　割线与切线

画,即 $x_1 \to x_0$.此时,割线斜率 $\dfrac{y_1 - y_0}{x_1 - x_0}$ 的极限就是切线 L 的斜率 k_T,用极限的符号

来表示,即 $k_T = \lim\limits_{x_1 \to x_0} \dfrac{y_1 - y_0}{x_1 - x_0}$.根据直线的点斜式方程写出切线 L 的方程,为

$$y - y_0 = k_T(x - x_0).$$

这就是过曲线上任意一点切线的方程.

下面,给出曲线上任意一点切线的定义.

定义 1(切线的定义)　　直线 L 是曲线 $y = f(x)$ 过点 $P(x_0, y_0)$ 的切线,则切

线的方程为 $y - y_0 = k_T(x - x_0)$,其中 $k_T = \lim\limits_{x_1 \to x_0} \dfrac{y_1 - y_0}{x_1 - x_0} = \lim\limits_{x_1 \to x_0} \dfrac{f(x_1) - f(x_0)}{x_1 - x_0}$.

例 1　　已知曲线 C 是函数 $y = \dfrac{1}{x}$ 的图像,如图 2.3 所示,求曲线上点 $x = 2$ 处

的切线方程.

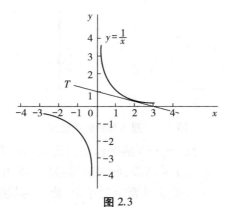

图 2.3

解 先计算曲线 $y = \dfrac{1}{x}$ 在点 $x = 2$ 处的切线斜率:

$$k_T = \lim_{x_1 \to x_0} \frac{f(x_1) - f(x_0)}{x_1 - x_0}$$

$$= \lim_{x_1 \to 2} \frac{f(x_1) - f(2)}{x_1 - 2}$$

$$= \lim_{x_1 \to 2} \frac{\dfrac{1}{x_1} - \dfrac{1}{2}}{x_1 - 2} = \lim_{x_1 \to 2} \frac{\dfrac{2 - x_1}{2x_1}}{x_1 - 2} = \lim_{x_1 \to 2} -\frac{1}{2x_1}$$

$$= -\frac{1}{4}.$$

又当 $x = 2$ 时,$y = \dfrac{1}{2}$;根据直线的点斜式方程有 $y - \dfrac{1}{2} = -\dfrac{1}{4}(x - 2)$

即曲线 $y = \dfrac{1}{x}$ 在点 $x = 2$ 处的切线方程为 $x + 4y - 4 = 0$.

2) 问题 2:变速直线运动物体的瞬时速度

有一个物体沿着 x 轴做变速直线运动,已知 t 时刻该物体的运动规律为 $s = s(t)$,试问物体在 t_0 时刻的瞬时速度是多少?

如果物体做匀速运动且运动规律为 $s = s(t)$,问题就非常简单了,即任意时刻的速度都相同,且等于平均速度.那么,物体在 t_0 时刻的瞬时速度就等于 t_0 时刻和 t_1 时刻之间的平均速度,即 $v(t_0) = \bar{v} = \dfrac{s(t_1) - s(t_0)}{t_1 - t_0}$.现在,让我们想办法把变速直线运动物体的瞬时速度问题转化平均速度问题.考察从 t_0 起一个很小的时间段,当时间间隔非常非常小的时候,可以认为这个时间间隔内的平均速度就是 t_0 时刻的瞬时速度.这个过程可以用 $t_1 \to t_0$ 来刻画,则 t_0 时刻的瞬时速度

$$v(t_0) = \lim_{t_1 \to t_0} \frac{s(t_1) - s(t_0)}{t_1 - t_0}.$$

例 2 已知物体的运动规律为函数 $s = t^3$,求此物体在 $t = 2$ 时刻的瞬时速度.

解 $v(2) = \lim_{t \to 2} \dfrac{s(t) - s(2)}{t - 2}$

$$= \lim_{t \to 2} \frac{t^3 - 2^3}{t - 2}$$

$$= \lim_{t \to 2} \frac{(t - 2)(t^2 + 2t + 2^2)}{t - 2}$$

$$= \lim_{t \to 2} (t^2 + 2t + 2^2)$$

$$= 12.$$

即物体在 $t = 2$ 时刻的瞬时速度为 12.

2.1.2　导数的定义

在刚刚研究的这两个问题中,我们用到了差商的极限这种特别的形式:

曲线 $y = f(x)$ 过点 (x_0, y_0) 的切线斜率 $k_T = \lim\limits_{x_1 \to x_0} \dfrac{f(x_1) - f(x_0)}{x_1 - x_0}$;

变速直线运动物体在 t_0 时刻的瞬时速度 $v(t_0) = \lim\limits_{t_1 \to t_0} \dfrac{s(t_1) - s(t_0)}{t_1 - t_0}$.

实际上,差商的极限这种形式我们以后还会经常遇到,因此,可以给出一个新的定义.

定义 2（导数的定义）　已知函数 $y = f(x)$ 在点 x_0 某邻域内有定义,若函数差商的极限 $\lim\limits_{x \to x_0} \dfrac{f(x) - f(x_0)}{x - x_0}$ 存在,则称这个极限为函数在点 x_0 处的导数值,记作 $f'(x_0) = \lim\limits_{x \to x_0} \dfrac{f(x) - f(x_0)}{x_1 - x_0}$.若 $\lim\limits_{x \to x_0^-} \dfrac{f(x) - f(x_0)}{x - x_0}$ 存在,则称这个极限为函数在 x_0 点的左导数,记作 $f'_-(x_0)$.若 $\lim\limits_{x \to x_0^+} \dfrac{f(x) - f(x_0)}{x - x_0}$ 存在,则称这个极限为函数在 x_0 点的右导数,记作 $f'_+(x_0)$.

若函数在 x_0 处导数存在,则称函数 $y = f(x)$ 在点 x_0 处可导.

在导数的定义中,将 $x - x_0$ 叫作自变量增量,记为 Δx;$f(x_1) - f(x_0)$ 叫作函数值的增量,记为 Δy 或 $\Delta f. x \to x_0$ 的过程,也可以表示为 $\Delta x \to 0$,可以重新给出导数定义的形式:$f'(x_0) = \lim\limits_{\Delta x \to 0} \dfrac{\Delta y}{\Delta x} = \lim\limits_{\Delta x \to 0} \dfrac{f(x_0 + \Delta x) - f(x_0)}{\Delta x}$.有时候,也用 h 表示自变量的增量,故 $f'(x_0) = \lim\limits_{h \to 0} \dfrac{f(x_0 + h) - f(x_0)}{h}$.

对于函数 $y = f(x)$,可以在某个区间上求出每一点的导数(如果导数存在的话),那么就形成了一个新的函数关系 $y' = f'(x)$,将这个函数称为 $y = f(x)$ 的导函数.当提到导数时,有时指的是函数在某一点的导数值,有时指的是导函数,需要根据前后语境进行判断.

$y = f(x)$ 各阶导数的表示方式包括:f' 表示法,y' 表示法,$\dfrac{\mathrm{d}f}{\mathrm{d}x}$ 表示法,$\dfrac{\mathrm{d}y}{\mathrm{d}x}$ 表示法.

根据导数的定义,曲线 $y = f(x)$ 过点 (x_0, y_0) 的切线方程为
$$y - y_0 = f'(x_0)(x - x_0);$$
运动规律为 $s = s(t)$ 的变速直线运动物体在 t_0 时刻的瞬时速度是 $s'(t_0)$.

例3 求函数 $f(x) = x^2 + 3$ 在点 $x = 1$ 处的导数.

解
$$\begin{aligned}
f'(1) &= \lim_{\Delta x \to 0} \frac{f(1 + \Delta x) - f(1)}{\Delta x} \\
&= \lim_{\Delta x \to 0} \frac{((1 + \Delta x)^2 + 3) - (1^2 + 3)}{\Delta x} \\
&= \lim_{\Delta x \to 0} \frac{2\Delta x + \Delta x^2}{\Delta x} \\
&= \lim_{\Delta x \to 0} (2 + \Delta x) \\
&= 2.
\end{aligned}$$

即函数 $f(x) = x^2 + 3$ 在点 $x = 1$ 处的导数值为 2.

2.1.3 用定义求导数公式举例

利用导数的定义,可以求出常见函数的导数.下面以基本初等函数为例,根据定义计算导数.

例4 求常值函数 $f(x) = C$ 的导数.

解 $f'(x) = \lim\limits_{h \to 0} \dfrac{f(x + h) - f(x)}{h} = \lim\limits_{h \to 0} \dfrac{C - C}{h} = \lim\limits_{h \to 0} 0 = 0$,

故 $C' = 0$.

例5 求函数 $f(x) = x^n$ 的导数,这里的 n 是正整数.

解 先计算当自变量由 x 变化到 $x + h$ 时的差商:
$$\begin{aligned}
\frac{f(x + h) - f(x)}{h} &= \frac{(x + h)^n - x^n}{h} \\
&= \frac{((x + h) - x)((x + h)^{n-1} + x(x + h)^{n-2} + \cdots + x^{n-1})}{h}
\end{aligned}$$

$$= (x + h)^{n-1} + x(x + h)^{n-2} + \cdots + x^{n-1}.$$

根据导数的定义,有

$$f'(x) = \lim_{h \to 0} \frac{f(x + h) - f(x)}{h}$$

$$= \lim_{h \to 0} (x + h)^{n-1} + x(x + h)^{n-2} + \cdots + x^{n-1} = nx^{n-1}.$$

例 6　求正弦函数 $f(x) = \sin x$ 的导数.

（提示：正弦函数和差化积公式 $\sin \alpha - \sin \beta = 2\sin\left(\dfrac{\alpha - \beta}{2}\right)\cos\left(\dfrac{\alpha + \beta}{2}\right)$)

解　$f'(x) = \lim\limits_{h \to 0} \dfrac{f(x + h) - f(x)}{h}$

$$= \lim_{h \to 0} \frac{\sin(x + h) - \sin(x)}{h}$$

$$= \lim_{h \to 0} \frac{2\sin\dfrac{h}{2}\cos\left(x + \dfrac{h}{2}\right)}{h}$$

$$= \lim_{h \to 0} \frac{\sin\dfrac{h}{2}}{\dfrac{h}{2}}\cos\left(x + \dfrac{h}{2}\right)$$

$$= \lim_{h \to 0} \frac{\sin\dfrac{h}{2}}{\dfrac{h}{2}}\lim_{h \to 0}\cos\left(x + \dfrac{h}{2}\right)$$

$$= \cos x.$$

故 $(\sin x)' = \cos x$.

同理,可利用导数的定义得到余弦函数 $f(x) = \cos x$ 的导数, $(\cos x)' = -\sin x$.请同学们在课后习题基础题第 7 题中尝试求出.

例 7　求对数函数 $f(x) = \log_a x (a > 0, a \neq 1)$ 的导数.

解　$f'(x) = \lim\limits_{h \to 0} \dfrac{f(x + h) - f(x)}{h}$

$$= \lim_{h \to 0} \frac{\log_a(x + h) - \log_a x}{h}$$

$$= \lim_{h \to 0} \frac{1}{h}\log_a\left(\frac{x + h}{x}\right)$$

$$= \lim_{h \to 0} \frac{1}{h} \log_a \left(1 + \frac{h}{x} \right)$$

$$= \frac{1}{x} \lim_{h \to 0} \frac{\log_a \left(1 + \dfrac{h}{x} \right)}{\dfrac{h}{x}}$$

$$= \frac{1}{x} \lim_{h \to 0} \log_a \left(1 + \frac{h}{x} \right)^{\frac{x}{h}}$$

$$= \frac{1}{x} \log_a \lim_{h \to 0} \left(1 + \frac{h}{x} \right)^{\frac{x}{h}}$$

$$= \frac{1}{x} \log_a e$$

$$= \frac{1}{x \ln a}.$$

故 $(\log_a x)' = \dfrac{1}{x \ln a}$.

2.1.4 导数的几何意义

由引例中的切线问题知,函数 $y = f(x)$ 在 x_0 处的切线斜率为 $f'(x_0)$,即 $\tan \alpha = f'(x_0)$,其中 α 是切线的倾角,如图 2.4 所示.根据直线的点斜式方程,可以写出切线 T 的方程:$y - y_0 = f'(x_0)(x - x_0)$.

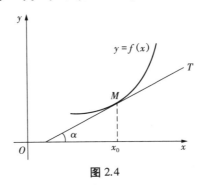

图 2.4

曲线在某点的法线是过切点并与切线垂直的直线.若 $\dfrac{1}{f'(x_0)} \neq 0$,可写出法线方程:

$$y - y_0 = \frac{-1}{f'(x_0)}(x - x_0).$$

2.1.5　函数的可导性与连续性的关系

　　利用极限工具可以研究函数的连续性和可导性,这是函数重要的性质,实际上,这二者之间也存在着一定的联系.

　　定理(函数可导与连续的关系)　　函数 $y = f(x)$ 在点 x 处可导,则函数在点 x 处连续;反之,则不一定成立.

　　例如 $y = |x|$,在 $x = 0$ 处连续,但不可导.

习题 2-1

基础题

1.已知函数 $y = 2 - x^2$,试求当 x 从 0.4 变化到 1.3 时函数值的增量 Δy.

2.计算极限 $\lim\limits_{h \to 0} \dfrac{(3 + h)^2 - 9}{h}$.

3.计算极限 $\lim\limits_{t \to x} \dfrac{t^2 - x^2}{t - x}$.

4.利用定义求函数 $y = \sqrt{x}$ 在 $x = 1$ 处的导数.

5.利用定义求函数 $y = x^2 + ax + b$ (a、b 为常数) 的导数.

6.利用定义求函数 $y = \dfrac{1}{x^2}$ 的导数.

7.利用定义证明 $(\cos x)' = -\sin x$.

8.已知曲线 $y = x + \dfrac{1}{x}$ 上一点 $A\left(2, \dfrac{5}{2}\right)$,用斜率定义求点 A 的切线的斜率以及切线方程.

9.已知物体的运动规律为 $s = t^3$,求物体在 $t = 2$ 时的速度.

10.讨论函数 $y = |\sin x|$ 在 $x = 0$ 处的连续性和可导性.

提高题

1.已知函数 $y = f(x) = \begin{cases} x^2 & x \leq 1 \\ ax + b & x > 1 \end{cases}$ 在 $x = 1$ 处可导,则 $a =$ _____,

$b =$ _____.

2.利用导数定义判断函数 $f(x) = \begin{cases} \dfrac{1}{2}(x^2 + 1) & x \leq 1 \\ \dfrac{1}{2}(x + 1) & x > 1 \end{cases}$,在 $x = 1$ 处是否

可导.

3.分析函数 $f(x) = \sqrt[3]{x}$ 在区间 $(-\infty, +\infty)$ 内的连续性和可导性.

4.求等边双曲线 $y = \dfrac{1}{x}$ 在点 $\left(\dfrac{1}{2}, 2\right)$ 处切线的斜率,写出在该点处的切线方程和法线方程.

5.试求函数 $y = \dfrac{1}{3}x^3 + \dfrac{1}{2}x^2 + 6x + 1$ 的图像在点 $(0,1)$ 处的切线与 x 轴交点的坐标.

6.设函数 $f(x)$ 在点 x_0 处可导,试求极限 $\lim\limits_{\Delta x \to 0} \dfrac{f(x_0 + \Delta x) - f(x_0 - \Delta x)}{\Delta x}$.

7.设函数 $f(x)$ 在点 x_0 处可导,试求极限 $\lim\limits_{\Delta x \to 0} \dfrac{f(x_0 - \Delta x) - f(x_0)}{\Delta x}$.

8.若 $f'(x_0) = 2$,试求极限 $\lim\limits_{k \to 0} \dfrac{f(x_0 - k) - f(x_0)}{2k}$ 的值.

9.讨论函数 $f(x) = \begin{cases} x^{\frac{5}{3}} \sin \dfrac{1}{x}, & x \neq 0 \\ 0, & x = 0 \end{cases}$ 在 $x = 0$ 处的连续性和可导性.

10.证明函数可导与连续的关系:若函数 $f(x)$ 在点 x_0 处可导,则函数 $f(x)$ 在点 x_0 处连续.

§2.2 函数的求导法则

2.2.1 函数的和、差、积、商的求导法则

下面将在导数定义 $f'(x) = \lim\limits_{\Delta x \to 0} \dfrac{f(x + \Delta x) - f(x)}{\Delta x}$ 的基础上给出基本初等函数的求导公式以及导数的运算法则，从而解决初等函数的求导问题.

定理 1（函数的和、差、积、商的求导法则） 如果函数 $u = u(x)$ 和 $v = v(x)$ 在点 x 处可导，那么它们的和、差、积、商（分母不能为 0）在 x 处均可导，并且满足：

（1）$[u(x) \pm v(x)]' = u'(x) \pm v'(x)$.

（2）$[u(x)v(x)]' = u'(x)v(x) + u(x)v'(x)$.

（3）$\left[\dfrac{u(x)}{v(x)}\right]' = \dfrac{u'(x)v(x) - u(x)v'(x)}{v^2(x)}, (v(x) \neq 0)$.

定理 1 的证明需要用到导数的定义，这里以函数和的求导法则为例给出证明过程.

证明：

已知函数 $u = u(x)$ 和 $v = v(x)$ 在点 x 处可导，根据导数的定义，有

$$u'(x) = \lim_{\Delta x \to 0} \frac{u(x + \Delta x) - u(x)}{\Delta x},$$

$$v'(x) = \lim_{\Delta x \to 0} \frac{v(x + \Delta x) - v(x)}{\Delta x},$$

且 $u(x) + v(x)$ 的导数为

$$
\begin{aligned}
[u(x) + v(x)]' &= \lim_{\Delta x \to 0} \frac{[u(x + \Delta x) + v(x + \Delta x)] - [u(x) + v(x)]}{\Delta x} \\
&= \lim_{\Delta x \to 0} \frac{[u(x + \Delta x) - u(x)] + [v(x + \Delta x) - v(x)]}{\Delta x} \\
&= \lim_{\Delta x \to 0} \frac{u(x + \Delta x) - u(x)}{\Delta x} + \lim_{\Delta x \to 0} \frac{v(x + \Delta x) - v(x)}{\Delta x} \\
&= u'(x) + v'(x).
\end{aligned}
$$

同理,可证得定理 1 的其他公式.

例 1 函数 $y = x^4 + \dfrac{7}{x^3} - \dfrac{2}{x} + 5$,求 y'.

解 $y' = \left(x^4 + \dfrac{7}{x^3} - \dfrac{2}{x} + 5\right)'$

$\qquad = (x^4)' + \left(\dfrac{7}{x^3}\right)' - \left(\dfrac{2}{x}\right)' + (5)'$

$\qquad = 4x^3 - 21x^{-4} + 2x^{-2}.$

例 2 函数 $y = e^x x^2$,求 y'.

解 $y' = (e^x x^2)' = (e^x)' x^2 + e^x (x^2)' = e^x x^2 + e^x (2x) = e^x x(x + 2).$

例 3 试求正切函数 $y = \tan x$ 和余切函数 $y = \cot x$ 的导数.

解 由正切和余切的定义,有 $y = \tan x = \dfrac{\sin x}{\cos x}, y = \cot x = \dfrac{\cos x}{\sin x}$,则

$$(\tan x)' = \left(\frac{\sin x}{\cos x}\right)'$$

$$= \frac{(\sin x)' \cos x - \sin x (\cos x)'}{\cos^2 x}$$

$$= \frac{\cos^2 x + \sin^2 x}{\cos^2 x}$$

$$= \frac{1}{\cos^2 x}$$

$$= \sec^2 x.$$

$$(\cot x)' = \left(\frac{\cos x}{\sin x}\right)'$$

$$= \frac{(\cos x)' \sin x - \cos x (\sin x)'}{\sin^2 x}$$

$$= \frac{-\sin^2 x - \cos^2 x}{\sin^2 x}$$

$$= \frac{-(\sin^2 x + \cos^2 x)}{\sin^2 x}$$

$$= \frac{-1}{\sin^2 x}$$

$$= -\csc^2 x.$$

故 $(\tan x)' = \sec^2 x, (\cot x)' = -\csc^2 x$.

2.2.2 复合函数的求导法则

我们知道两个或两个以上的函数,在满足一定条件的情况下,可以复合形成新的函数.如 $y = \sin^2 x$ 可以看作由 $y = u^2$ 和 $u = \sin x$ 复合而成,我们想要找到一种办法方便地计算 $\dfrac{dy}{dx}$.

定理2(复合函数的求导法则,即链式法则) 如果函数 $u = g(x)$ 在点 x 处可导,函数 $y = f(u)$ 在点 $u = g(x)$ 处可导,则复合函数 $y = f(g(x))$ 在 x 处可导,且满足 $\dfrac{dy}{dx} = \dfrac{dy}{du}\dfrac{du}{dx}$.

证明 已知函数 $y = f(u)$ 和 $u = g(x)$ 均为可导函数,有 $\dfrac{dy}{du} = \lim\limits_{\Delta u \to 0} \dfrac{\Delta y}{\Delta u}$ 和 $\dfrac{du}{dx} = \lim\limits_{\Delta x \to 0} \dfrac{\Delta u}{\Delta x}$.给点 x 一个增量 Δx,对应 $u = g(x)$ 产生增量 Δu 且 $y = f(u)$ 产生增量 Δy.

$u = g(x)$ 在点 x 处可导,则 $u = g(x)$ 在点 x 处连续,故当 $\Delta x \to 0$ 时,$\Delta u \to 0$.

根据导数的定义,有

$$\frac{dy}{dx} = \lim_{\Delta x \to 0} \frac{\Delta y}{\Delta x} = \lim_{\Delta x \to 0} \frac{\Delta y}{\Delta u}\frac{\Delta u}{\Delta x} = \lim_{\Delta x \to 0} \frac{\Delta y}{\Delta u} \lim_{\Delta x \to 0} \frac{\Delta u}{\Delta x} = \lim_{\Delta u \to 0} \frac{\Delta y}{\Delta u} \lim_{\Delta x \to 0} \frac{\Delta u}{\Delta x} = \frac{dy}{du}\frac{du}{dx}.$$

例4 求正割函数 $y = \sec x$ 和余割函数 $y = \csc x$ 的导数.

解 正割函数 $y = \sec x = \dfrac{1}{\cos x} = (\cos x)^{-1}$.

令 $y = f(u) = u^{-1}, u = \cos x$.根据复合函数求导的链式法则,有

$$
\begin{aligned}
(\sec x)' &= \frac{dy}{du}\frac{du}{dx} = (u^{-1})'(\cos x)' \\
&= (-u^{-2})(-\sin x) \\
&= \frac{\sin x}{\cos^2 x} \\
&= \frac{1}{\cos x}\frac{\sin x}{\cos x} \\
&= \sec x \tan x.
\end{aligned}
$$

同理，$(\csc x)' = ((\sin x)^{-1})' = \left(\dfrac{\mathrm{d}(\sin x)^{-1}}{\mathrm{d}\sin x}\right)\left(\dfrac{\mathrm{d}\sin x}{x}\right)$

$$= \left(-\frac{1}{\sin^2 x}\right)(\cos x) = -\frac{1}{\sin x}\frac{\cos x}{\sin x} = -\csc x \cot x.$$

故 $(\sec x)' = \sec x \tan x,\ (\csc x)' = -\csc x \cot x.$

2.2.3 隐函数的求导法则

通常我们见到的函数解析式为 $y = f(x)$，其中，$f(x)$ 是由 x 组成的表达式，这种形式的函数叫作**显函数**. 实际上，形如 $F(x,y) = 0$ 的方程有时也能确定出 y 是 x 的函数，这种形式的函数叫作**隐函数**. 例如，方程 $x + y^3 - 1 = 0$ 确定了一个隐函数，因为当 x 在 $(-\infty,\infty)$ 内取值时，有唯一确定的 y 与之对应.

有的隐函数通过代数运算能够化为显函数的形式，如 $x + y^3 - 1 = 0$ 可化为 $y = \sqrt[3]{1-x}$，此时可以利用求导法则求出 y'. 而有的隐函数不能化为显函数，如 $y \sin x - \cos(x - y) = 0$，需要找到另外的方式求出 y'. 这里通过对隐函数方程两边同时求导，然后求解含有 y' 的方程，得到 y'.

例 5 求隐函数 $y \sin x - \cos(x - y) = 0$ 的导数.

解 隐函数方程两边同时对 x 求导，有

$$\frac{\mathrm{d}(y \sin x - \cos(x - y))}{\mathrm{d}x} = 0.$$

利用函数差的求导法则，有

$$\frac{\mathrm{d}(y \sin x)}{\mathrm{d}x} - \frac{\mathrm{d}(\cos(x - y))}{\mathrm{d}x} = 0.$$

注意，这里 y 是 x 的函数，利用乘积的求导法则，得

$$\frac{\mathrm{d}(y \sin x)}{\mathrm{d}x} = \frac{\mathrm{d}y}{\mathrm{d}x}\sin x + y\frac{\mathrm{d}(\sin x)}{\mathrm{d}x} = y'\sin x + y\cos x.$$

$\cos(x - y)$ 是 x 的复合函数，令 $u = x - y$，利用复合函数求导的链式法则，

$$\frac{\mathrm{d}(\cos(x - y))}{\mathrm{d}x} = \frac{\mathrm{d}\cos u}{\mathrm{d}u}\frac{\mathrm{d}u}{\mathrm{d}x} = (-\sin u)\left(1 - \frac{\mathrm{d}y}{\mathrm{d}x}\right) = -(1 - y')\sin(x - y).$$

代回方程，有 $y'\sin x + y\cos x - (-(1 - y')\sin(x - y)) = 0.$

解含有 y' 的方程，有 $(\sin(x - y) - \sin x)y' = y\cos x + \sin(x - y),$

故 $y' = \dfrac{y\cos x + \sin(x - y)}{\sin(x - y) - \sin x}.$

例 6　求由方程 $e^x + xy = e$ 确定的隐函数在 $x = 1$ 处的导数.

解　隐函数方程两边同时对 x 求导,有

$$(e^x + xy)' = e',$$
$$(e^x)' + (xy)' = 0.$$

y 是 x 的函数,利用乘积的求导法则,有

$$e^x + x'y + xy' = 0,$$
$$e^x + y + xy' = 0.$$

解方程,得到 $y' = -\dfrac{e^x + y}{x}$.

将 $x = 1$ 代入原方程,得到 $y = 0$,故 $y'|_{x=1} = -\dfrac{e^1 + 0}{1} = -e$.

例 7　求反三角函数 $y = \arcsin x$ 的导数.

解　根据反三角函数的定义,$y = \arcsin x$ 的直接函数为 $x = \sin y, y \in \left[-\dfrac{\pi}{2}, \dfrac{\pi}{2} \right]$.

利用隐函数求导法则,方程 $x = \sin y$ 两边同时对 x 求导,得 $(x)' = (\sin y)'$.

这里 $\sin y$ 是 y 的函数,y 是 x 的函数,故等式右边需要用到复合函数求导法则,

则 $1 = \cos y(y')$,有 $y' = \dfrac{1}{\cos y}$.

当 $y \in \left[-\dfrac{\pi}{2}, \dfrac{\pi}{2} \right]$ 时,$\cos y = \sqrt{1 - \sin^2 y} = \sqrt{1 - x^2}$,

故 $(\arcsin x)' = \dfrac{1}{\sqrt{1 - x^2}}$.

同理,可利用隐函数求导公式计算得到其他反三角函数的导数,这里直接列出结果,请同学们参考例 7 尝试求出.

$$(\arccos x)' = -\dfrac{1}{\sqrt{1 - x^2}}, (\arctan x)' = \dfrac{1}{1 + x^2}, (\text{arccot } x)' = -\dfrac{1}{1 + x^2}.$$

2.2.4 初等函数的求导公式

1) 函数求导法则

已知函数 $u = u(x)$ 和 $v = v(x)$ 在点 x 处可导,$y = f(u)$ 在 $u = u(x)$ 处可导,有

$$\frac{d}{dx}(u \pm v) = \frac{du}{dx} \pm \frac{dv}{dx},$$

$$\frac{d}{dx}(uv) = v \frac{du}{dx} + u \frac{dv}{dx},$$

$$\frac{d}{dx}\left(\frac{u}{v}\right) = \frac{\frac{du}{dx}v - u\frac{dv}{dx}}{v^2},$$

$$\frac{dy}{dx} = \frac{dy}{du}\frac{du}{dx}.$$

2) 基本初等函数的求导公式.

$(1)\ C' = 0;$

$(2)\ (x^\mu)' = \mu x^{\mu-1};$

$(3)\ (\sqrt{x})' = \dfrac{1}{2\sqrt{x}}$

$(4)\ \left(\dfrac{1}{x}\right)' = -\dfrac{1}{x^2};$

$(5)\ (a^x)' = a^x \ln a;$

$(6)\ (e^x)' = e^x;$

$(7)\ (\log_a x)' = \dfrac{1}{x \ln a};$

$(8)\ (\ln x)' = \dfrac{1}{x};$

$(9)\ (\sin x)' = \cos x;$

$(10)\ (\cos x)' = -\sin x;$

$(11)\ (\tan x)' = \sec^2 x;$

$(12)\ (\cot x)' = -\csc^2 x;$

$(13)\ (\sec x)' = \sec x \tan x;$

$(14)\ (\csc x)' = -\csc x \cot x;$

$(15)\ (\arcsin x)' = \dfrac{1}{\sqrt{1-x^2}};$

$(16)\ (\arccos x)' = -\dfrac{1}{\sqrt{1-x^2}};$

$(17)\ (\arctan x)' = \dfrac{1}{1+x^2};$

$(18)\ (\text{arccot } x)' = -\dfrac{1}{1+x^2}.$

习题 2-2

基础题

1. 求函数 $y = x^4 + x^3 + x^2 + x + 1$ 的导数.

2. 求函数 $y = (x^2 + 1)(x^4 - 1)$ 的导数.

3. 求函数 $y = \sin x \cos x$ 的导数.

4. 求函数 $y = \dfrac{e^x}{x} + \ln x$ 的导数.

5. 求函数 $y = \cos x \cdot \ln x$ 的导数.

6. 求函数 $y = x^2 + 5x$ 在点 $x = 2$ 处的导数值.

7. 已知 $f(x) = \dfrac{3}{5 - x} + \dfrac{x^2}{5}$，求 $f'(0)$.

8. 求曲线 $y = x^2 - 2x + 2$ 在点 $(1,1)$ 处的切线方程.

9. 求隐函数 $y^2 - 2xy + 9 = 0$ 的导数.

10. 求 $y = x^{\sin x}(x > 0)$ 的导数.

提高题

1. 求函数 $y = \arcsin(x^2 - 3)$ 的导数.

2. 求函数 $y = \ln \tan x^2$ 的导数.

3. 求函数 $y = e^{\arctan \sqrt{x}}$ 的导数.

4. 求函数 $y = \arccos \sqrt{\dfrac{1 - x}{1 + x}}$ 的导数.

5. 求函数 $y = \dfrac{1 - \ln x}{1 + \ln x}$ 的导数.

6. 求曲线 $x^3 + y^3 = 16$ 在点 $(2,2)$ 处的切线方程和法线方程.

7. 求隐函数 $y = 1 + xe^y$ 的导数.

8. 求函数 $y = \left(\dfrac{x}{1 + x}\right)^x$ 的导数.（提示：在函数两边同时取对数，然后再求导）

9. 已知函数 $f(x)$ 可导，求函数 $y = f(\sin^2 x) + f(\cos^2 x)$ 的导数.

10.已知 $f(x)$ 满足 $f(x) + 2f\left(\dfrac{1}{x}\right) = \dfrac{3}{x}$,求 $f'(x)$.

§2.3 　高阶导数

引例　将一只小球自地面竖直上抛,初速度为 19.6 m/s,球离地面的距离为 $s = -4.9t^2 + 19.6t$.式中,t 为小球运动所经历的时间(单位:s),自小球上抛的瞬间开始计算.问:

(1) 在 1 s 时,球速为多少?

(2) 什么时刻球的速度为 0?

(3) 什么时刻起球的速度为负值(约定:竖直向上为正,竖直向下为负)?

解　为回答以上问题,需要用到导数的概念.我们知道,变速运动物体的瞬时速度 $v(t)$ 是位置函数 $s(t)$ 对时间 t 的导数,用于描述物体运动的快慢,即

$$v(t) = \frac{\mathrm{d}s}{\mathrm{d}t} = -9.8t + 19.6.$$

(1) 当 $t = 1$ 时,$v(1) = -9.8 \times 1 + 19.6 = 9.8(\mathrm{m/s})$.

(2) 当 $v(t) = 0$ 时,即 $-9.8t + 19.6 = 0$,即 $t = 2$ 时速度为 0.

(3) 当 $-9.8t + 19.6 < 0$,即 $t > 2$ 时速度为负.

小球沿着竖直方向运动:$0 < t < 2$ s 时,速度为正,小球向上运动;到了 $t = 2$ s 时,速度减少为 0,小球开始向下运动,速度为负,直到落在地面.在小球的运动过程中,速度经历了由正数减少为 0 再减少至负数的过程.我们需要用新的物理量来刻画速度的变化情况,使用 $\dfrac{v(t_2) - v(t_1)}{t_2 - t_1}$ 描述速度在 t_1 至 t_2 时刻的平均变化率.如果要考察速度在某一具体时刻的变化情况,可以使用速度关于时间的瞬时变化率 $\lim\limits_{t_2 \to t_1} \dfrac{v(t_2) - v(t_1)}{t_2 - t_1}$.实际上,$\lim\limits_{t_2 \to t_1} \dfrac{v(t_2) - v(t_1)}{t_2 - t_1}$ 是速度关于时间的导数,这就是我们在物理中学过的加速度的概念.

重新给加速度下一个定义:

定义(加速度的定义)　加速度就是速度函数对时间的导数,即 $a = \dfrac{\mathrm{d}v}{\mathrm{d}t} =$

$$\frac{d}{dt}\left(\frac{ds}{dt}\right).$$

这种导数的导数 $\frac{d}{dt}\left(\frac{ds}{dt}\right)$ 就叫作 $s(t)$ 对 t 的**二阶导数**.

实际上,对函数 f 求导,可产生一个新的函数 f',如果继续对这个函数求导,又得到一个新的函数 f'',叫作 f 的二阶导数;继续对 f'' 求导,可得到 f''',称为 f 的三阶导数.持续这个求导的过程,可以得到 f 的四阶导数,记作 $f^{(4)}$;f 的五阶导数,记作 $f^{(5)}$……

例如,多项式函数 $f(x) = 5x^3 + 2x^2 + x$,对其进行多次求导,则有:

$$f'(x) = 15x^2 + 4x + 1$$
$$f''(x) = 30x + 4$$
$$f'''(x) = 30$$
$$f^{(4)}(x) = 0$$
$$\vdots$$
$$f^{(n)}(x) = 0$$

显然,多项式函数的导数仍然是多项式函数.

可以把 $y = f(x)$ 各阶导数的表示方式列于表 2.1 中.

表 2.1

导　数	f' 表示法	y' 表示法	$\dfrac{df}{dx}$ 表示法	$\dfrac{dy}{dx}$ 表示法
1 阶	f'	y'	$\dfrac{df}{dx}$	$\dfrac{dy}{dx}$
2 阶	f''	y''	$\dfrac{d^2f}{dx^2}$	$\dfrac{d^2y}{dx^2}$
3 阶	f'''	y'''	$\dfrac{d^3f}{dx^3}$	$\dfrac{d^3y}{dx^3}$
4 阶	$f^{(4)}$	$y^{(4)}$	$\dfrac{d^4f}{dx^4}$	$\dfrac{d^4y}{dx^4}$
$\vdots$	$\vdots$	$\vdots$	$\vdots$	$\vdots$
n 阶	$f^{(n)}$	$y^{(n)}$	$\dfrac{d^nf}{dx^n}$	$\dfrac{d^ny}{dx^n}$

注意,表中 $\dfrac{d^2f}{dx^2} = \dfrac{d}{dx}\left(\dfrac{df}{dx}\right).$

例1 已知 $y = x^n$，求 $y^{(n)}$.

解 $y' = nx^{n-1}$.

$y'' = n(n-1)x^{n-2}$.

$y''' = n(n-1)(n-2)x^{n-3}$.

$y^{(4)} = n(n-1)(n-2)(n-3)x^{n-4}$.

$\vdots$

$y^{(n)} = n(n-1)(n-2)(n-3)\cdots(3)(2)(1)x^{n-n} = n!$.

例2 已知 $y = \sin x$，求 $\dfrac{\mathrm{d}^n y}{\mathrm{d}x^n}$.

解 $\dfrac{\mathrm{d}y}{\mathrm{d}x} = \dfrac{\mathrm{d}}{\mathrm{d}x}(\sin x) = \cos x$.

$\dfrac{\mathrm{d}^2 y}{\mathrm{d}x^2} = \dfrac{\mathrm{d}}{\mathrm{d}x}\left(\dfrac{\mathrm{d}y}{\mathrm{d}x}\right) = \dfrac{\mathrm{d}}{\mathrm{d}x}(\cos x) = -\sin x$.

$\dfrac{\mathrm{d}^3 y}{\mathrm{d}x^3} = \dfrac{\mathrm{d}}{\mathrm{d}x}\left(\dfrac{\mathrm{d}^2 y}{\mathrm{d}x^2}\right) = \dfrac{\mathrm{d}}{\mathrm{d}x}(-\sin x) = -\cos x$.

$\dfrac{\mathrm{d}^4 y}{\mathrm{d}x^4} = \dfrac{\mathrm{d}}{\mathrm{d}x}\left(\dfrac{\mathrm{d}^3 y}{\mathrm{d}x^3}\right) = \dfrac{\mathrm{d}}{\mathrm{d}x}(-\cos x) = \sin x$.

继续求导，会重复出现以上 4 个函数. 观察规律，可发现：

$$\dfrac{\mathrm{d}y}{\mathrm{d}x} = \cos x = \sin\left(x + \dfrac{\pi}{2}\right).$$

$$\dfrac{\mathrm{d}^2 y}{\mathrm{d}x^2} = -\sin x = \sin\left(x + 2\,\dfrac{\pi}{2}\right).$$

$$\dfrac{\mathrm{d}^3 y}{\mathrm{d}x^3} = -\cos x = \sin\left(x + 3\,\dfrac{\pi}{2}\right).$$

$$\dfrac{\mathrm{d}^4 y}{\mathrm{d}x^4} = \sin x = \sin\left(x + 4\,\dfrac{\pi}{2}\right).$$

故 $\dfrac{\mathrm{d}^n y}{\mathrm{d}x^n} = \sin\left(x + n\,\dfrac{\pi}{2}\right)$.

例3 已知 $y = \mathrm{e}^x$，求 $y^{(n)}$.

解 $y' = (\mathrm{e}^x)' = \mathrm{e}^x$.

$y'' = (y')' = (\mathrm{e}^x)' = \mathrm{e}^x$.

$y''' = \mathrm{e}^x$.

$y^{(4)} = \mathrm{e}^x$.

$$\vdots$$

$$y^{(n)} = e^x.$$

现在，对于引例中做竖直上抛运动的小球，可以用位置函数关于时间的二阶导数来描述速度变化的快慢，即 $a = \dfrac{d^2 s}{dt^2} = \dfrac{d^2}{dt^2}(-4.9t^2 + 19.6t) = -9.8 \text{ m/s}^2$. 实际上，这就是地球的重力加速度.

例 4 已知物体的运动规律为 $s = A \sin \omega t$（其中 A, ω 是常数），求物体运动的加速度，并验证 $\dfrac{d^2 s}{dt^2} + w^2 s = 0$.

解 物体运动的加速度

$$a(t) = \frac{d^2 s}{dt^2} = \frac{d^2}{dt^2}(A \sin \omega t) = \frac{d}{dt}(Aw \cos wt) = -Aw^2 \sin wt.$$

$$\frac{d^2 s}{dt^2} + w^2 s = -Aw^2 \sin wt + w^2 s = w^2(-A \sin wt + s)$$

$$= w^2(-s + s) = 0.$$

 **习题 2-3**

基础题

1.已知 $y = ax + b$，求 y''.

2.已知 $s = \sin \omega t$，求 s''.

3.求函数 $y = \ln x$ 的 n 阶导数.

4.求函数 $y = x \cos x$ 的二阶导数.

5.设 $y = \arctan x$，求 $f'''(0)$.

6.已知 $x^2 - y^2 = 1$，其中 y 是 x 的函数，试求 $\dfrac{d^2 y}{dx^2}$.

7.已知作直线运动物体的运动方程为 $s = 2 \sin\left(2t + \dfrac{\pi}{6}\right)$，求在 $t = \pi$ 时物体运动速度和加速度.

提高题

1.已知函数 $y = \ln(1 + x)$,求其各阶导数.

2.已知 $y = e^{f(x)}$,其中 $f(x)$ 为二阶可导函数,试求 y''.

3.设 $y = f(\ln x)$,其中 $f(u)$ 为可导函数,试求 y''.

4.验证函数 $y = e^x \sin x$ 是否满足关系式 $y'' - 2y' + 2y = 0$.

5.已知函数 $f(x) = \ln(\ln x)$,求 $f'(e^2)$,$f''(e^2)$.

6.设 $g''(x)$ 存在,且 $f(x) = (x - a)^2 g(x)$,求 $f''(a)$.

7.设 $y = e^{ax} \sin bx (a, b$ 为常数$)$,求 y''.

8.已知 $\arctan \dfrac{x}{y} = \ln \sqrt{x^2 + y^2}$,求 y''.

9.已知 $f(t)$ 具有二阶导数,且 $f\left(\dfrac{1}{2} x\right) = x^2$,求 $f(f'(x))$,$(f(f(x)))'$.

§2.4 函数的微分

2.4.1 微分的定义

引例 函数增量的计算及增量的构成.

一块正方形金属薄片受温度变化的影响,其边长由 x_0 变到 $x_0 + \Delta x$,问此薄片的面积改变了多少?

设此正方形的边长为 x,面积为 A,则 A 是 x 的函数:$A = x^2$.金属薄片的面积改变量为

$$\Delta A = (x_0 + \Delta x)^2 - (x_0)^2 = 2x_0 \Delta x + (\Delta x)^2.$$

几何意义:$2x_0 \Delta x$ 表示两个长为 x_0、宽为 Δx 的长方形面积;$(\Delta x)^2$ 表示边长为 Δx 的正方形的面积.

数学意义:当 $\Delta x \to 0$ 时,$(\Delta x)^2$ 是比 Δx 高阶的无穷小,即 $(\Delta x)^2 = o(\Delta x)$,$2x_0 \Delta x$ 是 Δx 的线性函数,是 ΔA 的主要部分,可近似地代替 ΔA.

前面学习了导数的定义,知道函数 $y = f(x)$ 在某一点的导数值 $f'(x_0)$ 就是函数图像在这一点的切线斜率,即 $f'(x_0) = \tan \alpha$.

如图 2.5 所示，线段 $|NQ|$ 的长度可以近似用 $|PQ|$ 的长度表示，即 $|NQ| \approx |PQ|$，这里 P 点是切线 MT 上的一点．利用直线的点斜式写出切线方程 $y - f(x_0) = f'(x_0)(x - x_0)$，即 $y = f'(x_0)x + f(x_0) - f'(x_0)x_0$，故线段 $|PQ|$ 的长度可表示如下：

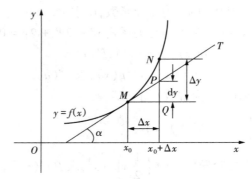

图 2.5

$$|PQ| = [f'(x_0)(x_0 + \Delta x) + f(x_0) - f'(x_0)x_0] - f(x_0) = f'(x_0)\Delta x.$$

因此，函数值的改变量 Δy 可以用 $f'(x_0)\Delta x$ 近似，即 $\Delta y \approx f'(x_0)\Delta x$．

实际上，根据导数的定义 $f'(x_0) = \lim\limits_{\Delta x \to 0} \dfrac{f(x_0 + \Delta x) - f(x_0)}{\Delta x}$，当 Δx 非常小的时候，分子 $f(x_0 + \Delta x) - f(x_0)$ 会近似等于 $f'(x_0)\Delta x$，即 $\Delta y = f(x_0 + \Delta x) - f(x_0) \approx f'(x_0)\Delta x$．

定义　设函数 $y = f(x)$ 在某区间内有定义，x_0 及 $x_0 + \Delta x$ 在这区间内，如果函数的增量

$$\Delta y = f(x_0 + \Delta x) - f(x_0)$$

可表示为

$$\Delta y = A\Delta x + o(\Delta x)，$$

式中，A 是不依赖于 Δx 的常数，那么称函数 $y = f(x)$ 在点 x_0 是可微的，而 $A\Delta x$ 叫做函数 $y = f(x)$ 在点 x_0 相应于自变量增量 Δx 的微分，记作 $\mathrm{d}y$，即

$$\mathrm{d}y = A\Delta x$$

规定：自变量的微分就是自变量的增量，记作 $\mathrm{d}x$，故 $\mathrm{d}x = \Delta x$；

函数可微的条件：函数 $f(x)$ 在点 x_0 可微的充分必要条件是函数 $f(x)$ 在点 x_0 可导，且当函数 $f(x)$ 在点 x_0 可微时，其微分一定是

$$\mathrm{d}y = f'(x_0)\Delta x.$$

可根据导数的定义证明以上结论.

微分记号中的符号 d 是一个运算符,d(·) 表示对括号中的部分进行求微分的运算.

例 1　求函数 $y = x^2$ 在 $x = 1$ 处的微分.

解　函数 $y = x^2$ 在 $x = 1$ 处的微分为
$$\mathrm{d}y = (x^2)' \big|_{x=1} \mathrm{d}x = 2x \big|_{x=1} \mathrm{d}x = 2\mathrm{d}x.$$

例 2　求下列函数的微分 $\mathrm{d}y$.

$(1)\, y = x^2 + 2x - 3$　　　$(2)\, y = \sin(2x + 3)$　　　$(3)\, y = \ln(x^2 - 4)$

解　这里要求的是函数在任意一点的微分,故

$(1)\, \mathrm{d}y = (x^2 + 2x - 3)' \mathrm{d}x = (2x + 2)\mathrm{d}x.$

$(2)\, \mathrm{d}y = (\sin(2x + 3))' \mathrm{d}x = 2\cos(2x + 3)\mathrm{d}x.$

$(3)\, \mathrm{d}y = (\ln(x^2 - 4))' \mathrm{d}x = \dfrac{2x}{x^2 - 4}\mathrm{d}x.$

例 3　求函数 $y = \cos x$ 当 $x = \dfrac{\pi}{6}, \Delta x = 0.01$ 时的微分.

解　函数在任意点 x 处的微分为
$$\mathrm{d}y = (\cos x)' \mathrm{d}x = -\sin x \mathrm{d}x.$$

当 $x = \dfrac{\pi}{6}, \Delta x = 0.01$ 时, 函数的微分 $\mathrm{d}y \Big|_{\substack{x=\frac{\pi}{6} \\ \Delta x = 0.01}} = -\sin x \mathrm{d}x \Big|_{\substack{x=\frac{\pi}{6} \\ \mathrm{d}x = 0.01}} = $

$-0.005.$

在已知函数可导的前提下,函数的导数 $f'(x)$ 可以看作函数微分 $\mathrm{d}y$ 和自变量微分 $\mathrm{d}x$ 的商,即 $f'(x) = \dfrac{\mathrm{d}y}{\mathrm{d}x}$. 因此,有时候我们也把导数叫作函数的微商.

2.4.2　微分的公式和计算

观察以上 3 道例题,发现只要能求函数的导数 $f'(x)$,就可以计算函数的微分 $\mathrm{d}y = f'(x)\mathrm{d}x$. 2.2 节中,我们学习了 16 个基本初等函数的求导公式,每一个求导公式都对应着一条微分公式.

表 2.2　基本初等函数微分公式

导数公式	微分公式	导数公式	微分公式
$\dfrac{\mathrm{d}C}{\mathrm{d}x} = 0$	$\mathrm{d}C = 0$	$\dfrac{\mathrm{d}(\sin x)}{\mathrm{d}x} = \cos x$	$\mathrm{d}\sin x = \cos x \mathrm{d}x$
$\dfrac{\mathrm{d}x^{\mu}}{\mathrm{d}x} = \mu x^{\mu-1}$	$\mathrm{d}x^{\mu} = \mu x^{\mu-1}\mathrm{d}x$	$\dfrac{\mathrm{d}(\cos x)}{\mathrm{d}x} = -\sin x$	$\mathrm{d}\cos x = -\sin x \mathrm{d}x$
$\dfrac{\mathrm{d}a^{x}}{\mathrm{d}x} = a^{x}\ln a$	$\mathrm{d}a^{x} = a^{x}\ln a \mathrm{d}x$	$\dfrac{\mathrm{d}(\tan x)}{\mathrm{d}x} = \sec^2 x$	$\mathrm{d}\tan x = \sec^2 x \mathrm{d}x$
$\dfrac{\mathrm{d}e^{x}}{\mathrm{d}x} = e^{x}$	$\mathrm{d}e^{x} = e^{x}\mathrm{d}x$	$\dfrac{\mathrm{d}(\cot x)}{\mathrm{d}x} = -\csc^2 x$	$\mathrm{d}\cot x = -\csc^2 x \mathrm{d}x$
$\dfrac{\mathrm{d}(\log_a x)}{\mathrm{d}x} = \dfrac{1}{x\ln a}$	$\mathrm{d}\log_a x = \dfrac{1}{x\ln a}\mathrm{d}x$	$\dfrac{\mathrm{d}(\arcsin x)}{\mathrm{d}x} = \dfrac{1}{\sqrt{1-x^2}}$	$\mathrm{d}\arcsin x = \dfrac{1}{\sqrt{1-x^2}}\mathrm{d}x$
$\dfrac{\mathrm{d}(\ln x)}{\mathrm{d}x} = \dfrac{1}{x}$	$\mathrm{d}\ln x = \dfrac{1}{x}\mathrm{d}x$	$\dfrac{\mathrm{d}(\arccos x)}{\mathrm{d}x} = -\dfrac{1}{\sqrt{1-x^2}}$	$\mathrm{d}\arccos x = -\dfrac{1}{\sqrt{1-x^2}}\mathrm{d}x$
		$\dfrac{\mathrm{d}(\arctan x)}{\mathrm{d}x} = \dfrac{1}{1+x^2}$	$\mathrm{d}\arctan x = \dfrac{1}{1+x^2}\mathrm{d}x$
		$\dfrac{\mathrm{d}(\operatorname{arccot} x)}{\mathrm{d}x} = -\dfrac{1}{1+x^2}$	$\mathrm{d}\operatorname{arccot} x = -\dfrac{1}{1+x^2}\mathrm{d}x$

表 2.3　函数微分法则

求导法则	微分法则
$\dfrac{\mathrm{d}}{\mathrm{d}x}(u \pm v) = \dfrac{\mathrm{d}u}{\mathrm{d}x} \pm \dfrac{\mathrm{d}v}{\mathrm{d}x}$	$\mathrm{d}(u \pm v) = \mathrm{d}u \pm \mathrm{d}v$
$\dfrac{\mathrm{d}}{\mathrm{d}x}(uv) = v\dfrac{\mathrm{d}u}{\mathrm{d}x} + u\dfrac{\mathrm{d}v}{\mathrm{d}x}$	$\mathrm{d}(uv) = v\mathrm{d}u + u\mathrm{d}v$
$\dfrac{\mathrm{d}}{\mathrm{d}x}\left(\dfrac{u}{v}\right) = \dfrac{\dfrac{\mathrm{d}u}{\mathrm{d}x}v - u\dfrac{\mathrm{d}v}{\mathrm{d}x}}{v^2}$	$\mathrm{d}\left(\dfrac{u}{v}\right) = \dfrac{v\mathrm{d}u - u\mathrm{d}v}{v^2}$

定理（一阶微分形式不变性）　已知函数 $y = f(u)$，$u = g(x)$ 分别可微，则复合函数 $y = f(u) = f(g(x))$ 的微分保持 $\mathrm{d}y = f'(u)\mathrm{d}u = f'(g(x))\mathrm{d}x$ 的形式不变.

例 4　函数 $y = \sin\sqrt{1 + x^2}$,计算 $\mathrm{d}y$.

解　令 $u = \sqrt{1 + x^2}$,则 $y = \sin\sqrt{1 + x^2}$ 由 $y = \sin u$ 和 $u = \sqrt{1 + x^2}$ 复合而成.

$$
\begin{aligned}
\mathrm{d}y &= \mathrm{d}\sin u \\
&= \cos u \mathrm{d}u \\
&= \cos\sqrt{1 + x^2}\,\mathrm{d}\sqrt{1 + x^2} \\
&= \cos\sqrt{1 + x^2}\,\frac{\mathrm{d}(1 + x^2)}{2\sqrt{1 + x^2}} \\
&= \cos\sqrt{1 + x^2}\,\frac{2x\mathrm{d}x}{2\sqrt{1 + x^2}} \\
&= \frac{x\cos\sqrt{1 + x^2}}{\sqrt{1 + x^2}}\,\mathrm{d}x.
\end{aligned}
$$

即　$\mathrm{d}y = \dfrac{x\cos\sqrt{1 + x^2}}{\sqrt{1 + x^2}}\,\mathrm{d}x.$

例 5　计算 $\mathrm{d}\ln(1 + \mathrm{e}^{x^2})$.

解　$\begin{aligned}[t]
\mathrm{d}\ln(1 + \mathrm{e}^{x^2}) &= \frac{1}{1 + \mathrm{e}^{x^2}}\mathrm{d}(1 + \mathrm{e}^{x^2}) \\
&= \frac{1}{1 + \mathrm{e}^{x^2}}\mathrm{e}^{x^2}\mathrm{d}x^2 \\
&= \frac{1}{1 + \mathrm{e}^{x^2}}\mathrm{e}^{x^2}2x\mathrm{d}x \\
&= \frac{2x\mathrm{e}^{x^2}}{1 + \mathrm{e}^{x^2}}\mathrm{d}x.
\end{aligned}$

即　$\mathrm{d}\ln(1 + \mathrm{e}^{x^2}) = \dfrac{2x\mathrm{e}^{x^2}}{1 + \mathrm{e}^{x^2}}\mathrm{d}x.$

例 6　已知 $\mathrm{d}y = \sin(1 + 3x)\mathrm{d}x$,试求函数 $y = f(x)$ 的表达式.

解　令 $u = 1 + 3x$,则 $\mathrm{d}u = \mathrm{d}(1 + 3x) = 3\mathrm{d}x$, $\mathrm{d}x = \dfrac{1}{3}\mathrm{d}u.$

代回原式,可得

$$
\mathrm{d}y = \sin u\,\frac{1}{3}\,\mathrm{d}u = \frac{1}{3}\sin u\mathrm{d}u = \mathrm{d}\left(-\frac{1}{3}\cos u + C\right)
$$

$$= \mathrm{d}\left(- \frac{1}{3}\cos(1 + 3x) + C \right).$$

故　$y = - \frac{1}{3}\cos(1 + 3x) + C.$

2.4.3　微分的几何意义

实际上,在引出微分定义的时候已经提到了微分的几何意义.如图 2.6 所示,当 x 从 x_0 变到 $x_0 + \Delta x$ 时,Δy 是函数曲线上所对应的函数值增量,$\mathrm{d}y$ 是在点 $x = x_0$ 处切线上纵坐标的增量,即函数切线上所对应的函数值增量.当 Δx 很小的时候,我们可以用切线段来近似代替曲线段.

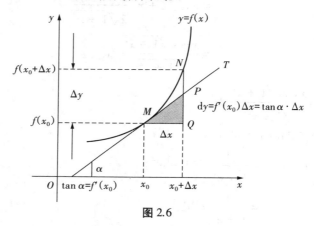

图 2.6

2.4.4　微分在近似计算中的应用

微分是微分学中的一个重要概念,我们可以利用微分完成一些近似计算.如图 2.7 所示,已知函数 $y = f(x)$,自变量在 x 处的增量为 Δx,相应函数值的增量为 Δy.根据微分的定义,可用微分 $\mathrm{d}y$ 近似 Δy.这一近似过程可被表示为 $\mathrm{d}y \approx \Delta y = f(x + \Delta x) - f(x)$,移项可得到其变形形式,$f(x + \Delta x) \approx f(x) + \mathrm{d}y.$下面,我们将利用这个公式完成一些近似计算.

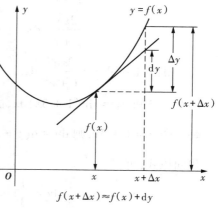

$$f(x + \Delta x) \approx f(x) + \mathrm{d}y$$

图 2.7

例7 利用微分计算 $\sqrt{9.2}$ 的近似值.

解 令 $f(x) = \sqrt{x}$,则 $f'(x) = \dfrac{1}{2\sqrt{x}}$.

当 x 从 9 变化到 9.2 时,增量 $\Delta x = 0.2$.

由微分近似公式 $f(x + \Delta x) \approx f(x) + \mathrm{d}y$,可得 $f(9 + 0.2) \approx f(9) + f'(9)\mathrm{d}x$.

即 $\sqrt{9.2} \approx \sqrt{9} + \dfrac{1}{2\sqrt{9}} \cdot 0.2 = 3 + \dfrac{0.2}{6} \approx 3.033$.

习题 2-4

基础题

1.已知函数 $y = 2x^3 + 3$,计算在 $x = 2$ 处 $\Delta x = 0.01$ 时的 Δy 和 $\mathrm{d}y$.

2.已知函数 $y = \dfrac{1}{x}$,计算函数在 $x = 1$ 处 $\Delta x = 0.1$ 时的 Δy 和 $\mathrm{d}y$.

3.求函数 $y = \dfrac{1}{x} + 2\sqrt{x}$ 在 $x = 1$ 处的微分 $\mathrm{d}y$.

4.求函数 $y = x\cos 2x$ 的微分 $\mathrm{d}y$.

5.求函数 $y = \mathrm{e}^{-x}\sin(x + 1)$ 的微分 $\mathrm{d}y$.

6.求函数 $y = \ln^2(1 - x)$ 的微分 $\mathrm{d}y$.

7.求函数 $s = A\sin(wt + \varphi)$ 的微分 $\mathrm{d}s$.(其中 A、w、φ 是常数)

8.已知函数微分 $\mathrm{d}y = \dfrac{1}{1 + x}\mathrm{d}x$,试求函数 $y = f(x)$ 的表达式.

9.已知函数微分 $\mathrm{d}y = \mathrm{e}^{-2x}\mathrm{d}x$,试求函数 $y = f(x)$ 的表达式.

10.已知函数微分 $\mathrm{d}y = \sin wx\mathrm{d}x$,试求函数 $y = f(x)$ 的表达式.

提高题

1.求函数 $y = \ln(1 + 3^{-x})$ 的微分 $\mathrm{d}y$.

2.已知 $f(x) = x^x$,试计算其微分 $\mathrm{d}f$.

3.已知函数由方程 $xy - \mathrm{e}^x + \mathrm{e}^y = 0$ 确定,求 $\mathrm{d}y$.

4.设函数 $y = f(x)$ 在点 x_0 可导,当自变量由 x_0 增至 $x_0 + \Delta x$ 时,记 Δy 为 $f(x)$ 的增量,$\mathrm{d}y$ 为 $f(x)$ 的微分,试计算 $\lim\limits_{\Delta x \to 0} \dfrac{\Delta y - \mathrm{d}y}{\Delta x}$.

5.已知函数微分 $\mathrm{d}y = \dfrac{1}{a^2 + x^2} \mathrm{d}x$,试求函数 $y = f(x)$ 的表达式.

6.已知函数微分 $\mathrm{d}y = \dfrac{1}{\sqrt{a^2 - x^2}} \mathrm{d}x$,试求函数 $y = f(x)$ 的表达式($a > 0$).

7.已知函数微分 $\mathrm{d}y = x\mathrm{e}^{x^2} \mathrm{d}x$,试求函数 $y = f(x)$ 的表达式.

8.已知函数微分 $\mathrm{d}y = \sin^3 x \mathrm{d}x$,试求函数 $y = f(x)$ 的表达式.

9.已知函数微分 $\mathrm{d}y = \tan x \mathrm{d}x$,试求函数 $y = f(x)$ 的表达式.

第3章 微分中值定理与导数的应用

在第2章中,从分析实际问题中因变量相对于自变量的变化快慢出发,引出了导数的概念,并讨论了导数的计算方法.本章将利用导数来判断函数的单调性和极值、曲线的凹凸性及拐点,描绘函数的图像,并利用这些知识解决一些实际问题.为此,下面先介绍微分学的几个中值定理,它们是导数应用的理论基础.

§3.1 微分中值定理

中值定理揭示了函数在某区间的整体性质与该区间内部某一点的导数之间的关系,因而称为中值定理.中值定理既是用微分学知识解决应用问题的理论基础,又是解决微分学自身发展的一种理论性模型,因此称为微分中值定理.

3.1.1 罗尔(Rolle)定理

首先,观察图 3.1.

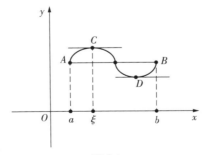

图 3.1

设曲线弧$\overset{\frown}{AB}$是函数$y = f(x)(x \in [a, b])$的图形. 这是一条连续的曲线弧，除端点外处处有不垂直于x轴的切线，且两个端点的纵坐标相等，即$f(a) = f(b)$. 可以发现在曲线弧的最高点C点或最低点D点处，曲线的切线是水平的. 现记C点的横坐标为ξ，那么就有$f'(\xi) = 0$. 现在用分析语言把这个几何现象描述出来，就可得罗尔定理. 下面先介绍费马（Fermat）引理.

定理1（费马引理） 设函数$f(x)$在点x_0的某邻域$U(x_0)$内有定义，并且在x_0处可导，如果对任意的$x \in U(x_0)$，有$f(x) \leqslant f(x_0)$（或$f(x) \geqslant f(x_0)$），那么$f'(x_0) = 0$.

证明 不妨设$x \in U(x_0)$时，$f(x) \leqslant f(x_0)$. 于是，对于$x_0 + \Delta x \in U(x_0)$，有

$$f(x_0 + \Delta x) \leqslant f(x_0).$$

故当$\Delta x > 0$时，

$$\frac{f(x_0 + \Delta x) - f(x_0)}{\Delta x} \leqslant 0;$$

当$\Delta x < 0$时，

$$\frac{f(x_0 + \Delta x) - f(x_0)}{\Delta x} \geqslant 0.$$

根据函数$f(x)$在x_0可导的条件及极限的保号性，便得到

$$f'(x_0) = f'_+(x_0) = \lim_{\Delta x \to 0^+} \frac{f(x_0 + \Delta x) - f(x_0)}{\Delta x} \leqslant 0;$$

$$f'(x_0) = f'_-(x_0) = \lim_{x \to 0^-} \frac{f(x_0 + \Delta x) - f(x_0)}{\Delta x} \geqslant 0.$$

所以，$f'(x_0) = 0$. 证毕.

定理2（罗尔定理） 如果函数$f(x)$满足：

（1）在闭区间$[a, b]$上连续；

（2）在开区间(a, b)内可导；

（3）$f(a) = f(b)$；

那么在(a, b)内至少存在一点ξ，使得$f'(\xi) = 0$.

证明 由于$f(x)$在$[a, b]$上连续，故在$[a, b]$上$f(x)$有最大值M和最小值m.

（1）$M = m$时，则$x \in [a, b]$时，$f(x) = m = M$，故$f'(x) = 0, x \in (a, b)$，即(a, b)内任一点均可作为ξ，使$f'(\xi) = 0$.

（2）当 $M > m$ 时，因为 $f(a) = f(b)$，故不妨设 $f(a) = f(b) \neq M$（或设 $f(a) = f(b) \neq m$），则至少存在一点 ξ，使 $f(\xi) = M$. 因 $f(x)$ 在 (a, b) 内可导，所以

$$f'_-(\xi) = \lim_{\Delta x \to 0^-} \frac{f(\xi + \Delta x) - f(\xi)}{\Delta x} = \lim_{\Delta x \to 0^+} \frac{f(\xi + \Delta x) - f(\xi)}{\Delta x} = f'_+(\xi).$$

因 $f(\xi + \Delta x) \leqslant f(\xi) = M$，故 $f'_-(\xi) \geqslant 0$，$f'_+(\xi) \leqslant 0$，所以 $f'(\xi) = 0$. 证毕.

注:（1）证明一个数等于 0，往往证其既 $\geqslant 0$，又 $\leqslant 0$.

（2）称导数为 0 的点为函数的**驻点**（或**稳定点,临界点**）.

（3）罗尔定理的三个条件是十分重要的，如果有一个不满足，定理的结论就可能不成立. 例如

（1）$f(x) = \begin{cases} x, 0 \leqslant x < 1 \\ 0, x = 1 \end{cases}$，在 $[0,1]$ 不连续.（如图 3.2(a) 所示）

（2）$f(x) = |x|$，$x \in [-1,1]$，在 $(-1,1)$ 内不可导.（如图 3.2(b) 所示）

（3）$f(x) = x$，$x \in [0,1]$，$f(0) \neq f(1)$.（如图 3.2(c) 所示）

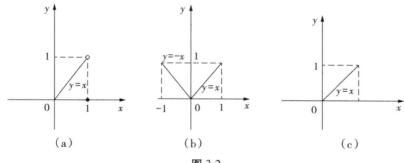

图 3.2

例 1 不求导数，判断函数 $f(x) = (x-1)(x-2)(x-3)$ 的导数有几个零点及这些零点所在的范围.

解 因为 $f(1) = f(2) = f(3) = 0$，所以 $f(x)$ 在 $[1,2]$，$[2,3]$ 上满足罗尔定理的三个条件，所以在 $(1,2)$ 内至少存在一点 ξ_1，使 $f'(\xi_1) = 0$，即 ξ_1 是 $f'(x)$ 的一个零点.

又在 $(2,3)$ 内至少存在一点 ξ_2，使 $f'(\xi_2) = 0$，即 ξ_2 是 $f'(x)$ 的一个零点.

又 $f'(x)$ 为二次多项式，最多只能有两个零点，故 $f'(x)$ 恰好有两个零点分

别在区间$(1,2),(2,3)$内.

例2 证明方程$x^5 - 5x + 1 = 0$有且仅有一个小于1的正实根.

证明：

(1) 存在性.

设$f(x) = x^5 - 5x + 1$,则$f(x)$在$[0,1]$内连续,且$f(0) = 1,f(1) = -3$.由介值定理知,存在$x_0 \in (0,1)$,使$f(x_0) = 0$,即方程有小于1的正根.

(2) 唯一性.

假设另有$x_1 \in (0,1),x_1 \neq x_0$,使$f(x_1) = 0$.因为$f(x)$在以$x_0,x_1$为端点的区间满足罗尔定理条件,则在$x_0,x_1$之间至少存在一点$\xi$,使$f'(\xi) = 0$.

但$f'(x) = 5(x^4 - 1) < 0,x \in (0,1)$,故假设不真.证毕.

3.1.2 拉格朗日(Lagrange)中值定理

罗尔定理中$f(a) = f(b)$这个条件是相当特殊的,它使罗尔定理的应用受到限制.拉格朗日在罗尔定理的基础上作了进一步的研究,取消了罗尔定理中这个条件的限制,但仍保留了其余两个条件,得到了在微分学中具有重要地位的拉格朗日中值定理.

定理3(拉格朗日中值定理) 如果函数$f(x)$满足：

(1) 在闭区间$[a,b]$上连续;

(2) 在开区间(a,b)内可导;

那么在(a,b)内至少存在一点ξ,使得

$$f'(\xi) = \frac{f(b) - f(a)}{b - a}. \tag{3.1}$$

在证明之前,先来看一下定理的几何意义.

由图3.3可看出,$\dfrac{f(b) - f(a)}{b - a}$为弦$AB$的斜率,$f'(\xi)$为曲线在$C$点处的切线的斜率.因此拉格朗日中值定理的几何意义是:如果连续曲线$y = f(x)$的弧$\overparen{AB}$上除端点外处处具有不垂直于x轴的切线,那么这弧上至少有一点C,使曲线在C点处的切线平行于弦AB.

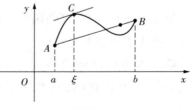

图3.3

从图3.1可以看出,当 $f(a) = f(b)$ 时,弦 AB 是平行于 x 轴的,因此 C 点处的切线也就平行于弦 AB.由此可见,罗尔定理是拉格朗日中值定理的特殊情形.

证明 构造辅助函数

$$\varphi(x) = f(x) - f(a) - \frac{f(b) - f(a)}{b - a}(x - a).$$

因为 $f(x)$ 在 $[a,b]$ 上连续,则 $\varphi(x)$ 在 $[a,b]$ 上连续;又因为 $f(x)$ 在 (a,b) 内可导,所以 $\varphi(x)$ 在 (a,b) 内可导,且 $\varphi(a) = \varphi(b) = 0$.所以 $\varphi(x)$ 满足罗尔定理的条件.因此,在 (a,b) 内至少存在一点 ξ,使 $\varphi'(\xi) = 0$,即

$$\varphi'(\xi) = f'(\xi) - \frac{f(b) - f(a)}{b - a} = 0.$$

所以

$$f'(\xi) = \frac{f(b) - f(a)}{b - a}.$$

证毕.

显然,当 $b < a$ 时,公式(3.1)也成立.式(3.1)也称为**拉格朗日中值公式**.

设 x 为区间 $[a,b]$ 内的一点,$x + \Delta x$ 为这区间 $[a,b]$ 内的另一点($\Delta x > 0$ 或 $\Delta x < 0$),则公式(3.1)在区间 $[x, x + \Delta x]$($\Delta x > 0$)或在区间 $[x + \Delta x, x]$($\Delta x < 0$)上就变为

$$f(x + \Delta x) - f(x) = f'(x + \theta \Delta x) \cdot \Delta x \quad (0 < \theta < 1). \tag{3.2}$$

这里数值 θ 在 0 与 1 之间,所以 $x + \theta \Delta x$ 是在 x 与 $x + \Delta x$ 之间.

如果记 $f(x) = y$,则式(3.2)又可写为

$$\Delta y = f'(x + \theta \Delta x) \cdot \Delta x \quad (0 < \theta < 1). \tag{3.3}$$

我们知道,函数的微分 $\mathrm{d}y = f'(x) \cdot \Delta x$ 是函数的增量 Δy 的近似表达式.一般说来,以 $\mathrm{d}y$ 近似代替 Δy 时所产生的误差只有当 $\Delta x \to 0$ 时才趋近于零,而式(3.3)却给出了自变量取有限增量 Δx($|\Delta x|$ 不一定很小)时,函数增量 Δy 的准确表达式.因此,这个定理也叫作**有限增量定理**,式(3.3)称为**有限增量公式**.拉格朗日中值定理在微分学中占有重要地位,有时也称这个定理为**微分中值定理**.在某些问题中,当自变量取有限增量 Δx 而需要函数增量的准确表达式时,拉格朗日中值定理就显示出了它的价值.

我们知道,如果函数 $f(x)$ 在某一区间上是一个常数,那么 $f(x)$ 在该区间上的导数恒为零.它的逆命题也是成立的,这就是:

推论1 如果函数 $f(x)$ 在区间 I 上的导数恒为零，则 $f(x) \equiv C(x \in I, C$ 为常数$)$.

证明 $\forall x_1, x_2 \in I$，设 $x_1 < x_2$，则由拉格朗日中值定理有

$$f(x_2) - f(x_1) = f'(\xi)(x_2 - x_1), \quad (x_1 < \xi < x_2).$$

由 $f'(\xi) = 0$，有 $f(x_2) \equiv f(x_1)$，所以

$$f(x) \equiv C, x \in I.$$

证毕.

推论2 如果连续函数 $f(x)$ 和 $g(x)$ 在区间 I 内可导，且 $f'(x) = g'(x)$，则在区间 I 上有

$$f(x) = g(x) + C,$$

其中 C 为某个常数.

证明 设 $F(x) = f(x) - g(x)$，则 $\forall x \in I$，有

$$F'(x) = [f(x) - g(x)]' = f'(x) - g'(x) = 0.$$

所以，根据推论1得出

$$F(x) = C(C \text{ 为任意常数}),$$

即

$$f(x) = g(x) + C.$$

证毕.

例3 证明 $\arcsin x + \arccos x = \dfrac{\pi}{2}(-1 \leq x \leq 1)$.

证明 设 $f(x) = \arcsin x + \arccos x$，则在区间 $(-1,1)$ 上有

$$f'(x) = (\arcsin x + \arccos x)' = \frac{1}{\sqrt{1-x^2}} - \frac{1}{\sqrt{1-x^2}} = 0.$$

由推论1，在区间 $(-1,1)$ 上有

$$f(x) = \arcsin x + \arccos x = C.$$

令 $x = 0$，得 $C = \dfrac{\pi}{2}$. 又 $f(\pm 1) = \dfrac{\pi}{2}$，故所证等式在定义域 $[-1,1]$ 上成立.

证毕.

例4 证明当 $x > 0$ 时，

$$\frac{x}{1+x} < \ln(1+x) < x.$$

证明 设 $f(t) = \ln(1+t)$，显然 $f(t)$ 在 $[0,x]$ 上连续，在 $(0,x)$ 内可导，满足拉格朗日中值定理条件，所以至少有一点 $\xi \in (0,x)$，使

$$f(x) - f(0) = f'(\xi)(x-0).$$

由于 $f(0) = 0, f'(x) = \dfrac{1}{1+x}$，因此上式即为

$$\ln(1+x) = \frac{x}{1+\xi}.$$

又当 $0 < \xi < x$ 时，有

$$\frac{x}{1+x} < \frac{x}{1+\xi} < x,$$

所以

$$\frac{x}{1+x} < \ln(1+x) < x.$$

证毕.

例5 设 $f(x)$ 在 $[a,b]$ 上连续，在 (a,b) 内二阶可导，连接两点 $(a, f(a))$，$(b, f(b))$ 的直线与曲线 $y = f(x)$ 交于点 $(c, f(c))$，$a < c < b$. 证明在 (a,b) 内至少存在一点 ξ，使 $f''(\xi) = 0$.

证明 因 $f(x)$ 在 $[a,b]$ 上连续，在 (a,b) 内可导，又因为 $a < c < b$，所以至少存在一点 $\xi_1 \in (a,c)$，使

$$f'(\xi_1) = \frac{f(c) - f(a)}{c - a}.$$

至少存在一点 $\xi_2 \in (c,b)$，使

$$f'(\xi_2) = \frac{f(b) - f(c)}{b - c}.$$

因为点 $(a, f(a))$，$(b, f(b))$，$(c, f(c))$ 在同一直线上，所以

$$f'(\xi_1) = f'(\xi_2).$$

又因为 $f'(x)$ 在 (a,b) 内可导，故在 (ξ_1, ξ_2) 内可导，且在 $[\xi_1, \xi_2]$ 上连续，由罗尔定理知，至少有一点 ξ，使

$$[f'(x)]'\big|_{x=\xi} = f''(\xi) = 0, \xi \in [\xi_1, \xi_2] \subset (a,b).$$

证毕.

3.1.3 柯西(Cauchy) 中值定理

柯西中值定理是拉格朗日定理一个十分重要的推广.

定理 4（柯西中值定理） 如果函数 $f(x)$ 及 $F(x)$ 满足：

（1）在闭区间 $[a,b]$ 上连续；

（2）在开区间 (a,b) 内可导；

（3）$F'(x)$ 在 (a,b) 内的每一点处均不为零；

那么在 (a,b) 内至少有一点 ξ，使

$$\frac{f(b)-f(a)}{F(b)-F(a)}=\frac{f'(\xi)}{F'(\xi)}. \tag{3.4}$$

前面已经指出，如果连续曲线弧 $\overparen{AB}$ 上除端点外处处具有不垂直于 x 轴的切线，那么这弧上至少有一点 C，使曲线在 C 点处切线平行于弦 AB. 设 $\overparen{AB}$ 由参数方程

$$\begin{cases} X=F(x) \\ Y=f(x) \end{cases},(a\leqslant x\leqslant b)$$

表示，如图 3.4 所示，其中 x 为参数.那么曲线上点 (X,Y) 处切线的斜率为

$$\frac{\mathrm{d}Y}{\mathrm{d}X}=\frac{f'(x)}{F'(x)},$$

弦 AB 的斜率为

$$\frac{f(b)-f(a)}{F(b)-F(a)}.$$

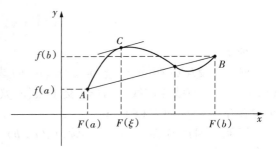

图 3.4

假定 C 点对应于参数 $x=\xi$，那么曲线上 C 点处的切线平行于弦 AB，可表示为

$$\frac{f'(\xi)}{F'(\xi)}=\frac{f(b)-f(a)}{F(b)-F(a)}.$$

证明 构造辅助函数

$$\varphi(x)=f(x)-f(a)-\frac{f(b)-f(a)}{F(b)-F(a)}\big[F(x)-F(a)\big],$$

则 $\varphi(x)$ 在 $[a,b]$ 上连续，在 (a,b) 内可导，且 $\varphi(a)=\varphi(b)=0$.由罗尔定理，至少存在一点 $\xi\in(a,b)$，使 $\varphi'(\xi)=0$.

即

$$f'(\xi)-\frac{f(b)-f(a)}{F(b)-F(a)}F'(\xi)=0.$$

所以

$$\frac{f'(\xi)}{F'(\xi)} = \frac{f(b) - f(a)}{F(b) - F(a)}.$$

证毕.

注: (1) 拉格朗日定理是柯西中值定理 $F(x) = x$ 的情况.

(2) 因 $\frac{f'(\xi)}{F'(\xi)}$ 中 ξ 是同一个字母,若分子、分母分别使用拉格朗日定理,则为两个字母.

(3) 三个定理之间的关系如下:

罗尔定理 $\xrightarrow[\text{特}:f(a)=f(b)]{\text{推广}}$ 拉格朗日中值定理 $\xrightarrow[\text{特}:F(x)=x]{\text{推广}}$ 柯西中值定理

例6 设函数 $f(x)$ 在 $[0,1]$ 上连续,在 $(0,1)$ 内可导.试证明至少存在一点 $\xi \in (0,1)$,使 $f'(\xi) = 2\xi[f(1) - f(0)]$.

证明 问题转化为证

$$\frac{f(1) - f(0)}{1 - 0} = \frac{f'(\xi)}{2\xi} = \left. \frac{f'(x)}{(x^2)'} \right|_{x=\xi}.$$

设 $F(x) = x^2$,则 $f(x)$, $F(x)$ 在 $[0,1]$ 上满足柯西中值定理条件,因此在 $(0,1)$ 内至少存在一点 ξ,使

$$\frac{f(1) - f(0)}{1 - 0} = \frac{f'(\xi)}{2\xi}.$$

即

$$f'(\xi) = 2\xi[f(1) - f(0)].$$

证毕.

习题 3-1

基础题

1.在区间 $[-1,1]$ 上满足罗尔定理条件的函数是( ).

A. $f(x) = \frac{\sin x}{x}$ B. $f(x) = (x + 1)^2$

C. $f(x) = x^{\frac{2}{3}}$ D. $f(x) = x^2 + 1$

2.使函数 $y = \sqrt[3]{x^2(1 - x^2)}$ 满足罗尔定理的区间是(　　).

A. $[-1, 1]$ B. $[0, 1]$

C. $[-2, 2]$ D. $\left[-\dfrac{3}{5}, \dfrac{4}{5}\right]$

3.函数 $f(x) = x\sqrt{3 - x}$ 在 $[0, 3]$ 上满足罗尔定理条件,由罗尔定理确定的罗尔中值点 $\xi = $ _____.

4. 函数 $y = \ln \sin x$ 在 $\left[\dfrac{\pi}{6}, \dfrac{5\pi}{6}\right]$ 上的罗尔中值点 $\xi = $

_____.

5. $y = \sqrt{x} + 1$ 在区间 $[1, 3]$ 的拉格朗日中值点 $\xi = $ _____.

6.已知函数 $y = x^2 - 2x - 3$,判断函数在 $[-1, 3]$ 上是否满足罗尔定理条件,若满足,求出定理结论中的 ξ 值.

7.已知函数 $y = \begin{cases} x^2, & -1 < x < 0 \\ 1, & 0 \leqslant x \leqslant 1 \end{cases}$,判断函数在 $[-1, 1]$ 上是否满足拉格朗日定理条件,若满足,求出定理结论中的 ξ 值.

8.已知函数 $f(x) = e^x$,判断函数在 $[0, 1]$ 上是否满足拉格朗日定理条件,若满足,求出定理结论中的 ξ 值.

9.函数 $f(x) = x(x - 1)(x - 2)(x - 3)$ 的导数有几个零点(即满足 $f'(x_0) = 0$ 的点 x_0),各位于哪个区间?

10.证明 $\arctan x + \operatorname{arccot} x = \dfrac{\pi}{2}$.

提高题

1.验证罗尔定理对函数 $y = x^3 + 4x^2 - 7x - 10$ 在区间 $[-1, 2]$ 上的正确性.

2.验证拉格朗日定理对函数 $y = \arctan x$ 在区间 $[0, 1]$ 上的正确性.

3.证明:若 $0 < b \leq a$,则 $\dfrac{a-b}{a} \leq \ln \dfrac{a}{b} \leq \dfrac{a-b}{b}$.

4.证明:若 $0 < \beta \leq \alpha < \dfrac{\pi}{2}$,则 $\dfrac{\alpha-\beta}{\cos^2\beta} \leq \tan\alpha - \tan\beta \leq \dfrac{\alpha-\beta}{\cos^2\alpha}$.

5.证明: $|\sin x| \leq |x|$.

6.已知设 $f(x)$ 在 $[a,b]$ 上连续,在 (a,b) 内可导,且 $f(a)=f(b)=0$.证明:存在 $\xi \in (a,b)$,使 $f'(\xi)=f(\xi)$ 成立.

7.设 $a_1,a_2,a_3,\cdots,a_n$,为满足 $a_1 - \dfrac{a_2}{3} + \cdots + (-1)^{n-1}\dfrac{a_n}{2n-1} = 0$ 的实数,试证明方程

$$a_1\cos x + a_2\cos 3x + \cdots + a_n\cos(2n-1)x = 0$$

在 $\left(0, \dfrac{\pi}{2}\right)$ 内至少存在一个实根.

8.设函数 $f(x)$ 在 $[a,b]$ 上连续,在 (a,b) 内可导,且 $f(a)\cdot f(b) > 0$.若存在常数 $c \in (a,b)$,使得 $f(a)\cdot f(c) < 0$.试证至少存在一点 $\xi \in (a,b)$,使得 $f'(\xi)=0$.

9.设函数 $f(x)$ 在区间 $[0,1]$ 上存在二阶导数,且 $f(0)=f(1)=0$,$F(x)=x^2f(x)$.试证明在 $(0,1)$ 内至少存在一点 ξ,使 $F'(\xi)=0$;还至少存在一点 η,使 $F''(\eta)=0$.

10.设 $f(x)$ 在 $[a,b]$ 上可导,$f(a)=f(b)$,试证明在 (a,b) 内必存在一点 ξ,使得

$$f(a) - f(\xi) = \xi f'(\xi).$$

§3.2 洛必达法则

3.2.1 未定式

定义1(未定式) 当 $x \to a$(或 $x \to \infty$)时,函数 $f(x)$ 与 $F(x)$ 都趋于零或都趋于无穷大,那么,极限 $\lim\limits_{\substack{x \to a \\ (x \to \infty)}} \dfrac{f(x)}{F(x)}$ 可能存在,也可能不存在,称此极限为**未定**

式,分别记为:$\dfrac{0}{0}$ 型或 $\dfrac{\infty}{\infty}$ 型.

本节将用导数作为工具,给出计算未定式极限的一般方法,即洛必达法则.

3.2.2 $\dfrac{0}{0}$ 型未定式

定理 1 洛必达法则 1($\dfrac{0}{0}$ 型) 设(1) $\lim\limits_{x \to a} f(x) = 0$, $\lim\limits_{x \to a} F(x) = 0$;

(2) 在点 a 的某去心邻域,$f'(x)$ 及 $F'(x)$ 存在,且 $F'(x) \neq 0$;

(3) $\lim\limits_{x \to a} \dfrac{f'(x)}{F'(x)}$ 存在(或为无穷大);

则

$$\lim_{x \to a} \frac{f(x)}{F(x)} = \lim_{x \to a} \frac{f'(x)}{F'(x)}.$$

证明 补充定义:令 $f(a) = F(a) = 0$(因为 $x \to a$ 时函数极限与该点函数值无关),则 $f(x)$、$F(x)$ 在 a 点连续.设 x 为点 a 的邻域内一点,则 $f(x)$ 与 $F(x)$ 在 $[a, x]$ 上连续,在 (a, x) 内可导.由柯西中值定理,至少有一点 $\xi \in (a, x)$,使

$$\frac{f(x) - f(a)}{F(x) - F(a)} = \frac{f'(\xi)}{F'(\xi)}.$$

上式左边 $= \dfrac{f(x)}{F(x)}$,且 $x \to a$ 时,有 $\xi \to a$.

所以

$$\lim_{x \to a} \frac{f(x) - f(a)}{F(x) - F(a)} = \lim_{\xi \to a} \frac{f'(\xi)}{F'(\xi)} = \lim_{x \to a} \frac{f'(x)}{F'(x)}.$$

证毕.

注: (1) 定理 1 中 $x \to a$ 换为下列过程之一:

$$x \to a^+, x \to a^-, x \to \infty, x \to +\infty, x \to -\infty \text{ 时},$$

条件(2)作相应的修改,定理 1 仍然成立.

(2) 若 $x \to a$ 时,$\dfrac{f'(x)}{F'(x)}$ 仍为 $\dfrac{0}{0}$ 型未定式,且 $f'(x)$、$F'(x)$ 满足定理 1 中 $f(x)$、$F(x)$ 所要满足的条件,那么可以继续使用洛必达法则.

即

$$\lim_{x \to a} \frac{f(x)}{F(x)} = \lim_{x \to a} \frac{f'(x)}{F'(x)} = \lim_{x \to a} \frac{f''(x)}{F''(x)}.$$

推广　$\lim\limits_{x \to a} \dfrac{f(x)}{F(x)} = \lim\limits_{x \to a} \dfrac{f''(x)}{F''(x)} = \cdots = \lim\limits_{x \to a} \dfrac{f^{(n)}(x)}{F^{(n)}(x)}$，直到 $\dfrac{f^{(n)}(x)}{F^{(n)}(x)}$ 不是未定式

为止，便可求出极限结果，所以每次分别求导后都要判断此式是否是未定式，是未定式便再分别求导，不是未定式就代入 a 求得结果.

例 1　求 $\lim\limits_{x \to 0} \dfrac{\sin ax}{\sin bx}(b \neq 0)$.

解　$\lim\limits_{x \to 0} \dfrac{\sin ax}{\sin bx} \overset{\left(\frac{0}{0}\right)}{=\!=\!=} \lim\limits_{x \to 0} \dfrac{a \cos ax}{b \cos bx} = \dfrac{a}{b}$.

例 2　求 $\lim\limits_{x \to 1} \dfrac{x^3 - 3x + 2}{x^3 - x^2 - x + 1}$.

解　$\lim\limits_{x \to 1} \dfrac{x^3 - 3x + 2}{x^3 - x^2 - x + 1} \overset{\left(\frac{0}{0}\right)}{=\!=\!=} \lim\limits_{x \to 1} \dfrac{3x^2 - 3}{3x^2 - 2x - 1} \overset{\left(\frac{0}{0}\right)}{=\!=\!=} \lim\limits_{x \to 1} \dfrac{6x}{6x - 2} = \dfrac{3}{2}$.

例 3　求 $\lim\limits_{x \to 0} \dfrac{x - \sin x}{x^3}$.

解　$\lim\limits_{x \to 0} \dfrac{x - \sin x}{x^3} \overset{\left(\frac{0}{0}\right)}{=\!=\!=} \lim\limits_{x \to 0} \dfrac{1 - \cos x}{3x^2} \overset{\left(\frac{0}{0}\right)}{=\!=\!=} \lim\limits_{x \to 0} \dfrac{\sin x}{6x} = \dfrac{1}{6}$.

3.2.3　$\dfrac{\infty}{\infty}$ 型未定式

定理 2　洛必达法则 $2\left(\dfrac{\infty}{\infty} \text{型}\right)$

（1）$\lim\limits_{x \to a} f(x) = \infty$，$\lim\limits_{x \to a} F(x) = \infty$；

（2）$f(x)$ 与 $F(x)$ 在 $\overset{\circ}{U}(a)$ 内可导，且 $F'(x) \neq 0$；

（3）$\lim\limits_{x \to a} \dfrac{f'(x)}{F'(x)}$ 存在（或为 ∞）.

那么

$$\lim_{x \to a} \frac{f(x)}{F(x)} = \lim_{x \to a} \frac{f'(x)}{F'(x)}.$$

注：定理 2 中 $x \to a$ 换为下列过程之一

$$x \to a^+,\ x \to a^-,\ x \to \infty,\ x \to +\infty,\ x \to -\infty$$

时,条件(2)作相应的修改,定理 2 仍然成立.

例 4 求 $\lim\limits_{x\to+\infty}\dfrac{\dfrac{\pi}{2}-\arctan x}{\dfrac{1}{x}}$.

解 $\lim\limits_{x\to+\infty}\dfrac{\dfrac{\pi}{2}-\arctan x}{\dfrac{1}{x}}\overset{\left(\frac{0}{0}\right)}{=}\lim\limits_{x\to+\infty}\dfrac{-\dfrac{1}{1+x^2}}{-\dfrac{1}{x^2}}=\lim\limits_{x\to+\infty}\dfrac{x^2}{1+x^2}\overset{\left(\frac{\infty}{\infty}\right)}{=}\lim\limits_{x\to+\infty}\dfrac{2x}{2x}=1.$

例 5 求 $\lim\limits_{x\to+\infty}\dfrac{3x^2-2x-1}{2x^3-x^2+5}$.

解 $\lim\limits_{x\to+\infty}\dfrac{3x^2-2x-1}{2x^3-x^2+5}\overset{\left(\frac{\infty}{\infty}\right)}{=}\lim\limits_{x\to+\infty}\dfrac{6x-2}{6x^2-2x}\overset{\left(\frac{\infty}{\infty}\right)}{=}\lim\limits_{x\to+\infty}\dfrac{6}{12x-2}=0.$

例 6 求 $\lim\limits_{x\to+\infty}\dfrac{\ln x}{x^n}(n>0)$.

解 $\lim\limits_{x\to+\infty}\dfrac{\ln x}{x^n}\overset{\left(\frac{\infty}{\infty}\right)}{=}\lim\limits_{x\to+\infty}\dfrac{\dfrac{1}{x}}{nx^{n-1}}=\lim\limits_{x\to+\infty}\dfrac{1}{nx^n}=0.$

即当 $x\to+\infty$ 时,对数函数比幂函数趋近于无穷大的速度慢.

例 7 求 $\lim\limits_{x\to+\infty}\dfrac{x^n}{e^{\lambda x}}(n$ 为正整数$,\lambda>0)$.

解 $\lim\limits_{x\to+\infty}\dfrac{x^n}{e^{\lambda x}}=\lim\limits_{x\to+\infty}\dfrac{nx^{n-1}}{\lambda e^{\lambda x}}=\lim\limits_{x\to+\infty}\dfrac{n(n-1)x^{n-2}}{\lambda^2 e^{\lambda x}}=\cdots=\lim\limits_{x\to+\infty}\dfrac{n!}{\lambda^n e^{\lambda x}}=0.$

即当 $x\to+\infty$ 时,幂函数比指数函数趋近无穷大的速度慢,所以趋于无穷大的速度由慢到快,$\ln x<x^n<e^{\lambda x}$.

3.2.4 其他类型的未定式

对于 $0\cdot\infty$ 型,$\infty-\infty$(同时为 $+\infty$ 或同时为 $-\infty$ 型),$0^0,1^\infty,\infty^0$ 型的未定式,可以转化为 $\dfrac{0}{0}$ 或 $\dfrac{\infty}{\infty}$ 型未定式来计算.

解决方法:取倒数,通分,取对数等.

例 8　求 $\lim\limits_{x \to 0^+} x^n \ln x$, $(n > 0)$.

解　这是 $0 \cdot \infty$ 型未定式.

$$\lim_{x \to 0^+} x^n \ln x = \lim_{x \to 0^+} \frac{\ln x}{x^{-n}} \overset{\left(\frac{\infty}{\infty}\right)}{=} \lim_{x \to 0^+} \frac{\frac{1}{x}}{-nx^{-n-1}} = \lim_{x \to 0^+} \frac{-1}{nx^{-n}} = \lim_{x \to 0^+} \frac{-x^n}{n} = 0.$$

注: 对 $0 \cdot \infty$ 型未定式, 可以化为 $\dfrac{0}{0}$ 或 $\dfrac{\infty}{\infty}$ 型未定式, 但为计算简便, 一般把它变化成分子分母易求导的类型(此类题要灵活, 若颠倒极限为 0 的函数不易求导, 就颠倒极限为 ∞ 的函数).

例 9　求 $\lim\limits_{x \to \frac{\pi}{2}} (\sec x - \tan x)$.

解　这是 $\infty - \infty$ 型未定式.

$$\lim_{x \to \frac{\pi}{2}} (\sec x - \tan x) = \lim_{x \to \frac{\pi}{2}} \frac{1 - \sin x}{\cos x} \overset{\left(\frac{0}{0}\right)}{=} \lim_{x \to \frac{\pi}{2}} \frac{-\cos x}{-\sin x} = 0.$$

例 10　求 $\lim\limits_{x \to 0^+} x^x$.

计算 $0^0, \infty^0$ 型, 1^∞ 型: 一般对 $y = f(x)^{g(x)}$ 两边同时取对数, 化为 $\ln y = g(x) \cdot \ln f(x)$, 则右边 $g(x) \cdot \ln f(x)$ 为 $0 \cdot \infty$ 型, 再颠倒其中一项化为 $\dfrac{0}{0}$ 或 $\dfrac{\infty}{\infty}$.

解　这是 0^0 型未定式.

设 $y = x^x$, 取对数, 得 $\ln y = x \ln x$, 则

$$\lim_{x \to 0^+} \ln y = \lim_{x \to 0^+} x \cdot \ln x = \lim_{x \to 0^+} \frac{\ln x}{x^{-1}} = \lim_{x \to 0^+} \frac{\frac{1}{x}}{-x^{-2}} = \lim_{x \to 0^+} (-x) = 0,$$

所以

$$\lim_{x \to 0^+} y = \lim_{x \to 0} e^{\ln y} = e^0 = 1.$$

例 11　求 $\lim\limits_{x \to \infty} \left(1 + \dfrac{a}{x}\right)^x$.

解　令 $y = \left(1 + \dfrac{a}{x}\right)^x$, 则 $\ln y = x \ln\left(1 + \dfrac{a}{x}\right)$, 故

$$\lim_{x\to\infty}\ln y=\lim_{x\to\infty}\left[\frac{\ln\left(1+\dfrac{a}{x}\right)}{x^{-1}}\right]=\lim_{x\to\infty}\frac{\dfrac{1}{1+\dfrac{a}{x}}\cdot\left(-\dfrac{a}{x^2}\right)}{-\dfrac{1}{x^2}}=a,$$

故

$$\lim_{x\to\infty}y=\lim_{x\to\infty}e^{\ln y}=e^{a}.$$

注:求未定式极限时,最好将洛必达法则与其他求极限方法结合使用,能化简时尽可能化简,能应用等价无穷小或重要极限时,尽可能应用.

例 12　求 $\lim\limits_{x\to0}\dfrac{\tan x-x}{x^2\sin x}$.

解　原式 $=\lim\limits_{x\to0}\left(\dfrac{\tan x-x}{x^3}\cdot\dfrac{x}{\sin x}\right)=\lim\limits_{x\to0}\dfrac{\tan x-x}{x^3}$

$$=\lim_{x\to0}\frac{\sec^2x-1}{3x^2}=\lim_{x\to0}\frac{1-\cos^2x}{3x^2\cos^2x}=\lim_{x\to0}\frac{\sin^2x}{3x^2\cos^2x}$$

$$=\lim_{x\to0}\frac{x^2}{3x^2\cos^2x}=\lim_{x\to0}\frac{1}{3\cos^2x}=\frac{1}{3}.$$

例 13　求 $\lim\limits_{x\to0}\dfrac{3x-\sin 3x}{(1-\cos x)\ln(1+2x)}$.

解　原式 $=\lim\limits_{x\to0}\dfrac{3x-\sin 3x}{\dfrac{1}{2}x^2\cdot2x}=\lim\limits_{x\to0}\dfrac{3x-\sin 3x}{x^3}=\lim\limits_{x\to0}\dfrac{3-3\cos 3x}{3x^2}$

$$=\lim_{x\to0}\frac{3\sin 3x}{2x}=\frac{9}{2}.$$

例 14　求 $\lim\limits_{x\to0^+}\left(\dfrac{\sin x}{x}\right)^{\csc x}$.

解　因 $\lim\limits_{x\to0^+}\ln\left(\dfrac{\sin x}{x}\right)^{\csc x}=\lim\limits_{x\to0^+}\csc x\ln\left(\dfrac{\sin x}{x}\right)=\lim\limits_{x\to0^+}\dfrac{\ln\left(\dfrac{\sin x}{x}\right)}{\sin x}$

$$=\lim_{x\to0^+}\left[\frac{\ln\left[\left(\dfrac{\sin x}{x}-1\right)+1\right]}{\dfrac{\sin x}{x}-1}\cdot\frac{\dfrac{\sin x}{x}-1}{\sin x}\right]=\lim_{x\to0^+}\frac{\sin x-x}{\sin x\cdot x}$$

$$\overset{\left(\frac{0}{0}\right)}{=} \lim_{x \to 0^+} \frac{\cos x - 1}{\cos x \cdot x + \sin x} = \lim_{x \to 0^+} \frac{-\sin x}{-x \sin x + 2\cos x} = 0.$$

所以，$\lim\limits_{x \to 0^+} \left(\dfrac{\sin x}{x}\right)^{\csc x} = e^0 = 1.$

注:(1) 当求到某一步时,极限是未定式,才能应用洛必达法则,否则会导致错误结果.

(2) 当定理条件满足时,所求极限一定存在(或为 ∞);当定理条件不满足时,所求极限不一定不存在.

例 15 求 $\lim\limits_{x \to \infty} \dfrac{x + \sin x}{x}.$

解 $\lim\limits_{x \to \infty} \dfrac{x + \sin x}{x} \overset{\left(\frac{\infty}{\infty}\right)}{=} \lim\limits_{x \to \infty} \dfrac{1 + \cos x}{1}$ 不满足洛必达法则条件.

但 $\lim\limits_{x \to \infty} \dfrac{x + \sin x}{x} = \lim\limits_{x \to \infty} \left(1 + \dfrac{\sin x}{x}\right) = 1 + 0 = 1.$

习题 3-2

基础题

1. 计算 $\lim\limits_{x \to \pi} \dfrac{\sin(x - \pi)}{x - \pi}.$

2. 计算 $\lim\limits_{x \to 0} \dfrac{\tan 3x}{\tan 2x}.$

3. 计算 $\lim\limits_{x \to +\infty} \dfrac{\ln x}{x^n}(n > 0).$

4. 计算 $\lim\limits_{x \to \alpha} \dfrac{x^m - \alpha^m}{x^n - \alpha^n}(\alpha \neq 0; m, n \text{ 为常数}).$

5. 计算 $\lim\limits_{x \to 0} \dfrac{\ln(1 + x)}{x^2}.$

6. 计算 $\lim\limits_{x \to \frac{\pi}{2}} \dfrac{2x - \pi}{\cos x}.$

7.计算 $\lim\limits_{x \to 1} \dfrac{x^3 - 3x + 2}{x^3 - x^2 - x + 1}$.

8.计算 $\lim\limits_{x \to +\infty} \dfrac{\ln\left(1 + \dfrac{1}{x}\right)}{\mathrm{arccot}\, x}$.

9.计算 $\lim\limits_{x \to 0} \dfrac{\mathrm{e}^x - \mathrm{e}^{-x} - 2x}{x - \sin x}$.

10.计算 $\lim\limits_{x \to 0^+} \dfrac{\ln(\tan 7x)}{\ln(\tan 2x)}$.

提高题

1.计算 $\lim\limits_{x \to 0^+} \dfrac{\csc x}{\ln x}$.

2.计算 $\lim\limits_{x \to \pi} (x - \pi) \tan \dfrac{x}{2}$.

3.计算 $\lim\limits_{x \to +\infty} \left(\dfrac{2}{\pi} \arctan x\right)^x$.

4.计算 $\lim\limits_{x \to 0} \left(\dfrac{1}{x} - \dfrac{1}{\mathrm{e}^x - 1}\right)$.

5.计算 $\lim\limits_{x \to 0} \dfrac{\ln(1 + x^2)}{\sec x - \cos x}$.

6.计算 $\lim\limits_{x \to \infty} \dfrac{x - \sin x}{x + \sin x}$.

7.计算 $\lim\limits_{x \to +\infty} \dfrac{\mathrm{e}^x - \mathrm{e}^{-x}}{\mathrm{e}^x + \mathrm{e}^{-x}}$.

8.验证极限 $\lim\limits_{x \to 0} \dfrac{x^2 \sin \dfrac{1}{x}}{\sin x}$ 存在,但不能用洛必达法则求出.

9.验证极限 $\lim\limits_{x \to +\infty} \dfrac{\sqrt{1 + x^2}}{x}$ 存在,但不能用洛必达法则求出.

10.讨论函数

$$f(x) = \begin{cases} \left[\dfrac{(1+x)^{\frac{1}{x}}}{\mathrm{e}} \right]^{\frac{1}{x}}, & x > 0 \\ \mathrm{e}^{-\frac{1}{2}}, & x \leqslant 0 \end{cases}$$

在点 $x = 0$ 的连续性.

§3.3　泰勒公式

在 3.2 节中,我们学习了"微分在近似计算中的应用",从中可以了解到,对于某些函数,想要求出函数在具体一点的数值,往往是无法直接计算出来的.在学习了导数和微分概念后,我们知道,如果函数 $f(x)$ 在 x_0 点可导,则
$$f(x) = f(x_0) + f'(x_0)(x - x_0) + o(x - x_0).$$

即在点 x_0 附近,用一次多项式 $f(x_0) + f'(x_0)(x - x_0)$ 逼近函数 $f(x)$ 时,其误差为 $(x - x_0)$ 的高阶无穷小.然而在通常的场合中,取一次的多项式逼近是不够的,往往需要用二次或高于二次的多项式去逼近,因此我们提出了用一个多项式去逼近一个函数.泰勒公式就是满足上述逼近性质的多项式.

由于多项式函数为最简单的一类函数,它只是对自变量进行有限次的加、减、乘三种算术运算,就能求出其函数值.因此,多项式经常被用于近似地表达函数,这种近似表达在数学上常称为**逼近**.英国数学家泰勒的研究结果表明:具有直到 $n + 1$ 阶导数的函数在一个点的邻域内的值可以用函数在该点的函数值及各阶导数值组成的 n 次多项式近似表达.本节将介绍泰勒公式及其简单应用.

在微分应用中已知近似公式
$$f(x) \approx f(x_0) + f'(x_0)(x - x_0),$$
则 x 的一次多项式 $p_1(x) \approx f(x_0) + f'(x_0)(x - x_0)$.

它的特点是:$p_1(x_0) = f(x_0)$,$p_1'(x_0) = f'(x_0)$.

现在需要解决的问题是:如何提高精度? 如何估计误差?

为此,设函数 $f(x)$ 在含有 x_0 的开区间 (a, b) 内具有直到 $n + 1$ 阶导数,问是否存在一个 n 次多项式函数
$$p_n(x) = a_0 + a_1(x - x_0) + a_2(x - x_0)^2 + \cdots + a_n(x - x_0)^n$$
使得 $f(x) \approx P_n(x)$,且误差 $R_n(x) = f(x) - p_n(x)$ 是比 $(x - x_0)^n$ 高阶的无穷

小,并给出误差估计的具体表达式.

设 $P_n(x) = a_0 + a_1(x - x_0) + a_2(x - x_0)^2 + \cdots + a_n(x - x_0)^n$.

令 $P_n(x_0) = f(x_0), P'_n(x_0) = f'(x_0),\ P''_n(x_0) = f''(x_0), \cdots, P_n^{(n)}(x_0) = f^{(n)}(x_0)$.

可求出多项式的系数: $f(x_0) = a_0$.

$f'(x) = a_1 + 2a_2(x - x_0) + \cdots + na_n(x - x_0)^{n-1}, f'(x_0) = a_1$.

$f''(x) = 2a_2 + 2 \times 3a_3(x - x_0)^1 + 4 \times 3(x - x_0)^2 \cdots + n(n-1)(x - x_0)^{n-2}$, $f''(x_0) = 2a_2$.

$f'''(x) = 3 \times 2 \times 1 a_3 + 4 \times 3 \times 2(x - x_0) + \cdots + n \times (n-1)(n-2)(x - x_0)^{n-3}, f'''(x_0) = 3! a_3$.

$\vdots$

故 $f^{(n)}(x_0) = n!\ a_n$.

所以 $a_0 = f(x_0), a_1 = f'(x_0), a_2 = \dfrac{f''(x_0)}{2!}, a_3 = \dfrac{f'''(x_0)}{3!}, \cdots, a_n = \dfrac{f^{(n)}(x_0)}{n!}$.

故 $P_n(x) = f(x_0) + f'(x_0)(x - x_0) + \dfrac{f''(x_0)}{2!}(x - x_0)^2 + \cdots +$

$\dfrac{f^{(n)}(x_0)}{n!}(x - x_0)^n$.

则 $f(x) = P_n(x) + R_n(x)$.

3.3.1　泰勒(Taylor)中值定理

如果函数 $f(x)$ 在含有 x_0 的某个开区间 (a, b) 内具有直到 $(n+1)$ 阶的导数,则对 $\forall x \in (a, b)$ 时, $f(x)$ 可以表示为 $(x - x_0)$ 的一个 n 次多项式与一个余项 $R_n(x)$ 之和.

$$f(x) = f(x_0) + f'(x_0)(x - x_0) + \frac{f''(x_0)}{2!}(x - x_0)^2 + \cdots +$$

$$\frac{f^{(n)}(x_0)}{n!}(x - x_0)^n + R_n(x) \tag{3.5}$$

其中, $R_n(x) = \dfrac{f^{(n+1)}(\xi)}{(n+1)!}(x - x_0)^{n+1}$ 称为**拉格朗日型余项**, ξ 是 x_0 与 x 之间的某个值.且公式(3.5)称为 $f(x)$ 按 $(x - x_0)$ 的幂展开的 n 阶**泰勒公式**.

注：(1) 当 $n = 0$ 时,泰勒公式变为拉格朗日中值定理

$$f(x) = f(x_0) + f'(\xi)(x - x_0) \quad (\xi \text{ 在 } x_0 \text{ 与 } x \text{ 之间}).$$

(2) 当 $n = 1$ 时,泰勒公式变为 $f(x) = f(x_0) + f'(x_0)(x - x_0) + \dfrac{f''(\xi)}{2!}(x - x_0)^2$,

则 $f(x) \approx f(x_0) + f'(x_0)(x - x_0)$,误差 $R_1(x) = \dfrac{f''(\xi)}{2!}(x - x_0)^2$($\xi$ 在 x_0 与 x 之间).

(3) 当不需要余数的精确表达式时,n 阶泰勒公式可写成

$$f(x) = f(x_0) + f'(x_0)(x - x_0) + \cdots +$$
$$\frac{f^{(n)}(x_0)}{n!}(x - x_0)^n + o[(x - x_0)^n] \tag{3.6}$$

称 $R_n(x) = o(x - x_0)^n$ 为泰勒公式的**佩亚诺(Peano) 型余项**,并称式(3.6)这种带有这种形式余项的泰勒公式为**带有佩亚诺型余项的泰勒公式**.

3.3.2　麦克劳林(Maclaurin) 公式

取 $x_0 = 0$,则泰勒公式可称为麦克劳林(Maclaurin) 公式,即

$$f(x) = f(0) + f'(0)x + \frac{f''(0)}{2!}x^2 + \cdots +$$
$$\frac{f^{(n)}(0)}{n!}x^n + \frac{f^{(n+1)}(\theta x)}{(n+1)!}x^{n+1} \quad (0 < \theta < 1) \tag{3.7}$$

因 $\xi \in (0, x)$,故 $\theta \in (0, 1)$.

或记　$f(x) = f(0) + f'(0)x + \cdots + \dfrac{f^{(n)}(0)}{n!}x^n + o(x^n)$.

可得近似公式:

$$f(x) \approx f(0) + f'(0)x + \frac{f''(0)}{2!}x^2 + \cdots + \frac{f^{(n)}(0)}{n!}x^n.$$

误差估计式:

$$|R_n(x)| = \left| \frac{f^{(n+1)}(\xi)}{(n+1)!}(x)^{n+1} \right| \leqslant \frac{M}{(n+1)!}|x|^{n+1}.$$

3.3.3　麦克劳林公式的应用

例 1　写出函数 $f(x) = e^x$ 的带有拉格朗日型余项的 n 阶麦克劳林公式.

解　因 $f'(x) = \mathrm{e}^x, f''(x) = \mathrm{e}^x, f'''(x) = \mathrm{e}^x, \cdots, f^{(n)}(x) = \mathrm{e}^x.$

故

$$f(0) = f'(0) = f''(0) = \cdots = f^{(n)}(0) = 1.$$

且

$$R_n(x) = \frac{f^{(n+1)}(\theta x)}{(n+1)!} x^{n+1} = \frac{\mathrm{e}^{\theta x}}{(n+1)!} x^{n+1}, (0 < \theta < 1).$$

故 $f(x) = \mathrm{e}^x$ 的 n 阶麦克劳林公式为

$$\mathrm{e}^x = 1 + x + \frac{x^2}{2!} + \cdots + \frac{x^n}{n!} + \frac{\mathrm{e}^{\theta x}}{(n+1)!} x^{n+1}, (0 < \theta < 1).$$

（1）讨论误差：用公式 $1 + x + \dfrac{x^2}{2!} + \cdots + \dfrac{x^n}{n!}$ 代替 e^x，所产生的误差为

$$|R_n(x)| = \left| \frac{\mathrm{e}^{\theta x}}{(n+1)!} x^{n+1} \right| \leq \frac{\mathrm{e}^{|x|}}{(n+1)!} |x|^{n+1}.$$

（2）当 $x = 1$ 时，$\mathrm{e}^x = \mathrm{e} \approx 1 + 1 + \dfrac{1}{2!} + \cdots + \dfrac{1}{n!}, |R_n| \leq \dfrac{\mathrm{e}}{(n+1)!} <$

$\dfrac{3}{(n+1)!}.$ 当 $n = 10$ 时，可算出 $\mathrm{e} \approx 2.718\ 282$，其误差不超过 $10^{-6}.$

例2　求 $f(x) = \sin x$ 的带有拉格朗日型余项的 n 阶麦克劳林公式.

解　因 $f'(x) = \cos x, f''(x) = -\sin x, f'''(x) = -\cos x, f^{(4)}(x) = \sin x, \cdots,$

$f^{(n)}(x) = \sin\left(x + \dfrac{n\pi}{2} \right).$

故 $f(0) = 0, f'(0) = 1, f''(0) = 0, f'''(0) = -1, f^{(4)}(0) = 0$ 等等.它们循环地取四个数 $0, 1, 0, -1.$

于是按公式（3.7）得（令 $n = 2m$）

$$\sin x = f(0) + f'(0)x + \frac{f''(0)}{2!} + \cdots + \frac{f^{(n)}(0)}{n!} \cdot x^n + R_{2m}$$

$$= x - \frac{x^3}{3!} + \frac{x^5}{5!} - \cdots + (-1)^{m-1} \frac{x^{2m-1}}{(2m-1)!} + R_{2m}.$$

其中，$R_{2m} = \dfrac{\sin\left(\theta x + \dfrac{2m+1}{2}\pi \right)}{(2m+1)!} x^{2m+1}, (0 < \theta < 1).$

取 $m = 1$，则 $\sin x \approx x$，且误差 $|R_2| = \left| \dfrac{\sin\left(\theta x + \dfrac{3}{2}\pi \right)}{3!} x^3 \right| \leq \dfrac{|x|^3}{6}, (0 <$

$\theta < 1)$.

例3(某年经济类考研题) 设 $\lim\limits_{x \to 0} \dfrac{f(x)}{x} = 1$,且 $f''(x) > 0$,求证 $f(x) \geqslant x$.

证明 易知 $\lim\limits_{x \to 0} f(x) = 0$,则 $f(0) = 0$,所以 $\lim\limits_{x \to 0} \dfrac{f(x) - f(0)}{x - 0} = f'(0) = 1$.

由麦克劳林公式有:

$$f(x) = f(0) + f'(0)x + \frac{f''(\xi)}{2!}x^2 = x + \frac{f''(\xi)}{2!}x^2$$

因 $f''(x) > 0$,故 $f(x) \geqslant x$.

证毕.

注:写泰勒公式时,余项中含有 $f^{(n+1)}(\xi)$,若 $f(x)$ 为复合函数或此函数可利用已学的 $\mathrm{e}^x, \sin x, \cos x$ 的展开式时,则 $f(x)$ 展开式中的余项不等于分开余项再复合,而必须是整个函数求余项.

例4 写出 $f(x) = x \cdot \mathrm{e}^x$ 的 n 阶麦克劳林公式.

解 利用例1的结论知

$$f(x) = x\left(1 + x + \frac{x^2}{2!} + \cdots + \frac{x^n}{n!} + \frac{\mathrm{e}^{\theta x}}{(n+1)!}x^{n+1}\right)$$

$$= x\left(1 + x + \frac{x^2}{2!} + \cdots + \frac{x^n}{n!}\right) + R_n(x).$$

且 $R_n(x) = \dfrac{f^{(n+1)}(\theta x)}{(n+1)!}x^{n+1} = \dfrac{(x+n+1)\mathrm{e}^x \big|_{x = \theta x}}{(n+1)!}x^{n+1} = \dfrac{(\theta x + n + 1)\mathrm{e}^x}{(n+1)!}x^{n+1}$,

$(0 < \theta < 1)$.

类似地,还可以得到

$$\cos x = 1 - \frac{1}{2!}x^2 + \frac{1}{4!}x^4 - \cdots + (-1)^m \frac{1}{(2m)!}x^{2m} + R_{2m+1}(x).$$

其中,$R_{2m+1}(x) = \dfrac{\cos[\theta x + (m+1)\pi]}{(2m+2)!}x^{2m+2}(0 < \theta < 1)$;

$$\ln(1+x) = x - \frac{1}{2}x^2 + \frac{1}{3}x^3 - \cdots + (-1)^{n-1}\frac{1}{n}x^n + R_n(x).$$

其中,$R_n(x) = \dfrac{(-1)^n}{(n+1)(1+\theta x)^{n+1}}x^{n+1}(0 < \theta < 1)$;

$$(1+x)^\alpha = 1 + \alpha x + \frac{\alpha(\alpha-1)}{2!}x^2 + \cdots + \frac{\alpha(\alpha-1)\cdots(\alpha-n+1)}{n!}x^n + R_n(x).$$

其中，$R_n(x) = \dfrac{\alpha(\alpha - 1)\cdots(\alpha - n + 1)(\alpha - n)}{(n + 1)!}(1 + \theta x)^{\alpha - n - 1}x^{n+1}$，$(0 < \theta < 1)$.

例 5　利用带有佩亚诺型余项的麦克劳林公式，求极限 $\lim\limits_{x \to 0} \dfrac{\sin x - x\cos x}{\sin^3 x}$.

解　由 $\sin x = x - \dfrac{x^3}{3!} + o(x^3)$，$x\cos x = x - \dfrac{x^3}{2!} + o(x^3)$，

故 $\lim\limits_{x \to 0} \dfrac{\sin x - x\cos x}{\sin^3 x} = \lim\limits_{x \to 0} \dfrac{\dfrac{1}{3}x^3 + o(x^3)}{x^3} = \dfrac{1}{3}$.

注：两个比 x^3 高阶的无穷小的和仍记 $o(x^3)$.

3.3.4　常用初等函数的麦克劳林公式

$$e^x = 1 + x + \frac{x^2}{2!} + \cdots + \frac{x^n}{n!} + \frac{e^{\theta x}}{(n + 1)!}x^{n+1}, (0 < \theta < 1).$$

$$\sin x = x - \frac{x^3}{3!} + \frac{x^5}{5!} - \cdots + (-1)^n \frac{x^{2n+1}}{(2n + 1)!} + o(x^{2n+1}).$$

$$\cos x = 1 - \frac{x^2}{2!} + \frac{x^4}{4!} - \frac{x^6}{6!} + \cdots + (-1)^n \frac{x^{2n}}{(2n)!} + o(x^{2n}).$$

$$\ln(1 + x) = x - \frac{x^2}{2} + \frac{x^3}{3} - \cdots + (-1)^n \frac{x^{n+1}}{n + 1} + o(x^{n+1}).$$

$$\frac{1}{1 - x} = 1 + x + x^2 + \cdots + x^n + o(x^n).$$

$$(1 + x)^\alpha = 1 + \alpha x + \frac{\alpha(\alpha - 1)}{2!}x^2 + \cdots + \frac{\alpha(\alpha - 1)\cdots(\alpha - n + 1)}{n!}x^n + o(x^n).$$

习题 3-3

基础题

1.求函数 $y = \dfrac{1}{\sqrt{1 - x^2}}$ 带佩亚诺余项的麦克劳林公式.

2.求函数 $y = (x^2 - 3x + 1)^3$ 带佩亚诺余项的麦克劳林公式.

3.求函数 $y = xe^x$ 带佩亚诺余项的麦克劳林公式.

4.求函数 $y = -2x^3 + 3x^2 - 2$ 在点 $x_0 = 1$ 处带拉格朗日余项的泰勒公式.

5.求函数 $y = \dfrac{1}{x}$ 在点 $x_0 = -1$ 处带拉格朗日余项的泰勒公式.

6.求函数 $y = \dfrac{1}{1 + x}$ 在点 $x_0 = 0$ 处带拉格朗日余项的泰勒公式.

提高题

1.求 $y = \tan x$ 的麦克劳林展开式的前三项,并给出佩亚诺型余项.

2.利用泰勒展开式求极限 $y = \dfrac{\tan x - \sin x}{x^3}$.

3.利用三阶泰勒公式求 $\sin 18°$ 的近似值.

§3.4 函数的单调性与曲线的凹凸性

前面学习了函数导数的相关特征和算法,在这一节中,将会利用导数来研究函数的单调性和曲线的凹凸性.

3.4.1 函数的单调性

第1章的1.1节中已经介绍了单调函数的定义.易知,如果函数 $f(x)$ 在区间 $[a,b]$ 上是单调增函数(单调减函数),则该函数的图像一定是在二维平面内一条沿 x 轴的正向上升(下降)的曲线,如图 3.5 所示.结合第 2 章第 2.1 节的内

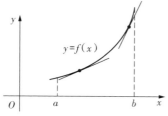

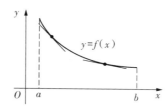

(a)单调增函数的切线斜率非负　　(b)单调减函数的切线斜率非正

图 3.5　单调函数的图形及其斜率

容 —— 导数的几何意义,容易看出,此时曲线上各点处切线的斜率是非负的(非正的),即 $f'(x) \geqslant 0 (f'(x) \leqslant 0)$.由此思考,既然函数的单调性能反映导数的符号,那么是否可以根据函数的导数符号来判断它的单调性呢?

答案是肯定的!这也就是本节的第一个重要内容 —— 函数单调性的判定定理.

定理 1 设函数 $y = f(x)$ 在 $[a, b]$ 上连续,在 (a, b) 内可导.

(1)若 $\forall x \in (a, b)$ 有 $f'(x) > 0$,则 $y = f(x)$ 在 $[a,b]$ 上单调增加;

(2)若 $\forall x \in (a, b)$ 有 $f'(x) < 0$,则 $y = f(x)$ 在 $[a,b]$ 上单调减少.

值得注意的是,将此定理中的区间换成开区间、半开半闭区间或无穷区间,结论仍成立,因为单调性与区间端点无关.

证明 对 $\forall x_1, x_2 \in (a, b)$,不妨假设 $x_1 < x_2$,则由 $f(x)$ 在 $[x_1, x_2]$ 上连续,在 (x_1, x_2) 内可导,运用拉格朗日中值定理有

$$f(x_2) - f(x_1) = f'(\xi)(x_2 - x_1), \quad (x_1 < \xi < x_2).$$

又因为对 $\forall x \in (a, b)$ 有 $f'(x) > 0$,即 $f'(\xi) > 0 (x_1 < \xi < x_2)$.此外,$x_2 - x_1 > 0$,所以 $f(x_2) - f(x_1) > 0$,即 $f(x_2) > f(x_1)$.由单调性的定义可知,$y = f(x)$ 在 $[a,b]$ 上单调增加.

同理可证(2).

例 1 判断函数 $y = x - \sin x$ 在区间 $[0, 2\pi]$ 上的单调性.

解 因为 $x \in (0, 2\pi)$ 时,有

$$y' = 1 - \cos x > 0,$$

所以由定理 1 可知,函数 $y = x - \sin x$ 在区间 $[0, 2\pi]$ 上单调增加.

例 2 讨论函数 $y = e^x - x - 1$ 的单调性.

分析:与例 1 不同,此题干中并未给出函数的定义域,所以应首先判断使其有意义的自然定义域区间;然后再求函数的导数,结合定理 1 来判断其单调性.

解 函数 $y = e^x - x - 1$ 的定义域为 $(-\infty, +\infty)$,即 **R**.

又其导数为

$$y' = e^x - 1,$$

那么,当 $y' > 0$ 时,有 $x > 0$,所以函数 $y = e^x - x - 1$ 在 $(0, +\infty)$ 上单调增加;当 $y' < 0$ 时,有 $x < 0$,所以函数 $y = e^x - x - 1$ 在 $(-\infty, 0)$ 上单调减少.

例 3 讨论函数 $y = x^{\frac{2}{3}}$ 的增减性.

解 函数 $y = x^{\frac{2}{3}} = \sqrt[3]{x^2}$ 的定义域为 $(-\infty, +\infty)$,即 **R**.

又其导数为

$$y' = \frac{2}{3}x^{-\frac{1}{3}} = \frac{2}{3\sqrt[3]{x}},$$

显然，$x = 0$ 为导数不存在的点.因为当 $x > 0$ 时,有 $y' > 0$,所以函数 $y = x^{\frac{2}{3}}$ 在 $[0, +\infty)$ 上单调增加;当 $x < 0$ 时,有 $y' < 0$,所以函数 $y = x^{\frac{2}{3}}$ 在 $(-\infty, 0]$ 上单调减少.其函数图像如图 3.6 所示.

从上述两例可见,对函数 $y = f(x)$ 的单调性讨论,应首先求出使其导数等于零的点或导数不存在的点,并根据这些点将函数的定义域划分为若干个子区间;然后,逐个判断函数的导数 $f'(x)$ 在各区间上的符号,从而确定出函数 $y = f(x)$ 在各子区间上的单调性.值得注意的是,每个使得 $f'(x)$ 的符号保持不变的子区间都是函数 $y = f(x)$ 的单调区间.

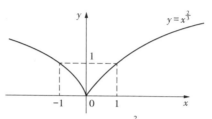

图 3.6　函数 $y = x^{\frac{2}{3}}$ 的图像

例4　讨论函数 $y = x^3 - 6x^2 + 9x + 18$ 的单调区间.

解　该函数的定义域为 $(-\infty, +\infty)$,即 **R**.这个函数的导数为
$$y' = 3x^2 - 12x + 9 = 3(x-1)(x-3).$$

解方程 $y' = 0$,可得 $x_1 = 1, x_2 = 3$.那么,这两个根将函数的定义区间 $(-\infty, +\infty)$ 分成了三个子区间 $(-\infty, 1]$、$[1, 3]$ 和 $[3, +\infty)$,即

x	$(-\infty, 1)$	1	$(1, 3)$	3	$(3, +\infty)$
y'	+	0	−	0	+
y	↗		↘		↗

所以,函数 $y = x^3 - 6x^2 + 9x + 18$ 的单调增加区间为 $(-\infty, 1)$ 和 $(3, +\infty)$,单调减小区间为 $[1, 3]$.

例5　讨论函数 $y = 3(x-2)^{\frac{2}{3}}$ 的单调区间.

解　该函数 $y = 3(x-2)^{\frac{2}{3}} = 3\sqrt[3]{(x-2)^2}$ 的定义域为 $(-\infty, +\infty)$,即 **R**.这个函数的导数为
$$y' = 2(x-2)^{-\frac{1}{3}} = \frac{2}{\sqrt[3]{x-2}}.$$

解方程 $y' = 0$,无解;但是,存在导数不存在的点,即 $x = 2$.那么,点 $x = 2$ 将函

数的定义区间$(-\infty, +\infty)$分成了两个子区间$(-\infty, 2]$和$[2, +\infty)$，即

x	$(-\infty, 2)$	2	$(2, +\infty)$
y'	$-$	不存在	$+$
y	↘		↗

所以，函数$y = 3(x-2)^{\frac{2}{3}}$的单调增加区间为$(2, +\infty)$，单调减小区间为$(-\infty, 2]$.

例4、例5表明，方程$y' = 0$的根或使导数不存在的点是所求单调区间的分界点.那么，在讨论函数的单调区间、单调性时，可以总结讨论步骤如下：

步骤1：求函数定义域；

步骤2：求函数的导数y'，并求得使导数等于零$y' = 0$或者导数y'不存在的点，从而得到单调区间的分界点；

步骤3：可结合表格讨论各区间导数的符号，从而判定函数的单调增加、单调减小区间以及单调性.

例6 讨论函数$y = \dfrac{x^3}{3} - 2x^2 + 4x + 1$的增减性.

解 该函数的定义域为$(-\infty, +\infty)$，即 **R**.这个函数的导数为
$$y' = x^2 - 4x + 4 = (x-2)^2.$$

解方程$y' = 0$，可得$x = 2$.那么$x = 2$将函数的定义区间$(-\infty, +\infty)$分成了两个子区间$(-\infty, 2]$和$[2, +\infty)$，即

在区间$(-\infty, 2)$内，有$y' > 0$，故函数y在$(-\infty, 2]$内单调增加；在区间$(2, +\infty)$内，有$y' > 0$，故函数y在$[2, +\infty)$内单调增加.所以函数y在整个定义域$(-\infty, +\infty)$内是单调增加的.

例6表明，若函数的导数$f'(x)$在某区间内的有限个点处为零，且在其余各处均为正（或负）时，函数$f(x)$在该区间上仍为单调增加（或单调减小）的.

接下来介绍一种证明不等式的新方法——首先构造函数，再结合函数的单调性证明不等式.

例7 证明：当$x > 1$时，$2\sqrt{x} > 3 - \dfrac{1}{x}$.

证明 设函数$y = f(x) = 2\sqrt{x} - 3 + \dfrac{1}{x}$，其定义域为$[1, +\infty)$，则其导数为

$$y' = \frac{1}{\sqrt{x}} - \frac{1}{x^2} = \frac{1}{x^2}(x\sqrt{x} - 1).$$

函数 y 在 $[1, +\infty)$ 上连续,在 $(1, +\infty)$ 内有 $y' > 0$ 恒成立,故函数 y 在 $[1, +\infty)$ 上是单调增函数,从而对任意的 $x > 1$,有 $f(x) > f(1)$ 恒成立.

又因为 $f(1) = 0$,故 $f(x) > f(1) = 0$.所以,当 $x > 1$ 时,有 $2\sqrt{x} > 3 - \frac{1}{x}$.

例8 设 $k > 0$,求 $\ln x - \dfrac{x}{e} + k = 0$ 的实根个数.

解 设函数 $f(x) = \ln x - \dfrac{x}{e} + k$,其定义域为 $(0, +\infty)$,则其导数为

$$f'(x) = \frac{1}{x} - \frac{1}{e}.$$

故当 $0 < x < e$ 时,有 $f'(x) > 0$,则函数 $f(x)$ 在区间 $(0, e)$ 内是单调增加的;当 $x > e$ 时,有 $f'(x) < 0$,则函数 $f(x)$ 在区间 $(e, +\infty)$ 内是单调减小的.

又因为 $f(e) = \ln e - 1 + k = k > 0$,

$$\lim_{x \to 0^+} f(x) = \lim_{x \to 0^+}\left(\ln x - \frac{x}{e} + k\right) = -\infty,$$

$$\lim_{x \to +\infty} f(x) = \lim_{x \to +\infty}\left(\ln x - \frac{x}{e} + k\right) = \lim_{x \to +\infty}(\ln x - \ln e^{\frac{x}{e}} + k) = \lim_{x \to +\infty}\left[\ln \frac{x}{e^{\frac{x}{e}}} + k\right],$$

其中,$\displaystyle\lim_{x \to +\infty} \frac{x}{e^{\frac{x}{e}}} = \lim_{x \to +\infty} \frac{1}{e^{\frac{x}{e}} \cdot \frac{1}{e}} = 0\left(\text{且} \frac{x}{e^{\frac{x}{e}}} > 0\right)$,则 $\displaystyle\lim_{x \to +\infty} f(x) = -\infty$.

所以,由介值定理可知,函数 $f(x)$ 在区间 $(0, e)$ 和 $(e, +\infty)$ 内各有一实根,即为两个实根,如图 3.7 所示.

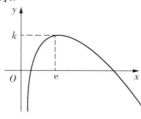

图3.7

3.4.2　曲线的凹凸性与拐点

前面结合导数理论研究了函数单调性的判定法,即可以从曲线的上升或下降方面研究函数图像的变化情况.但是,这还不能够完全反映曲线的变化规律,比如曲线在上升或下降过程中的弯曲方向问题.

例如,考察函数 $y = x^2$ 和 $y = \sqrt{x}$,当 $x > 0$ 时,结合定理1易知它们都是单调增加函数,但是如图3.8所示,曲线 $y = x^2$ 在区间 $(0, +\infty)$ 上是凹的,而曲线 $y = \sqrt{x}$ 在区间 $(0, +\infty)$ 上是凸的.因此,虽然它们的单调性是一样的,但是它们的凹凸性不同.下面就来研究曲线的凹凸性等方面的特性.

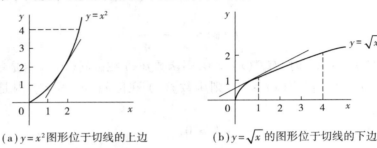

（a） $y = x^2$ 图形位于切线的上边　　　（b） $y = \sqrt{x}$ 的图形位于切线的下边

图 3.8

仍以图3.8为例,如果对两函数的曲线分别作各点处的切线,可以得到:凹的曲线,即函数 $y = x^2$ 的图像,各点处的切线都位于曲线的下边;而凸的曲线,即函数 $y = \sqrt{x}$ 的图像,各点处的切线都位于曲线的上边.

另一方面,我们也可以从几何上考察两函数的曲线.在曲线上任取两点,连接两点,则可得到对应的弦.此时对比弦和对应两点间的曲线弧,可以发现:凸曲线的弦总在曲线弧的下方,而凹曲线的情形与之相反.

由此,我们给出曲线凹凸性的定义如下.

定义 1　设曲线的方程为 $y = f(x)$,其定义域为 D,且曲线上各点处都有切线.

（1）如果在某区间 $I \subset D$ 内,曲线位于该区间内任意一点切线的上边,则称该曲线在区间 I 内是凹的;

（2）如果在某区间 $I \subset D$ 内,曲线位于该区间内任意一点切线的下边,则称该曲线在区间 I 内是凸的.

但是,上述定义的前提是曲线各点处都有切线,即 $y = f(x)$ 可导,从而给出一个更严谨的凹凸性定义如下.

定义2 设函数 $y=f(x)$ 在定义区间 D 上连续,对 D 内任意两点 x_1,x_2,且 $x_1 \neq x_2$.

(1)如果恒有

$$f\left(\frac{x_1+x_2}{2}\right) < \frac{f(x_1)+f(x_2)}{2},$$

则称函数 $y=f(x)$ 在 D 上的图形是(向上)凹的(或凹弧);

(2)如果恒有

$$f\left(\frac{x_1+x_2}{2}\right) > \frac{f(x_1)+f(x_2)}{2},$$

则称函数 $y=f(x)$ 在 D 上的图形是(向上)凸的(或凸弧).

再对图3.8深入分析,函数 $y=x^2$ 的图像中,各点的切线斜率随着 x 的增加而逐渐增加,即函数的导数 $y'=2x$ 是单调增函数.相反的,函数 $y=\sqrt{x}$ 的图像中,各点的切线斜率随着 x 的增加而逐渐减小,即函数的导数 $y'=\dfrac{1}{2\sqrt{x}}$ 是单调减函数.

函数 $y=f(x)$ 的凹凸性可以根据其导数 $y'=f'(x)$ 的单调性来判定.结合单调性和导数的关系,如果 $y'=f'(x)$ 是可导的,那么 $y'=f'(x)$ 的单调性可以由其导数 $y''=f''(x)$ 来判定.

综上所述,如果原函数 $y=f(x)$ 在定义区间内二阶可导,那么原函数 $y=f(x)$ 的凹凸性可以根据其二阶导数的符号来判定.由此给出函数凹凸性的判定定理.为方便表述,定义2中的定义区间 D 仅以闭区间为例来叙述判定定理,D 为其他类型区间的情况类似.

定理2(利用二阶导数符号判别曲线凹凸性) 设函数 $y=f(x)$ 在区间 $[a,b]$ 上连续,在 (a,b) 内具有二阶导数.

(1)如果在区间 (a,b) 内有 $y''=f''(x)>0$,则称函数 $y=f(x)$ 在区间 $[a,b]$ 上的图形是凹的;

(2)如果在区间 (a,b) 内有 $y''=f''(x)<0$,则称函数 $y=f(x)$ 在区间 $[a,b]$ 上的图形是凸的.

证明 利用泰勒公式有:

$$f(x)=f(x_0)+f'(x_0)(x-x_0)+\frac{f''(\xi)}{2}(x-x_0)^2.$$

令 $x_0 = \dfrac{x_1 + x_2}{2}$，则

$$f(x_1) = f\left(\frac{x_1 + x_2}{2}\right) + f'\left(\frac{x_1 + x_2}{2}\right)\left(x_1 - \frac{x_1 + x_2}{2}\right) + \frac{f''(\xi_1)}{2}\left(x_1 - \frac{x_1 + x_2}{2}\right)^2$$

$$= f\left(\frac{x_1 + x_2}{2}\right) + f'\left(\frac{x_1 + x_2}{2}\right)\left(\frac{x_1 - x_2}{2}\right) + \frac{f''(\xi_1)}{2}\left(\frac{x_1 - x_2}{2}\right)^2,$$

$$\xi_1 \in \left(x_1, \frac{x_1 + x_2}{2}\right);$$

$$f(x_2) = f\left(\frac{x_1 + x_2}{2}\right) + f'\left(\frac{x_1 + x_2}{2}\right)\left(x_2 - \frac{x_1 + x_2}{2}\right) + \frac{f''(\xi_2)}{2}\left(x_2 - \frac{x_1 + x_2}{2}\right)^2$$

$$= f\left(\frac{x_1 + x_2}{2}\right) + f'\left(\frac{x_1 + x_2}{2}\right)\left[\left(\frac{-(x_1 - x_2)}{2}\right)\right] + \frac{f''(\xi_2)}{2}\left(\frac{x_1 - x_2}{2}\right)^2,$$

$$\xi_2 \in \left(\frac{x_1 + x_2}{2}, x_2\right).$$

所以 $f(x_1) + f(x_2) = 2f\left(\dfrac{x_1 + x_2}{2}\right) + \dfrac{1}{2}\left(\dfrac{x_1 - x_2}{2}\right)^2\left[f''(\xi_1) + f''(\xi_2)\right].$

若在区间 (a, b) 内有 $y'' = f''(x) > 0$ 恒成立，则 $f(x_1) + f(x_2) > 2f\left(\dfrac{x_1 + x_2}{2}\right)$，即 $\dfrac{f(x_1) + f(x_2)}{2} > f\left(\dfrac{x_1 + x_2}{2}\right)$. 所以函数 $y = f(x)$ 在区间 $[a, b]$ 上的图形是凹的.

类似的可以证明情形（2）.

例 9 判断曲线 $y = \ln x$ 的凹凸性.

解 因为 $y' = \dfrac{1}{x}$，$y'' = -\dfrac{1}{x^2}$，所以在函数 $y = \ln x$ 的定义域为 $(0, +\infty)$ 内有 $y'' < 0$. 结合定理 2 可知，曲线 $y = \ln x$ 是凸的.

例 10 判断曲线 $y = x^3$ 的凹凸性.

解 由 $y' = 3x^2$，$y'' = 6x$ 可知，当 $x < 0$ 时，有 $y'' < 0$，所以曲线 $y = x^3$ 在 $(-\infty, 0)$ 内为凸弧；当 $x > 0$ 时，有 $y'' > 0$，所以曲线 $y = x^3$ 在 $(0, +\infty)$ 内为凹弧，如图 3.9 所示.

由图 3.9 容易看出，原点 $(0, 0)$ 是曲线 $y = x^3$ 由凸弧变到凹弧的分界点.

一般地，若曲线 $y = f(x)$ 在定义区间 D 上连续，x_0 是 D 的内点. 如果曲线 $y =$

$f(x)$ 在经过点 $(x_0, f(x_0))$ 时,曲线的凹凸性改变了,那么就称点 $(x_0, f(x_0))$ 为曲线 $y = f(x)$ 的**拐点**.

那么,如何来找曲线 $y = f(x)$ 的拐点呢?

由定理 2 可知,根据 $f''(x)$ 的符号可以判定曲线的凹凸性. 再结合上述拐点的定义,如果 $f''(x)$ 在 x_0 的左右两端附近异号,那么点 $(x_0, f(x_0))$ 就是曲线 $y = f(x)$ 的一个拐点;如果 $f''(x)$ 在 x_0 的左右两端附近同号,那么点

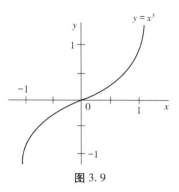

图 3.9

$(x_0, f(x_0))$ 必不是曲线 $y = f(x)$ 的拐点. 所以要寻找拐点,只要找出 $f''(x)$ 符号发生变化的分界点即可. 那么如何来寻找这些分界点呢?

一般地,如果函数 $y = f(x)$ 在定义区间内具有连续的二阶导数,那么在这样的分界点处必有 $f''(x) = 0$;此外,$y = f(x)$ 的二阶导数不存在的点,也可能是 $f''(x)$ 的符号发生变化的分界点.

综上所述,不妨将判定某函数 $f(x)$ 在区间 D 内的拐点的步骤归纳如下:

步骤 1:依次计算 $f'(x)$ 和 $y''(x)$;

步骤 2:令 $f''(x) = 0$,解得该方程在区间 D 内的实根;同时判断 $f''(x)$ 在区间 D 内不存在的点;

步骤 3:对于步骤 2 所得的每个实根或 $f''(x)$ 不存在的点 x_0,检查 $f''(x)$ 在 x_0 两侧附近的符号. 那么,如果两侧的符号异号,则点 $(x_0, f(x_0))$ 为 $f(x)$ 的拐点;如果两侧的符号同号,则点 $(x_0, f(x_0))$ 不是 $f(x)$ 的拐点.

值得注意的是,拐点是一个坐标点,即 $(x_0, f(x_0))$;而前面的间断点、驻点和即将学习的极值点、最值点仅是横坐标,即 $x = x_0$.

例 11 求曲线 $y = 2x^3 + 3x^2 - 12x + 10$ 的拐点.

解 函数 $y = 2x^3 + 3x^2 - 12x + 10$ 的定义域为 $(-\infty, +\infty)$,那么
$$y' = 6x^2 + 6x - 12, y'' = 12x + 6.$$

令 $y'' = 0$,得 $x = -\dfrac{1}{2}$. 当 $x < -\dfrac{1}{2}$ 时,有 $f'' < 0$;当 $x > -\dfrac{1}{2}$ 时,有 $y'' > 0$. 故 $\left(-\dfrac{1}{2}, 16\dfrac{1}{2} \right)$ 是曲线拐点.

例 12 求曲线 $y = x^4 - 2x^3 + 3$ 的凹凸区间和拐点.

解 函数 $y = x^4 - 2x^3 + 3$ 的定义域为 $(-\infty, +\infty)$，那么

$$y' = 4x^3 - 6x^2, y'' = 12x^2 - 12x = 12x(x-1).$$

令 $y'' = 0$，得 $x_1 = 0, x_2 = 1$。那么 $0,1$ 将定义域分成了三个区间，即

x	$(-\infty, 0)$	0	$(0,1)$	1	$(1, +\infty)$
$f''(x)$	+	0	−	0	+
曲线 $f(x)$	凹	拐点$(0,3)$	凸	拐点$(1,2)$	凹

由此可知，曲线 $y = x^4 - 2x^3 + 3$ 在 $(0,1)$ 上是凸的，在 $(-\infty, 0)$ 和 $(1, +\infty)$ 上是凹的；其拐点为 $(0,3)$ 和 $(1,2)$。

例 13 求曲线 $y = 3x^4 - 4x^3 + 5$ 的拐点及凹、凸的区间。

解 函数 $y = 3x^4 - 4x^3 + 5$ 的定义域为 $(-\infty, +\infty)$，那么

$$y' = 12x^3 - 12x^2,$$

$$y'' = 36x^2 - 24x = 36x\left(x - \frac{2}{3}\right).$$

令 $y'' = 0$，得 $x_1 = 0, x_2 = \frac{2}{3}$。当 $x < 0$ 时，有 $y'' > 0$，则曲线在 $(-\infty, 0]$ 上是凹的。当 $0 < x < \frac{2}{3}$ 时，有 $y'' < 0$，则曲线在 $\left[0, \frac{2}{3}\right]$ 上是凸的。当 $x > \frac{2}{3}$ 时，有 $y'' > 0$，则曲线在 $\left[\frac{2}{3}, +\infty\right)$ 上是凹的。曲线的拐点为 $(0,5)$ 和 $\left(\frac{2}{3}, 4\frac{11}{27}\right)$。

例 14 问曲线 $y = x^4$ 是否有拐点？

解 函数 $y = x^4$ 的定义域为 $(-\infty, +\infty)$，那么

$$y' = 4x^3, y'' = 12x^2.$$

令 $y'' = 0$，有 $x = 0$。但当 $x < 0, x > 0$ 时，都有 $y'' > 0$，所以 $(0,0)$ 不是其拐点。曲线 $y = x^4$ 没有拐点，其在 $(-\infty, +\infty)$ 内是凹的。

例 15 求曲线 $y = \sqrt[3]{x}$ 的拐点。

解 函数 $y = \sqrt[3]{x}$ 的定义域为 $(-\infty, +\infty)$，那么

$$y' = \frac{1}{3} \frac{1}{\sqrt[3]{x^2}}, y'' = -\frac{2}{9x\sqrt[3]{x^2}}.$$

显然，当 $x = 0$ 时，y'' 不存在，且 y'' 仅有不存在的点 $x = 0$。又因为当 $x > 0$ 时，有 $y'' < 0$，即曲线在 $[0, +\infty)$ 上是凸的；而当 $x < 0$ 时，有 $y'' > 0$，即曲线在

$(-\infty, 0]$ 上是凹的.

综上所述,点 $(0,0)$ 是曲线拐点.

 习题 **3-4**

基础题

1.判断函数 $f(x) = \arctan x - x$ 的单调性.

2.判断下列函数在指定区间的单调性:

(1) $y = x^2 + 2x + 1, (-1, +\infty)$.　　(2) $y = x - \ln x, (1, +\infty)$.

(3) $y = x + \sin x, x \in \left(0, \dfrac{\pi}{2}\right)$.　　(4) $y = \tan x - \cot x, x \in \left(0, \dfrac{\pi}{2}\right)$.

3.求下列函数的单调区间:

(1) $y = x^2 + 1$.　　　　　　　　(2) $y = x^3 - 3x^2$.

(3) $y = e^x$.　　　　　　　　　(4) $y = x^3 - \dfrac{1}{x}$.

4.判断函数 $f(x) = x^3 + 3x^2 - 9x + 1$ 的单调性.

5.判断下列曲线的凹凸性.

(1) $y = e^x$.　　　　　　　　　(2) $y = \ln x$.

(3) $y = x^4 - 4x + 9$.　　　　　(4) $y = x + \dfrac{1}{x}$.

提高题

1.证明下列不等式:

(1) 当 $x > 1$ 时, $(1 + x)\ln(1 + x) > x \cdot \ln x$.

(2) 设 $x > 0$,证明: $x - \dfrac{x^2}{2} < \ln(1 + x)$.

(3) 当 $x > 0$ 时, $1 + x\ln(x + \sqrt{1 + x^2}) > \sqrt{1 + x^2}$.

2.证明方程 $x^5 + x + 1 = 0$ 在区间 $(-1, 0)$ 内有且只有一个实根.

3.证明方程 $\ln x = \dfrac{x}{e} - 1$ 在区间 $(0, +\infty)$ 内有两个实根.

4.讨论函数 $f(x) = x^4 - 4x^3 + 10$ 的单调性和极值.

5.求下列曲线的凹凸区间和拐点：

(1) $y = 3x^2 - x^3$.　　　　　　　　(2) $y = xe^{-x}$.

(3) $y = 2x^3 - 3x^2 - 12x - 9$.　　　(4) $y = (x-1)^4 + e^x$.

6.当 a、b 为何值时，点 $(1,4)$ 是曲线 $y = ax^3 + bx^2$ 的拐点？

§3.5　函数的极值与最值

在讨论函数的单调性时，曾遇到这样的情形，函数先是单调增加（或减少），到达某一点后又变为单调减少（或增加）.这些点实际上就是使函数单调性发生变化的分界点.对于这类特殊分界点的相关问题，值得深入地讨论.这也是本节要讨论的极值和最值问题.

3.5.1　函数的极值及其求法

在 3.4 节例 4 的讨论中，发现 $x = 1$ 和 $x = 3$ 将函数 $y = x^3 - 6x^2 + 9x + 18$ 的定义域分成 3 个单调区间，它们也是单调区间的分界点.例如，在 $x = 1$ 的左侧邻近，函数是单调增加的，而在其右侧邻近，函数是单调减少的.那么，函数 $f(x)$ 在 $x = 1$ 的函数值 $f(1)$ 比它左右邻近各点的函数值都大，即对属于 $x = 1$ 的某去心邻域内任意的 x，都有 $f(x) < f(1)$ 恒成立.类似的分析 $x = 3$ 的情况，容易得到此时的情况与 $x = 1$ 的情形相反，即对属于 $x = 3$ 的某去心邻域内任意的 x，都有 $f(x) > f(3)$ 恒成立.

对于以上这类特殊性质的点，在理论上和实际应用中都有重要的意义，值得深入探讨.

定义　设函数 $f(x)$ 在点 x_0 的某邻域 $U(x_0)$ 内有定义，如果对于去心邻域 $\overset{\circ}{U}(x_0)$ 中的任意点 x，有 $f(x) < f(x_0)$（或 $f(x) > f(x_0)$），就称 $f(x_0)$ 是 $f(x)$ 的一个**极大值**（或极小值），并且称点 x_0 是 $f(x)$ 的**极大值点**（极小值点）.

以 3.4 节例 4 为例，$f(1)$ 是函数 $y = x^3 - 6x^2 + 9x + 18$ 的极大值，$x = 1$ 是函数的极大值点；$f(3)$ 是函数 $y = x^3 - 6x^2 + 9x + 18$ 的极小值，$x = 3$ 是函数的极小值点.

一般地,极大的值与极小值统称为**极值**,使函数取得极值的点称为**极值点**.此外,值得注意的是:极大值、极小值是**局部性**的概念.函数在定义域内可能有多个极值,其中的极大值可能小于极小值,极小值也可能大于极大值;此外,函数在 x_0 的函数值 $f(x_0)$ 为极大值时,它在整个定义域内未必是最大值.如图3.10所示,函数 $f(x)$ 在 x_2,x_5 为极大值,在 x_1,x_4,x_6 为极小值;极大值 $f(x_2)$ 小于极小值 $f(x_6)$;极大值 $f(x_2)$、$f(x_5)$ 都不是最大值,它们小于 $f(b)$.

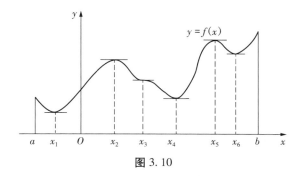

图 3.10

从图3.10还可以发现,函数在极值位置的切线都是水平的,但是反过来不一定成立.例如,函数在 x_3 处的切线是水平的,但是由定义可知,它不是极值点.

结合 3.1 节费马引理,首先给出可导函数取得极值的**必要条件**:

定理 1 设函数 $f(x)$ 在点 x_0 处可导,且在 x_0 处取得极值,那么 $f'(x_0) = 0$.

证明 设 $f(x_0)$ 为极大值(极小值情形可类似证明),则存在 x_0 的某个邻域 $\overset{\circ}{U}(x_0,\delta)$,使得对邻域内任意 $x \in \overset{\circ}{U}(x_0,\delta)$ 有 $f(x) < f(x_0)$ 成立,故

$$f'_-(x_0) = \lim_{x \to x_0^-} \frac{f(x) - f(x_0)}{x - x_0} \geq 0,$$

$$f'_+(x_0) = \lim_{x \to x_0^+} \frac{f(x) - f(x_0)}{x - x_0} \leq 0,$$

而 $f'(x_0)$ 存在,从而 $f'(x_0) = 0$.

定理1说明,可导函数的极值点必定是它的驻点,但函数的驻点却不一定是极值点.例如,函数 $y = x^3$ 的导数 $y' = 3x^2$,那么 $x = 0$ 是函数的驻点,但它不是极值点.换句话说,函数的驻点只是可能为极值点.此外,函数的导数不存在点处也可能取得极值.例如,函数 $y = |x|$ 在 $x = 0$ 处不可导,但它在该点取极小值.

综上所述，函数的极值只可能在驻点或者导数不存在的点取得. 那么，如何来判定所得的驻点或导数不存在的点是否取得极值呢？如果是，则如何判定它的极大值、极小值类型呢？下面给出两个判定极值的充分条件.

定理2（函数取得极值的第一充分条件） 设函数 $f(x)$ 在点 x_0 处连续，且在 x_0 的某一个邻域内可导，若在点 x_0 附近时，有

（1）当 $x < x_0$ 时，$f'(x) > 0$；当 $x > x_0$ 时，$f'(x) < 0$，则 $f(x)$ 在 x_0 处取得极大值.

（2）当 $x < x_0$ 时，$f'(x) < 0$；当 $x > x_0$ 时，$f'(x) > 0$，则 $f(x)$ 在 x_0 处取得极小值.

（3）当 $x < x_0$ 及 $x > x_0$ 时，都有 $f'(x) > 0$ 或 $f'(x) < 0$，则 $f(x)$ 在 x_0 处没有极值.

证明 （1）函数 $f(x)$ 在点 x_0 附近时，当 $x < x_0$ 时，有 $f'(x) > 0$，那么根据单调性的判定法有：$f(x)$ 在 x_0 的左邻域内单调增加，即 $f(x) < f(x_0)$；当 $x > x_0$ 时，有 $f'(x) < 0$，那么根据单调性的判定法有：$f(x)$ 在 x_0 的右邻域内单调减小，即 $f(x_0) > f(x)$. 所以，$f(x_0)$ 是函数 $f(x)$ 的一个极大值.

类似可证明（2）和（3）.

根据定理1和定理2，得到求函数 $f(x)$ 极值的一般步骤如下：

步骤1：判断函数 $f(x)$ 的定义域，并求其一阶导数 $f'(x)$；

步骤2：求函数 $f(x)$ 的全部驻点和导数不存在的点；

步骤3：讨论 $f'(x)$ 在各驻点或导数不存在的点左右邻近的符号，以确定该点是否为极值点；若是极值点，进一步判定是极大值点还是极小值点.

步骤4：求出各极值点的函数值，从而得到函数的全部极值.

例1 求函数 $f(x) = x^3 - 6x^2 + 9x + 18$ 的极值.

解 （1）该函数的定义域为 $(-\infty, +\infty)$，即 **R**. 这个函数的导数为
$$f'(x) = 3x^2 - 12x + 9 = 3(x-1)(x-3).$$

（2）令 $f'(x) = 0$，可得 $x_1 = 1, x_2 = 3$.

（3）讨论如下：

x	$(-\infty, 1)$	1	$(1,3)$	3	$(3, +\infty)$
y'	+	0	−	0	+
y	↗	极大值 22	↘	极小值 18	↗

（4）由此可知，极大值为 $f(1) = 22$，极小值 $f(3) = 18$.

例 2　求函数 $f(x) = (x - 4)\sqrt[3]{(x + 1)^2}$ 的极值.

解　（1）函数 $f(x)$ 在 $(-\infty, +\infty)$ 内连续，除 $x = -1$ 外处处可导，且

$$f'(x) = \frac{5(x - 1)}{3\sqrt[3]{x + 1}}.$$

（2）令 $f'(x) = 0$ 得驻点 $x = 1$，$x = -1$ 为其不可导点.

（3）讨论如下：

x	$(-\infty, -1)$	-1	$(-1,1)$	1	$(1, +\infty)$
$f'(x)$	+	不存在	−	0	+
$f(x)$	↗	极大值	↘	极小值	↗

（4）由此可知，极大值为 $f(-1) = 0$，极小值 $f(1) = -3\sqrt[3]{4}$.

值得注意的是，定理 2，即函数取得极值的第一充分条件，既适用于函数 $f(x)$ 在点 x_0 处可导，也适用于在点 x_0 处不可导.如果函数 $f(x)$ 在驻点处的二阶导数存在且不为零时，也可以利用下面的定理来判定函数在驻点处的极值.

定理 3（函数取得极值的第二充分条件）　设 $f(x)$ 在点 x_0 处具有二阶导数，且 $f'(x_0) = 0$，$f''(x_0) \neq 0$，那么

（1）当 $f''(x_0) < 0$ 时，$f(x)$ 在 x_0 处取极大值；

（2）当 $f''(x_0) > 0$ 时，$f(x)$ 在 x_0 处取极小值.

证明　（1）若 $f''(x_0) < 0$，则有

$$f''(x_0) = \lim_{x \to x_0} \frac{f'(x) - f'(x_0)}{x - x_0} < 0,$$

根据函数极限的局部保号性：$\exists \overset{\circ}{U}(x_0, \delta_1)$，使

$$\frac{f'(x) - f'(x_0)}{x - x_0} < 0,$$

又因为 $f'(x_0) = 0$，

所以　　　　　　　　　　$\dfrac{f'(x)}{x - x_0} < 0.$

从而，对 $x \in \overset{\circ}{U}(x_0, \delta_1)$，当 $x < x_0$ 时，有 $f'(x) > 0$；当 $x > x_0$ 时，有 $f'(x) <$

0. 因此,由定理 2 可知,$f(x)$ 在 x_0 点取得极大值.

类似可证情形(2).

值得注意的是,定理 3 的前提条件是 $f'(x_0)=0$, $f''(x_0)\neq 0$.如果 $f'(x_0)=0$ 且 $f''(x_0)=0$,则不能用定理 3 来判断.实际上,此时的函数 $f(x)$ 在 x_0 处既可能有极大值,也可能有极小值,还可能没有极值.例如,$f(x)=-x^2$, $g(x)=x^2$, $h(x)=x^3$ 在 $x=0$ 处满足一阶导数、二阶导数等于零,但是分别对应极大值、极小值和没有极值三种情况.因此,针对函数在驻点处二阶导数为零的情况,采用一阶导数在驻点左右邻近的符号来判别,即定理 2.

根据以上分析,可得采用定理 3 求函数 $f(x)$ 极值的一般步骤如下:

步骤 1:判断函数 $f(x)$ 的定义域,并求其导数 $f'(x)$、$f''(x)$.

步骤 2:求函数 $f(x)$ 的全部驻点和导数不存在的点.

步骤 3:采用定理 2 判定导数不存在的点;判定全部驻点处的二阶导数 $f''(x)$ 符号,以确定极大值、极小值.若此时二阶导数为零,则采用定理 2 判定.

步骤 4:求出各极值点的函数值,从而得到函数的全部极值.

例 3 求函数 $f(x)=(x^2-1)^3+1$ 的极值.

解 (1) 函数 $f(x)$ 的定义域为 $(-\infty,+\infty)$,则其一阶导数和二阶导数分别为

$$f'(x)=6x(x^2-1)^2,$$
$$f''(x)=6(x^2-1)(5x^2-1).$$

(2) 令 $f'(x)=0$,得驻点 $x_1=-1$, $x_2=0$, $x_3=1$.

(3) 因 $f''(-1)=0$,故不能采用定理 3 判别.但当 $x<-1$(取附近值时),有 $f'(x)<0$;当 $x>-1$(取附近值时),有 $f'(x)<0$.由定理 2 可知,故 $x=-1$ 不是极值点.同理可判定 $x=1$ 不是极值点.

因 $f''(0)=6>0$,由定理 3 可知,函数 $f(x)$ 在 $x=0$ 处取得极小值,极小值为 $f(0)=0$.

(4) 综上所述,函数 $f(x)$ 只有极小值 $f(0)=0$,如图 3.11 所示.

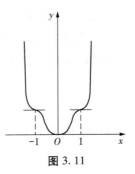

图 3.11

3.5.2 最大值、最小值问题

在实际应用中,常常会遇到求最大值和最小值的问题,例如用料最省、容量最大、花钱最少、效率最高、利润最大等.此类问题在数学上往往可归结为求某一

函数(通常称为目标函数)的最大值或最小值问题.

由1.9节的最大值与最小值定理可知,闭区间$[a,b]$上的连续函数$f(x)$必存在最大值和最小值.显然,最大值和最小值只可能在闭区间$[a,b]$的端点或者开区间(a,b)内部的极值点取得.而又由前一小节内容可知,极值点值可能在驻点或导数不存在的点处取得.求函数最大值和最小值的一般步骤如下:

步骤1:求函数$f(x)$的导数,并在开区间(a,b)上找出所有的驻点和函数导数不存在的点.

步骤2:求驻点、导数不存在的点以及区间端点的函数值.

步骤3:比较上述各点的函数值大小,其中最大的就是函数$f(x)$在闭区间$[a,b]$上的最大值,最小的就是函数$f(x)$在闭区间$[a,b]$上的最小值.

特别的,单调函数$f(x)$的最值必在区间端点处达到.

例4　求函数$f(x)=|x^2-3x+2|$在$[-3,4]$上的最大值、最小值.

解　$(1)f(x)=\begin{cases}x^2-3x+2, & x\in[-3,1]\cup[2,4]\\ -x^2+3x-2, & x\in(1,2),\end{cases}$ 则其导数为

$$f'(x)=\begin{cases}2x-3, & x\in(-3,1)\cup(2,4),\\ -2x+3, & x\in(1,2).\end{cases}$$

在区间$(-3,4)$内,驻点为$x=\dfrac{3}{2}$,导数不存在点为$x=1,2$.

$(2)f(1)=0,f\left(\dfrac{3}{2}\right)=\dfrac{1}{4},f(2)=0,f(-3)=20,f(4)=6.$

(3) 最大值为$f(-3)=20$,最小值为$f(1)=f(2)=0$.

例5　求函数$f(x)=x^3+3x^2-9x-1$在闭区间$[-4,0]$上的最大值、最小值.

解　(1) 函数$f(x)=x^3+3x^2-9x-1$的导数为

$$f'(x)=3x^2+6x-9=3(x+3)(x-1).$$

令$f'(x)=0$,得驻点$x_1=-3,x_2=1$(舍去).在闭区间$[-4,0]$内没有导数不存在的点.

(2) $f(-3)=26,f(-4)=19,f(0)=-1.$

(3) 最大值为$f(-3)=26$,最小值为$f(0)=-1$.

由例5还可发现,函数在区间$[-4,0]$内只有一个驻点$x=-3$.由定理3易知$f''(-3)=-12<0$,即$x=-3$为极大值点,而最终也是最大值点.对于这类特

殊情况,我们有以下结论:

一般地,函数 $f(x)$ 在某区间内(有限或无限区间、开或闭区间)可导且只有一个驻点 x_0,并且驻点 x_0 是函数 $f(x)$ 的极值点,那么此时的极值就为最值.若 $f(x_0)$ 是极大值,则 $f(x_0)$ 是函数 $f(x)$ 在该区间上的最大值;若 $f(x_0)$ 是极小值,则 $f(x_0)$ 是函数 $f(x)$ 在该区间上的最小值.这一点在实际问题中尤为突出.

例 6 铁路线上 AB 段的距离为 100 km,工厂 C 距 A 处为 20 km,$AC \perp AB$.为运输需要,要在 AB 段上选定一点 D 向工厂修筑一条公路.已知铁路运费与公路运费之比为 $3:5$,为使货物从供应站 B 运到工厂 C 的运费最省,问 D 点应选在何处?

解 设 $AD = x$,则 $DB = 100 - x$,单位铁路运费为 $3k$,单位公路运费为 $5k$.此时的总运费 y 可表示为:

$$y = 3k \cdot (100 - x) + 5k \sqrt{20^2 + x^2} \ (0 \le x \le 100),$$

其导数为

$$y' = -3k + \frac{5kx}{\sqrt{400 + x^2}}.$$

令 $y' = 0$,有

$$x = 15.$$

比较 $y \mid_{x=15} = 380k$, $y \mid_{x=0} = 400k$, $y \mid_{x=100} = 500k \sqrt{1 + \frac{1}{5^2}}$.

所以,当 $AD = 15$ km 时,总费用最省.

一般地,在实际问题中,由问题性质可断定可导函数 $f(x)$ 一定有最大(小)值,并且一定在区间内取得.特别地,若此时函数 $f(x)$ 在区间内有唯一驻点 x_0,那么可以断定 $f(x_0)$ 就是最大(小)值点,而不必讨论 $f(x_0)$ 是否为极值.

例 7 把一根直径为 d 的圆木锯成截面为矩形的梁,问矩形截面的高 h 和宽 b 应如何选择才能使梁的抗弯截面模量最大?

解 矩形梁的抗弯截面模量为(应为已知)

$$W = \frac{1}{6} bh^2,$$

故

$$W = \frac{1}{6} b(d^2 - b^2) = \frac{1}{6} d^2 b - \frac{1}{6} b^3.$$

又因为

$$W' = \frac{1}{6} d^2 - \frac{1}{2} b^2,$$

当 $W' = 0$,得唯一驻点

$$b = \sqrt{\frac{1}{3}} \cdot d.$$

因为当 $b \in (0, d)$ 时,梁的最大抗弯截面模量一定存在,所以当 $b = \sqrt{\frac{1}{3}} \cdot d$ 时,W 的值最大,此时

$$h = \sqrt{d^2 - b^2} = \sqrt{\frac{2}{3}} \cdot d.$$

即 $\qquad\qquad d : h : b = \sqrt{3} : \sqrt{2} : 1.$

例8 假设某工厂生产某产品 x 千件的成本是 $C(x) = x^3 - 6x^2 + 15x$,售出 x 千件该产品的收入是 $R(x) = 9x$,问是否存在一个能取得最大利润的生产水平?如果存在的话,找出这个生产水平.

解 售出 x 千件产品的利润为:

$$p(x) = R(x) - C(x) = -x^3 + 6x^2 - 6x,$$
$$p'(x) = -3x^2 + 12x - 6 = -3(x^2 - 4x + 2).$$

令 $p'(x) = 0$,得 $x = \dfrac{4 \pm \sqrt{8}}{2} = 2 \pm \sqrt{2}$,即

$$x_1 = 2 - \sqrt{2} \approx 0.586, x_2 = 2 + \sqrt{2} \approx 3.414.$$

又 $p''(x) = -6x + 12$,有 $p''(x_1) > 0, p''(x_2) < 0$.

故在 $x_2 = 3.414$ 千件处达到最大利润,而在 $x_1 = 0.586$ 千件处发生局部最大亏损.

在经济学中,$C'(x)$ 称为边际成本,$R'(x)$ 称为边际收入,$p'(x)$ 称为边际利润.

习题 3-5

基础题

1.求下列函数的极值:

$(1) y = x^3 - 3x^2 + 1.$ $\qquad\qquad (2) y = x + \sqrt{1 - x}.$

$(3) y = x - \ln(1 + x).$ $\qquad\qquad (4) y = -x^5 + 5x^3.$

2.设 $\lim\limits_{x \to a} \dfrac{f(x) - f(a)}{(x - a)^2} = -1$，则在点 a 处（　　）.

A. $f(x)$ 的导数存在，且 $f'(a) \neq 0$ 　　　　B. $f(x)$ 取得极大值

C. $f(x)$ 取得极小值 　　　　　　　　　　D. $f(x)$ 的导数不存在

3.设 $f(x)$ 在 $x = 0$ 的某邻域内连续，且 $f(0) = 0$，$\lim\limits_{x \to 0} \dfrac{f(x)}{1 - \cos x} = 2$，则在点 $x = 0$ 处，$f(x)$（　　）.

A. 不可导 　　　　　　　　　　　　　　B. 可导，且 $f'(0) \neq 0$

C. 取得极大值 　　　　　　　　　　　　D. 取得极小值.

4.求下列问题的最大值、最小值：

(1) $y = 2x^3 - 3x^2, x \in [-1, 4]$. 　　　　(2) $y = x^3 - 3x^2 + 2, x \in [-1, 3]$.

(3) $y = x + \sqrt{1 - x}, x \in [-5, 1]$.

提高题

1.求下列函数的极值：

(1) $y = \dfrac{2 + 3x}{\sqrt{4 + 5x^2}}$. 　　　　　　(2) $y = x^{\frac{1}{x}}$.

(3) $y = x - \tan x$. 　　　　　　　　(4) $y = \mathrm{e}^x \cos x$.

2.利用二阶导数，判断下列函数的极值：

(1) $y = 2x - \ln(4x)^2$. 　　　　　　(2) $y = 2 - (x - 2)^2$.

(3) $y = \dfrac{1}{3}x^3 - \dfrac{1}{2}x^2 - 2x + 1$.

3.已知函数 $f(x) = \mathrm{e}^{-x} \ln ax$ 在 $x = \dfrac{1}{3}$ 处有极值，求 a 的值.

4.问函数 $y = 2x^3 - 3x^2 - 36x - 7, (-4 \leqslant x \leqslant 4)$ 在何处取得最大值、最小值？并求出相应的最大值、最小值.

5.问函数 $y = x^2 - \dfrac{54}{x}(x < 0)$ 在何处取得最小值？

6.由直线 $y = 0, x = 8$ 及抛物线 $y = x^2$ 围成一个曲边三角形，在曲边 $y = x^2$ 上求一点，使曲线在该点处的切线与直线 $y = 0$ 及 $x = 8$ 所围成的三角形面积最大.

§3.6 函数图形的描绘

函数图形是函数的直观表示.结合函数一阶导数的符号,可以确定函数图形的上升区间、下降区间,以及极值点位置;结合函数二阶导数的符号,可以确定函数图形的凹区间、凸区间,以及拐点位置.那么,结合所有的这些信息,我们就可以比较清楚地掌握函数的性态,同时可以比较准确地作出函数的图形了.

3.6.1 曲线的渐近线

首先,看下面的例子:

（1）当 $x \to +\infty$ 时,曲线 $y = 1 + \dfrac{1}{x}$ 无限接近于直线 $y = 1$.因此,直线 $y = 1$ 是曲线的一条渐近线,如图 3.12 所示.

（2）当 $y \to -\infty$ 时,曲线 $y = \ln(x - 1)$ 无限接近于直线 $x = 1$;反过来,当 $x \to 1^+$ 时,曲线 $y = \ln(x - 1)$ 无限接近于直线 $x = 1$.因此,直线 $x = 1$ 是曲线的一条渐近线,如图 3.13 所示.

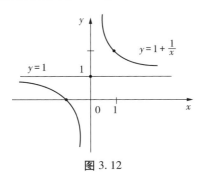

图 3.12

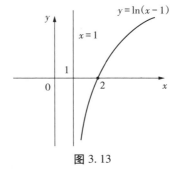

图 3.13

定义 当曲线上动点沿曲线无限远离原点时,如果动点到某一条定直线的距离趋于零,那么称此直线为该曲线的一条**渐近线**.

一般地,当自变量 $x \to \infty$（或 $x \to -\infty$、$x \to +\infty$）时,函数 $f(x)$ 的极限为 a,即

$$\lim_{x \to +\infty} f(x) = a,$$

则称直线 $y = a$ 为曲线 $y = f(x)$ 的**水平渐近线**.

当自变量 $x \to x_0$（或 $x \to x_0^+$、$x \to x_0^-$）时，函数 $f(x)$ 的极限为 ∞，即

$$\lim_{x \to x_0} f(x) = \infty,$$

则称直线 $x = x_0$ 为曲线 $y = f(x)$ 的**铅直渐近线**.一般地，$x = x_0$ 为函数 $f(x)$ 的间断点.

当自变量 $x \to -\infty$ 或 $x \to +\infty$ 时，函数 $f(x)$ 无限接近于一条固定的直线 $y = ax + b$，即

$$\lim_{\substack{x \to +\infty \\ (x \to -\infty)}} \frac{f(x)}{x} = a, \quad \lim_{\substack{x \to +\infty \\ (x \to -\infty)}} \left[f(x) - ax \right] = b,$$

则称直线 $y = ax + b$ 为曲线 $y = f(x)$ 的**斜渐近线**.

例 1　求曲线 $y = \dfrac{1}{x-1} + 2$ 的渐近线.

解　因为

$$\lim_{x \to \infty} \left(\frac{1}{x-1} + 2 \right) = 2,$$

所以，$y = 2$ 为曲线的水平渐近线.

又因为

$$\lim_{x \to 1} \left(\frac{1}{x-1} + 2 \right) = \infty,$$

所以，$x = 1$ 为曲线的铅直渐近线.

例 2　求曲线 $y = \dfrac{x^3}{x^2 + 2x - 3}$ 的渐近线.

解　因为对函数 $y = \dfrac{x^3}{(x+3)(x-1)}$ 有

$$\lim_{x \to -3} y = \infty, \quad \lim_{x \to 1} y = \infty,$$

所以，$x = -3$ 及 $x = 1$ 为曲线的铅直渐近线.

又因为

$$k = \lim_{x \to \infty} \frac{f(x)}{x} = \lim_{x \to \infty} \frac{x^2}{x^2 + 2x - 3} = 1,$$

$$b = \lim_{x \to \infty} \left[f(x) - x \right] = \lim_{x \to \infty} \frac{-2x^2 + 3x}{x^2 + 2x - 3} = -2,$$

所以，$y = x - 2$ 为曲线的斜渐近线.

3.6.2 函数图形的描绘

以前我们大多采用描点法作图,就是首先选取自变量 x 的有限个值 x_1, $x_2, \cdots, x_n$,再求出对应的函数值 $y_1 = f(x_1), y_2 = f(x_2), \cdots, y_n = f(x_n)$,然后在直角坐标平面上描出这些点 $(x_1, y_1), (x_2, y_2), \cdots, (x_n, y_n)$,最后用一条光滑的曲线把这些点连接起来,那么得到的图形就是函数 $y = f(x)$ 的图形.这种方法选取的点是随机的,在选取的数量上也不可能很多,所以得到的图形往往不能反映函数的极值点、驻点和拐点等关键点,以及函数的单调性、曲线的凹凸性等重要性态.所以,在学习了导数与函数、曲线的关系后,可以给出利用导数描绘函数图形的一般步骤:

步骤 1:确定函数 $y = f(x)$ 的定义域以及函数具有的某些特性(如奇偶性、周期性等),并求出一阶导数 $f'(x)$ 和二阶导数 $f''(x)$.

步骤 2:令 $f'(x) = 0$ 及 $f''(x) = 0$,解得它们在函数定义域内的全部实根,并求出所有使得 $f'(x)$ 和 $f''(x)$ 不存在的点;再根据这些点将定义域划分成几个区间.

步骤 3:列表讨论这些部分区间内 $f'(x)$ 和 $f''(x)$ 符号,从而确定函数图形的单调性和凹凸性、极值点和拐点.

步骤 4:确定函数图形的水平、铅直和斜渐近线.

步骤 5:结合极值点、拐点以及一些辅助点(如曲线与坐标轴交点等),结合步骤 3 和步骤 4 的结果,把它们连成光滑的曲线,从而得到函数 $y = f(x)$ 的图形.

例 3 画出函数 $y = x^3 - x^2 - x + 1$ 的图形.

解 (1)函数 $y = f(x)$ 的定义域为 $(-\infty, +\infty)$,

$$y' = 3x^2 - 2x - 1 = (3x + 1)(x - 1),$$
$$y'' = 6x - 2 = 2(3x - 1).$$

(2)令 $f'(x) = 0$,得驻点 $x_1 = -\dfrac{1}{3}, x_2 = 1$;又令 $f''(x) = 0$,得 $x_3 = \dfrac{1}{3}$.那么,这 3 个点依次将定义域 $(-\infty, +\infty)$ 划分成以下 4 个区间:

$$\left(-\infty, -\frac{1}{3}\right], \left[-\frac{1}{3}, \frac{1}{3}\right], \left[\frac{1}{3}, 1\right], \left[1, +\infty\right).$$

(3)列表讨论:

x	$\left(-\infty,-\dfrac{1}{3}\right)$	$-\dfrac{1}{3}$	$\left(-\dfrac{1}{3},\dfrac{1}{3}\right)$	$\dfrac{1}{3}$	$\left(\dfrac{1}{3},1\right)$	1	$(1,+\infty)$
$f'(x)$	+	0	−	−	−	0	+
$f''(x)$	−	−	−	0	+	+	+
$y=f(x)$ 的图形	凸、↗	极大	凸、↘	拐点	凹、↘	极小	凹、↗

（4）当 $x\to-\infty$ 时，$y\to-\infty$；当 $x\to+\infty$ 时，$y\to+\infty$，即该曲线无渐近线.

（5）计算 $x_1=-\dfrac{1}{3}$，$x_2=1$ 和 $x_3=\dfrac{1}{3}$ 处的函数值：

$$f\left(-\frac{1}{3}\right)=\frac{32}{27},\ f\left(\frac{1}{3}\right)=\frac{16}{27},\ f(1)=0;$$

可得函数 $y=x^3-x^2-x+1$ 图形上的三个特殊点：

$$A\left(-\frac{1}{3},\frac{32}{27}\right)\ \ B\left(\frac{1}{3},\frac{16}{27}\right)\ \ C(1,0).$$

可适当补充一些辅助点，如：$D(0,1)$，$E(-1,0)$，$F\left(\dfrac{3}{2},\dfrac{5}{8}\right)$ 等，就可以描绘函数

$$y=x^3-x^2-x+1$$

的图形，如图 3.14 所示.

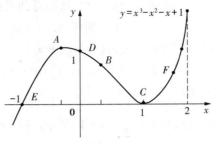

图 3.14

例 4　描绘高斯曲线 $y=\dfrac{1}{\sqrt{2\pi}}e^{-\frac{x^2}{2}}$ 的图形.

解　（1）函数 $y=\dfrac{1}{\sqrt{2\pi}}e^{-\frac{x^2}{2}}$ 的定义域为 $(-\infty,+\infty)$，易知 y 是偶函数.因此

只需讨论 $[0,+\infty)$ 上该函数的图形.计算该函数的一阶导数和二阶导数有：

$$y' = \frac{1}{\sqrt{2\pi}} e^{-\frac{x^2}{2}} \cdot (-x),$$

$$y'' = -\frac{1}{\sqrt{2\pi}} e^{-\frac{x^2}{2}} - \frac{x}{\sqrt{2\pi}} e^{-\frac{x^2}{2}} \cdot (-x) = e^{-\frac{x^2}{2}} \cdot \frac{1}{\sqrt{2\pi}}(x^2 - 1).$$

（2）令 $y' = 0$，得 $x_1 = 0$；令 $y'' = 0$，得 $x_2 = 1$ 和 $x_3 = -1$.结合前面的偶函数判定，只需考虑两个点 $x_1 = 0, x_2 = 1$，依次将 $[0,+\infty)$ 划分成以下 2 个区间：

$$[0,1], [1,+\infty).$$

（3）列表讨论：

x	0	$(0,1)$	1	$(1,+\infty)$
y'	0	–	–	–
y''	–	–	0	+
$y = f(x)$ 的图形	极 大	凸、↘	拐 点	凹、↘

（4）因 $\lim\limits_{x \to \infty} \frac{1}{\sqrt{2\pi}} e^{-\frac{x^2}{2}} = 0$，故 $y = 0$ 是该图形的水平渐近线.

（5）计算 $x_1 = 0$ 和 $x_2 = 1$ 处的函数值：

$$f(0) = \frac{1}{\sqrt{2\pi}}, f(1) = \frac{1}{\sqrt{2\pi e}},$$

得到函数 $y = \frac{1}{\sqrt{2\pi}} e^{-\frac{x^2}{2}}$ 图形上的两个点 $A\left(0, \frac{1}{\sqrt{2\pi}}\right), B\left(1, \frac{1}{\sqrt{2\pi e}}\right)$. 又由 $f(2) = \frac{1}{\sqrt{2\pi e^2}}$，得到辅助点 $C\left(2, \frac{1}{\sqrt{2\pi e^2}}\right)$.结合步骤（3）、步骤（4）的讨论，描绘出函数 $y = \frac{1}{\sqrt{2\pi}} e^{-\frac{x^2}{2}}$ 在 $[0,+\infty)$ 上的图形.最后,利用图形的对称性,便得到函数在 $(-\infty,0]$ 的图形,如图 3.15 所示.

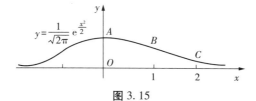

图 3.15

例 5　画出函数 $y = 1 + \dfrac{36x}{(x+3)^2}$ 的图形.

解　（1）函数 $y = 1 + \dfrac{36x}{(x+3)^2}$ 的定义域为 $(-\infty, -3) \cup (-3, +\infty)$，计算该函数的一阶导数和二阶导数有：

$$f'(x) = \frac{36(3-x)}{(x+3)^3}, \quad f''(x) = \frac{72(x-6)}{(x+3)^4}.$$

（2）令 $f'(x) = 0$，得 $x_1 = 3$；令 $f''(x) = 0$，得 $x_2 = 6$. 这 2 个点依次将定义域 $(-\infty, -3) \cup (-3, +\infty)$ 划分成以下 4 个区间：

$$(-\infty, -3), (-3, 3], [3, 6], [6, +\infty).$$

（3）列表讨论：

x	$(-\infty, -3)$	$(-3, 3)$	3	$(3, 6)$	6	$(6, +\infty)$
$f'(x)$	$-$	$+$	0	$-$	$-$	$-$
$f''(x)$	$-$	$-$	$-$	$-$	0	$+$
$y = f(x)$ 的图形	凸、↘	凸、↗	极大	凸、↘	拐点	凹、↘

（4）因为 $\lim\limits_{x \to -3} y = -\infty$，$\lim\limits_{x \to \infty} y = 1$，故函数的图形有一条水平渐近线：$y = 1$ 和一条铅垂渐近线：$x = -3$.

（5）计算 $x_1 = 3$ 和 $x_2 = 6$ 处的函数值：

$$f(3) = 4, \quad f(6) = \frac{11}{3},$$

得函数 $y = 1 + \dfrac{36x}{(x+3)^2}$ 图形上的两个点 $A(3, 4)$，$B\left(6, \dfrac{11}{3}\right)$. 又由于

$$f(0) = 1, \quad f(-1) = 8, \quad f(-9) = 8, \quad f(-15) = -\frac{11}{4}$$

得图形上的 4 个辅助点：

$$C(0, 1), \quad D(-1, -8), \quad E(-9, -8), \quad F\left(-13, -\frac{13}{3}\right).$$

结合步骤（3）、步骤（4）的讨论，描绘出函数 $y = 1 + \dfrac{36x}{(x+3)^2}$ 在 $(-\infty, -3) \cup (-3, +\infty)$ 上的图形，如图 3.16 所示.

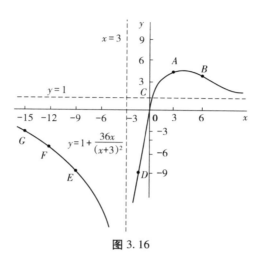

$$y = 1 + \frac{36x}{(x+3)^2}$$

图 3.16

习题 3-6

基础题

1.求下列曲线的渐近线：

（1）$y = \dfrac{1}{x^2 - 1}$.

（2）$y = 1 + \dfrac{x}{x + 1}$.

（3）$y = \mathrm{e}^{-2x}$.

（4）$y = x^2 + \dfrac{2}{x}$.

2.作出下列函数的图形：

（1）$y = -x^2 + 3x + 2$.

（2）$y = x^4 - 2x^2 + 1$.

3.曲线 $y = \dfrac{1 + \mathrm{e}^{-x^2}}{1 - \mathrm{e}^{-x^2}}$（　　）.

A.没有渐近线

B.仅有水平渐近线

C.仅有铅直渐近线

D.既有水平渐近线又有铅直渐近线

提高题

1.求曲线 $f(x) = \dfrac{2(x - 2)(x + 3)}{x - 1}$ 的渐近线.

2.作出下列函数的图形：

$(1) y = \dfrac{x}{1 + x^2}$

$(2) y = \mathrm{e}^{-(x-1)^2}$

$(3) y = \ln(x^2 + 1)$

$(4) y = \dfrac{\cos x}{\cos 2x}$

§3.7 曲 率

在生产实践、工程技术等实际问题中，常常需要研究曲线的弯曲程度.例如，设计铁路、高速公路的弯道时，就需要根据最高限速来确定弯道的弯曲程度，如果弯曲程度不合适，那么很可能造成火车出轨等事故.在数学上常常用曲率表示曲线的弯曲程度，本节主要介绍曲率的相关概念及计算公式.

3.7.1 弧微分

作为曲率的预备知识，首先介绍弧微分的概念.

（1）如图 3.17 所示，设函数 $f(x)$ 在区间 (a, b) 内具有连续导数.在曲线 $y = f(x)$ 上取定点 $M_0(x_0, y_0)$ 作为度量弧长的起点，并规定沿 x 增大的方向作为曲线的正向.对曲线上任意一点 $M(x, y)$，规定有向弧段 $\overparen{M_0M}$ 的值 s（简称为弧 s）：$|s| = \overparen{M_0M}$ 的长度.若 s 的方向与曲线的正向一致时，则 $s > 0$；相反时，则 $s < 0$.

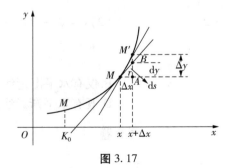

图 3.17

显然,弧长 $s = \overparen{M_0M}$ 是由 $M(x, y)$ 的位置唯一确定,而 $M(x, y)$ 由 x 唯一确定.所以,s 是 x 的函数,不妨记为:$s = s(x)$,那么 $s(x)$ 是 x 的单调增加函数.

（2）下面结合几何关系来求 $s = s(x)$ 的导数 $\dfrac{\mathrm{d}s}{\mathrm{d}x}$ 及微分 $\mathrm{d}s$.

假设在曲线 $y = f(x)$ 上点 $M(x, y)$ 的邻近任取一点 $M'(x + \Delta x, y + \Delta y)$,其中,$\Delta y = f(x + \Delta x) - f(x)$.不妨记 x 的增量为 Δx,弧长 s 的增量为 Δs,其中 $\Delta s = \overparen{MM'} = \overparen{M_0M'} - \overparen{M_0M}$.结合几何与极限的思想,易知当 $M' \to M$ 时,弧长 $|\overparen{MM'}|$ 与弦长 $|\overline{MM'}|$ 趋于一致,即有如下关系:

$$\lim_{M' \to M} \frac{|\overparen{MM'}|}{|\overline{MM'}|} = 1,$$

从而有

$$\left(\frac{\Delta s}{\Delta x}\right)^2 = \left(\frac{\overparen{MM'}}{\Delta x}\right)^2 = \left(\frac{\overparen{MM'}}{|\overline{MM'}|}\right)^2 \cdot \frac{|\overline{MM'}|^2}{(\Delta x)^2}$$

$$= \left(\frac{\overparen{MM'}}{|\overline{MM'}|}\right)^2 \cdot \frac{(\Delta x)^2 + (\Delta y)^2}{(\Delta x)^2}$$

$$= \left(\frac{\overparen{MM'}}{|\overline{MM'}|}\right)^2 \cdot \left[1 + \frac{(\Delta y)^2}{(\Delta x)^2}\right].$$

上式等号左右两端开平方可得

$$\frac{\Delta s}{\Delta x} = \pm \frac{|\overparen{MM'}|}{|\overline{MM'}|} \cdot \sqrt{1 + \frac{(\Delta y)^2}{(\Delta x)^2}}.$$

令 $\Delta x \to 0$ 取极限,有

$$\lim_{\Delta x \to 0} \frac{\Delta s}{\Delta x} = \pm \lim_{\Delta x \to 0} \frac{|\overparen{MM'}|}{|\overline{MM'}|} \sqrt{1 + \frac{(\Delta y)^2}{(\Delta x)^2}},$$

又因为

$$\lim_{\Delta x \to 0} \frac{\Delta s}{\Delta x} = \frac{\mathrm{d}s}{\mathrm{d}x},$$

$$\lim_{\Delta x \to 0} \frac{|\overparen{MM'}|}{|\overline{MM'}|} = \lim_{M' \to M} \frac{|\overparen{MM'}|}{|\overline{MM'}|} = 1,$$

$$\lim_{\Delta x \to 0} \frac{(\Delta y)^2}{(\Delta x)^2} = \left(\frac{dy}{dx}\right)^2,$$

所以上式变为
$$\frac{ds}{dx} = \pm\sqrt{1 + y'^2}.$$

由于 $s(x)$ 是 x 的单调增加函数，所以此时只取正号，即
$$\frac{ds}{dx} = \sqrt{1 + y'^2},$$

或者
$$ds = \sqrt{1 + y'^2}\,dx,$$

这就是**弧微分公式**.

若将弧微分公式左右两端平方，有
$$(ds)^2 = (dx)^2 + (dy)^2.$$

它的几何意义是：弧微分 ds 是以三角形直角邻边长为 dx，dy 的斜边长，即图 3.17 中 $Rt\triangle ABM$ 的斜边 BM 的长. $Rt\triangle ABM$ 也称为曲线在 M 点的微分三角形.

例 1　求正弦、余弦函数的弧微分.

解　由弧微分公式，

（1）对正弦函数 $y = \sin x$，有
$$ds = \sqrt{1 + (y')^2}\,dx = \sqrt{1 + \cos^2 x}\,dx;$$

（2）对余弦函数 $y = \cos x$，有
$$ds = \sqrt{1 + (y')^2}\,dx = \sqrt{1 + (-\sin x)^2}\,dx = \sqrt{1 + \sin^2 x}\,dx.$$

例 2　求圆
$$\begin{cases} x = r\cos\theta \\ y = r\sin\theta \end{cases}$$

的弧微分.

解　由弧微分公式，有
$$ds = \sqrt{(dx)^2 + (dy)^2} = \sqrt{(dr\cos\theta)^2 + (dr\sin\theta)^2} = rd\theta.$$

3.7.2　曲率及其计算公式

我们直观地感觉到：直线是不弯曲的，半径较小的圆弯曲得比半径较大的圆厉害些，同一条曲线在不同部分的弯曲程度可能不同，如抛物线 $y = x^2$ 在顶点

处的弯曲程度明显比远离原点的部分厉害些.而现实世界中,处理某些实际问题的时候,实际上就是处理这类曲线的弯曲程度问题.

下面就来研究一个描述曲线弯曲程度的量:曲率.

定义 1 如果曲线在各点处均存在切线,即曲线上每一点处皆可导,且切线随切点的移动而连续移动,那么这条曲线是**光滑曲线**.

设曲线 C 是光滑的,对曲线 C 上的任意一段弧 s,不妨记度量弧 s 的基点为 M_0,而该曲线弧 s 的另一端记为 M.设 M 处的切线倾角为 α,而曲线上还存在另一点 M',M' 处的切线倾角为 $\alpha + \Delta\alpha$.此时,若弧 $\widehat{M_0M'} = s + \Delta s$,那么 $\widehat{MM'}$ 的长度为 $|\Delta s|$(弧长与方向有关,Δs 可能为负),同时动点从 M 移动到 M' 时切线转过的角度为 $|\Delta\alpha|$.

如图 3.18 易知:

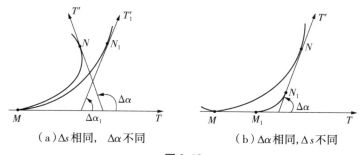

(a)Δs 相同, $\Delta\alpha$ 不同   (b)$\Delta\alpha$ 相同,Δs 不同

图 3.18

(1) 当 Δs 相同时,$\Delta\alpha$ 越大,弯曲得越严重,如图 3.18(a);

(2) 当 $\Delta\alpha$ 相同时,Δs 越大,弯曲得越轻,如图 3.18(b).

这表明,曲线弧的弯曲程度与它的长度 Δs 以及两端切线转过的角度 $|\Delta\alpha|$ 有关.一般地,曲线弧两端切线的转角与弧长之比称为这段弧的**平均曲率**,记为 $\bar{K}$,则

$$\bar{K} = \left| \frac{\Delta\alpha}{\Delta s} \right|.$$

即用单位弧段上切线转过的角度大小来表示这段弧的平均弯曲程度.

显然,弧长越小,平均曲率就越能表示弧上某点附近的弯曲程度.那么结合极限的思想,我们给出曲率的定义.

定义 2 当 $M' \to M$ 时,即 $\Delta s \to 0$ 时,MM' 的平均曲率的极限称为曲线 C 在点 M 的曲率,记为 K,即

$$\lim_{\Delta s \to 0} \left| \frac{\Delta \alpha}{\Delta s} \right| = K.$$

其中，$\Delta \alpha$ 用弧度数表示，平均曲率和曲率的单位是"弧度／单位长".

特别的，若 $\lim\limits_{\Delta s \to 0} \dfrac{\Delta \alpha}{\Delta s} = \dfrac{\mathrm{d}\alpha}{\mathrm{d}s}$ 存在，则

$$K = \left| \frac{\mathrm{d}\alpha}{\mathrm{d}s} \right|.$$

显然，K 值越大，弯曲程度越厉害.

若曲线 C 为直线，那么我们的直观感觉是：直线是不弯曲的.现用曲率来研究：若 s 变化 Δs 时，而直线的切线与直线本身重合，那么 $\Delta \alpha = 0$，则 $K = 0$，即直线不弯曲，与直观感觉一致.

若曲线 C 为圆，如图 3.19 所示，M 点处切线倾角为 α，M' 点处切线倾角为 $\alpha + \Delta \alpha$.由图能知，$\angle M'DM = \Delta \alpha$.若半径为 r，则

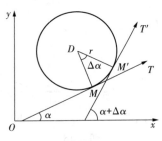

图 3.19

$$\angle M'DM = \frac{\widehat{MM'}}{r} = \frac{\Delta s}{r}.$$

故

$$\frac{\Delta \alpha}{\Delta s} = \frac{\dfrac{\Delta s}{r}}{\Delta s} = \frac{1}{r},$$

所以

$$K = \left| \frac{\mathrm{d}\alpha}{\mathrm{d}s} \right| = \frac{1}{r}.$$

即：圆上各点处的曲率都等于半径 r 的倒数 $\dfrac{1}{r}$.换句话说，同一圆上各点处的弯曲程度处处一样，但是对不同的圆，半径越小，其曲率越大，弯曲程度越厉害.

对更一般的情形，不妨假设曲线 C 的方程为直角坐标方程：$y = f(x)$，且 $f(x)$

具有二阶导数.因为 $y' = \tan \alpha$,所以

$$y'' = \sec^2\alpha \cdot \frac{\mathrm{d}\alpha}{\mathrm{d}x},$$

从而

$$\frac{\mathrm{d}\alpha}{\mathrm{d}x} = \frac{y''}{1 + \tan^2 x} = \frac{y''}{1 + y'^2},$$

因此

$$\mathrm{d}\alpha = \frac{y''}{1 + (y')^2} \mathrm{d}x.$$

结合弧微分公式:$\mathrm{d}s = \sqrt{1 + y'^2}\,\mathrm{d}x$,得

$$K = \left| \frac{\mathrm{d}\alpha}{\mathrm{d}s} \right| = \frac{|y''|}{(1 + y'^2)^{\frac{3}{2}}}.$$

此式就是一般曲线在某点处**曲率的计算公式**.不论方程是参数形式还是隐函数形式等,此公式均适用,即求出 $\frac{\mathrm{d}y}{\mathrm{d}x} = y', y''$,代入即可.

这里给出方程为参数形式的情况,不妨设曲线的参数形式为

$$\begin{cases} x = \varphi(t) \\ y = \psi(t) \end{cases}$$

其曲率为

$$K = \frac{|\varphi'(t)\psi''(t) - \varphi''(t)\psi'(t)|}{\left[\varphi'^2(t) + \psi'^2(t)\right]^{\frac{3}{2}}}.$$

例3　计算曲线 $xy = 1$ 在点 $(1,1)$ 处的曲率.

解　由题意得:$y = \dfrac{1}{x}$,则

$$y' = -\frac{1}{x^2}, y'' = \frac{2}{x^3}.$$

代入上述曲率的计算公式可得

$$K = \frac{|y''|}{(1 + y'^2)^{\frac{3}{2}}} = \left| \frac{2}{x^3} \cdot \frac{1}{\left(1 + \dfrac{1}{x^4}\right)^{\frac{3}{2}}} \right|.$$

所以,曲线 $xy = 1$ 在点 $(1,1)$ 处的曲率 $K = \dfrac{1}{\sqrt{2}}$.

例4　抛物线 $y = ax^2 + bx + c$ 上哪点处曲率最大?

解　由 $y = ax^2 + bx + c$ 可得

$$y' = 2ax + b, y'' = 2a.$$

代入上述曲率的计算公式可得

$$K = \frac{|2a|}{[1 + (2ax + b)^2]^{\frac{3}{2}}},$$

上式中，要使得 K 最大，只需要分母最小，即 $2ax + b = 0$. 所以，当 $x = -\dfrac{b}{2a}$ 时，K 取

值最大，即在顶点 $\left(-\dfrac{b}{2a}, \dfrac{4ac - b^2}{4a} \right)$ 处抛物线 $y = ax^2 + bx + c$ 的曲率 K 最大.

3.7.3 曲率圆与曲率半径

设曲线 $y = f(x)$ 在点 M 处的曲率为 $K(K \neq 0)$，在点 M 处曲线的法线上，在凹的一侧取一点 D，使 $|DM| = \rho = \dfrac{1}{K}$. 以 D 为圆心、ρ 为半径作圆，则此圆称为曲线在点 M 处的**曲率圆**，其圆心 D 称为曲线在点 M 处的**曲率中心**，其半径 ρ 称为曲线在点 M 处的**曲率半径**.

显然，曲率圆和曲线在点 M 处有相同的切线和曲率，且位于改点切线的同一侧. 此外，曲率圆在点 M 的曲率半径 ρ 和曲线在点 M 的曲率有如下关系：

$$\rho = \frac{1}{K} = \frac{(1 + y'^2)^{\frac{3}{2}}}{|y''|}.$$

即：曲线上一点处的曲率半径与其在该点处的曲率互为倒数.

例 5　求曲线 $xy = 1$ 在点 $(1,1)$ 处的曲率半径.

解　由例 3 可知，曲线 $xy = 1$ 在点 $(1,1)$ 处的曲率 $K = \dfrac{1}{\sqrt{2}}$，所以曲线 $xy = 1$ 在点 $(1,1)$ 处的曲率半径为

$$\rho = \frac{1}{K} = \sqrt{2}.$$

例 6　设某工件内表面的截线为抛物线 $y = 0.4x^2$，现要用砂轮磨削其内表面，问应选择多大的砂轮才比较合适？

解　因抛物线在顶点处的曲率最大，即曲率半径最小，故只需求抛物线 $y = 0.4x^2$ 在顶点 $O(0,0)$ 的曲率半径即可.

又因为

$$y' = 0.8x, y'' = 0.8,$$

则
$$y'|_{x=0} = 0, y''|_{x=0} = 0.8.$$

代入曲率的计算公式：$K = \dfrac{|y''|}{(1 + y'^2)^{\frac{3}{2}}} = 0.8$，

所以
$$\rho = \frac{1}{K} = 1.25.$$

综上所述，应选用半径不得超过 1.25 单位长的砂轮.

习题 3-7

基础题

1.计算下列曲线的弧微分：

（1）$y = x^2 - 2x + 3$.　　　　　　　（2）$y = \ln x$.

（3）$y = e^{2x}$.　　　　　　　　　　　（4）$y = \tan x$.

2.计算下列曲线在定点处的曲率和曲率半径：

（1）$y = x^3 - 1, (2, 7)$.　　　　　　　（2）$y = 2x - x^2, (2, 0)$.

（3）$y = \sin x, \left(\dfrac{\pi}{2}, 1\right)$.　　　　　　（4）$y = \ln(1 - x), (0, 0)$.

提高题

1.求椭圆 $8x^2 + y^2 = 16$ 在点 $(0, 4)$ 处的曲率.

2.求抛物线 $y = x^2 - 2x + 3$ 在其顶点处的曲率及曲率半径.

3.求曲线 $y = e^{2x}$ 上曲率最大的点.

4.对数曲线 $y = \ln x$ 在哪一点处的曲率半径最小？求出该点处的曲率半径.

第4章 不定积分

第2章讨论了求已知函数导数的问题,而本章将要研究它的逆命题,即已知一个函数的导数(或微分)如何求出该函数.这样的问题在实际问题中也很常见.例如:已知作变速运动物体的速度函数 $v = v(t)$,如何求其运动方程 $s = s(t)$;已知曲线上各点切线的斜率 $k = k(x)$,如何求曲线方程 $y = y(x)$.这是积分学的基本问题之一.

§4.1 不定积分的概念与性质

4.1.1 原函数与不定积分的定义

一般地,可作如下定义:

定义 1 设函数 $f(x)$ 在某区间上有定义,若存在函数 $F(x)$,使其在该区间上任一点都有 $F'(x) = f(x)$,则称 $F(x)$ 为函数 $f(x)$ 在该区间上的一个原函数.

例 1 已知函数 $f(x) = 3x^2$,那么不难知道函数 $F(x) = x^3$ 满足 $(x^3)' = 3x^2$,因此称函数 $F(x) = x^3$ 是 $f(x) = 3x^2$ 的一个原函数,另外我们发现 $x^3 + 1, x^3 - 3,$ $x^3 + C(C$ 为任意常数)也是 $f(x) = 3x^2$ 的原函数.

那么,一个函数的原函数有多少? 如何表示一个函数的全部原函数呢?

若 $F(x)$ 与 $\Phi(x)$ 都是 $f(x)$ 的原函数,有

$$[F(x) - \Phi(x)]' = F'(x) - \Phi'(x) = 0.$$

由拉格朗日中值定理的推论知,在一个区间上导数恒为零的函数必为常数,表明 $F(x)$ 与 $\Phi(x)$ 只差一个常数,当 C 为任意常数时

$$F(x) - \Phi(x) = C,$$

即

$$F(x) = \Phi(x) + C.$$

因此若 $F(x)$ 为 $f(x)$ 的一个原函数,则 $F(x) + C(C$ 为任意常数$)$ 可表示 $f(x)$ 的所有原函数,即原函数的一般表达式.

定义2 若 $F(x)$ 是函数 $f(x)$ 的一个原函数,则 $F(x) + C(C$ 是任意常数$)$ 称为 $f(x)$ 的不定积分,记作

$$\int f(x)\mathrm{d}x.$$

其中,$\int$ 称为积分号,x 称为积分变量,$f(x)$ 称为被积函数,$f(x)\mathrm{d}x$ 称为被积表达式,C 称为积分常数.

我们把一个函数的原函数的全体称为不定积分,即对一个函数求不定积分等于找它的一个原函数再加任意常数 C.这就是不定积分法,它与微分法是互逆的.注意:任意常数 C 是不定积分的标志.

例2 求 $\int \sin x\mathrm{d}x$.

解 由于 $(-\cos x)' = \sin x$,所以 $-\cos x$ 是 $\sin x$ 的一个原函数,因此

$$\int \sin x\mathrm{d}x = -\cos x + C.$$

例3 求 $\int \dfrac{1}{1+x^2}\,\mathrm{d}x$.

解 由于 $(\arctan x)' = \dfrac{1}{1+x^2}$,所以 $\arctan x$ 是 $\dfrac{1}{1+x^2}$ 的一个原函数,因此

$$\int \frac{1}{1+x^2}\,\mathrm{d}x = \arctan x + C.$$

例4 求 $\int \dfrac{1}{x}\,\mathrm{d}x$.

解 当 $x > 0$ 时,由于 $(\ln x)' = \dfrac{1}{x}$,所以 $\ln x$ 是 $\dfrac{1}{x}$ 在 $(0, +\infty)$ 内的一个原函数.因此,在 $(0, +\infty)$ 内,

$$\int \frac{1}{x}\,\mathrm{d}x = \ln x + C.$$

157

当 $x < 0$ 时，由于 $[\ln(-x)]' = \dfrac{1}{x}$，所以 $\ln(-x)$ 是 $\dfrac{1}{x}$ 在 $(-\infty, 0)$ 内的一个原函数.因此,在 $(-\infty, 0)$ 内,

$$\int \frac{1}{x}\, \mathrm{d}x = \ln(-x) + C.$$

把在 $x > 0$ 及 $x < 0$ 内的结果合并,可写作

$$\int \frac{1}{x}\, \mathrm{d}x = \ln|x| + C.$$

可以证明,若函数 $f(x)$ 在其定义区间上是连续的,则在其区间上函数 $f(x)$ 的原函数一定存在,即连续函数一定存在原函数.因为初等函数在其定义区间上都是连续的,所以初等函数在其定义区间上都存在原函数.

4.1.2 　基本积分表

既然求不定积分与求导数是互逆运算,那么由不定积分定义和基本求导公式可得基本积分公式如下:

(1) $\displaystyle\int k\mathrm{d}x = kx + C,(C$ 为常数$).$

(2) $\displaystyle\int x^{\alpha}\mathrm{d}x = \frac{1}{\alpha + 1}x^{\alpha+1} + C,(\alpha \neq -1).$

(3) $\displaystyle\int \frac{1}{x}\,\mathrm{d}x = \ln|x| + C.$

(4) $\displaystyle\int a^{x}\mathrm{d}x = \frac{1}{\ln a}a^{x} + C,(a > 0, a \neq 1).$

(5) $\displaystyle\int \mathrm{e}^{x}\mathrm{d}x = \mathrm{e}^{x} + C.$

(6) $\displaystyle\int \sin x\mathrm{d}x = -\cos x + C.$

(7) $\displaystyle\int \cos x\mathrm{d}x = \sin x + C.$

(8) $\displaystyle\int \sec^{2} x\mathrm{d}x = \tan x + C.$

(9) $\displaystyle\int \csc^{2} x\mathrm{d}x = -\cot x + C.$

(10) $\displaystyle\int \sec x \tan x\mathrm{d}x = \sec x + C.$

（11）$\int \csc x \cot x \mathrm{d}x = -\csc x + C$.

（12）$\int \dfrac{1}{\sqrt{1-x^2}}\,\mathrm{d}x = \arcsin x + C$；

（13）$\int \dfrac{1}{1+x^2}\,\mathrm{d}x = \arctan x + C$.

基本积分公式是求不定积分的基本工具,必须熟记.各种不定积分法的共同点就是把被积表达式转化为基本积分公式中的被积表达形式.

4.1.3 不定积分的性质

性质 1 若对一个函数先求积分再求导数,则等于该函数本身.若对一个函数先求导数再求积分,则等于该函数再加一个常数 C.

（1）$\left[\int f(x)\mathrm{d}x\right]' = f(x)$ 或 $\mathrm{d}\left[\int f(x)\mathrm{d}x\right] = f(x)\mathrm{d}x$；

（2）$\int f'(x)\mathrm{d}x = f(x) + C$ 或 $\int \mathrm{d}f(x) = f(x) + C$；

特别的,$\int \mathrm{d}x = x + C$.

性质 2 不定积分的被积函数中不为零的常数因子可以提到积分号外面,即

$$\int kf(x)\mathrm{d}x = k\int f(x)\mathrm{d}x(k \text{ 是常数},k \neq 0).$$

性质 3 函数代数和的不定积分等于各函数不定积分的代数和,即

$$\int [f(x) \pm g(x)]\mathrm{d}x = \int f(x)\mathrm{d}x \pm \int g(x)\mathrm{d}x.$$

注:可推广至有限个函数的代数和.

例 5 求 $\int (3x + 5\cos x)\mathrm{d}x$.

解 $\int (3x + 5\cos x)\mathrm{d}x = 3\int x\mathrm{d}x + 5\int \cos x\,\mathrm{d}x$.

因为 $\left(\dfrac{1}{2}x^2\right)' = x,(\sin x)' = \cos x$.

所以 $\int (3x + 5\cos x)\mathrm{d}x = \dfrac{3}{2}x^2 + 5\sin x + C$.

4.1.4　直接积分法

定义 3　把被积函数（经恒等变形后）直接应用不定积分性质和基本积分公式求出不定积分的方法称为直接积分法.

直接积分法是其他求解不定积分方法的基础.

例 6　求 $\int(\sqrt{x}+2)\,x\mathrm{d}x$.

解
$$\int(\sqrt{x}+2)\,x\mathrm{d}x = \int\left(x^{\frac{3}{2}}+2x\right)\mathrm{d}x$$
$$= \int x^{\frac{3}{2}}\,\mathrm{d}x + \int 2x\mathrm{d}x$$
$$= \frac{2}{5}x^{\frac{5}{2}} + x^2 + C.$$

注：检验积分结果是否正确的方法是对结果求导，看它的导数是否等于被积函数，相等时结果是正确的，否则结果是错误的.如例 6 的结果来看，由于

$$\left(\frac{2}{5}x^{\frac{5}{2}}+x^2+C\right)' = x^{\frac{3}{2}}+2x = \left(\sqrt{x}+2\right)x,$$

所以结果是正确的.

例 7　求 $\int\dfrac{x^2-3x-\sqrt{x}}{x}\mathrm{d}x$.

解
$$\int\frac{x^2-3x-\sqrt{x}}{x}\mathrm{d}x = \int\left(x-3-x^{-\frac{1}{2}}\right)\mathrm{d}x$$
$$= \int x\mathrm{d}x - 3\int\mathrm{d}x - \int x^{-\frac{1}{2}}\mathrm{d}x$$
$$= \frac{1}{2}x^2 - 3x - 2x^{\frac{1}{2}} + C.$$

例 8　求 $\int\dfrac{1}{x^2(1+x^2)}\mathrm{d}x$.

解　基本积分表中没有这种类型的积分，可以先把被积函数变形，化为表中所列类型的积分之后再逐项求积分：

$$\int\frac{1}{x^2(1+x^2)}\mathrm{d}x = \int\left(\frac{1}{x^2}-\frac{1}{1+x^2}\right)\mathrm{d}x$$
$$= \int x^{-2}\,\mathrm{d}x - \int\frac{1}{1+x^2}\mathrm{d}x$$

$$= -x^{-1} - \arctan x + C.$$

例 9　求 $\displaystyle\int \cos^2 \frac{x}{2}\, \mathrm{d}x.$

解　基本积分表中没有这种类型的积分,先利用三角恒等变形,然后再求积分:

$$\int \cos^2 \frac{x}{2}\, \mathrm{d}x = \int \frac{1 + \cos x}{2}\, \mathrm{d}x$$

$$= \frac{1}{2} \int \mathrm{d}x + \frac{1}{2} \int \cos x \mathrm{d}x$$

$$= \frac{1}{2} x + \frac{1}{2} \sin x + C.$$

例 10　求 $\displaystyle\int \frac{1}{\sin^2 x \, \cos^2 x}\, \mathrm{d}x.$

解　同上例一样,先利用三角恒等变形,然后再求积分:

$$\int \frac{1}{\sin^2 x \, \cos^2 x}\, \mathrm{d}x = \int \left(\frac{1}{\sin^2 x} + \frac{1}{\cos^2 x} \right) \mathrm{d}x$$

$$= \int \csc^2 x \mathrm{d}x + \int \sec^2 x \mathrm{d}x$$

$$= -\cot x + \tan x + C.$$

例 11　求 $\displaystyle\int \tan^2 x \mathrm{d}x.$

解　$\displaystyle\int \tan^2 x \mathrm{d}x = \int (\sec^2 x - 1)\, \mathrm{d}x$

$$= \int \sec^2 x \mathrm{d}x - \int \mathrm{d}x$$

$$= \tan x - x + C.$$

 **习题 4-1**

基础题

1.若 $(x + 1)^2$ 为 $f(x)$ 的一个原函数,则下面表达式中,哪些是 $f(x)$ 的原函数?

$$x^2 - 1, x^2 + 1, x^2 - 2x, x^2 + 2x.$$

2. 求下列不定积分：

$(1) \int \dfrac{1}{x^2} \, \mathrm{d}x;$ $\qquad\qquad$ $(2) \int x^{10} \, \mathrm{d}x;$

$(3) \int \sqrt[3]{x} \, \mathrm{d}x;$ $\qquad\qquad$ $(4) \int x\sqrt{x} \, \mathrm{d}x;$

$(5) \int \dfrac{1}{x^2 \sqrt{x}} \, \mathrm{d}x;$ $\qquad\qquad$ $(6) \int \dfrac{1}{\sqrt{1-x^2}} \, \mathrm{d}x;$

$(7) \int (x^2 - 1)^2 \, \mathrm{d}x;$ $\qquad\qquad$ $(8) \int \left(\mathrm{e}^x - \dfrac{2}{x} \right) \, \mathrm{d}x;$

$(9) \int \sqrt[m]{x^n} \, \mathrm{d}x;$ $\qquad\qquad$ $(10) \int \left(\dfrac{2}{1+x^2} - \dfrac{5}{\sqrt{1-x^2}} \right) \, \mathrm{d}x.$

3. 已知函数 $y = f(x)$ 的导数等于 $x + 1$，且该函数过 $(2,5)$ 点，求这个函数.

4. 已知曲线上任一点切线斜率为 $3x^2$，且曲线过 $(1,1)$ 点，求此曲线方程.

提高题

求下列不定积分：

$(1) \int 2^x 5^x \, \mathrm{d}x;$ $\qquad\qquad$ $(2) \int \sqrt{x\sqrt{x\sqrt{x}}} \, \mathrm{d}x;$

$(3) \int \dfrac{(2-x)^2}{\sqrt{x}} \, \mathrm{d}x;$ $\qquad\qquad$ $(4) \int \sec x (\sec x + \tan x) \, \mathrm{d}x;$

$(5) \int \dfrac{1}{\cos^2 x \sin^2 x} \, \mathrm{d}x;$ $\qquad\qquad$ $(6) \int \cos x (\tan x - \sec x) \, \mathrm{d}x;$

$(7) \int \dfrac{\cos 2x}{\cos x - \sin x} \, \mathrm{d}x;$ $\qquad\qquad$ $(8) \int \dfrac{1}{1 + \cos 2x} \, \mathrm{d}x;$

$(9) \int \dfrac{x^2}{x^2 + 1} \, \mathrm{d}x;$ $\qquad\qquad$ $(10) \int \dfrac{3x^4 + 2x^2}{x^2 + 1} \, \mathrm{d}x.$

§4.2　换元积分法

利用基本积分表和不定积分的性质，采用直接积分法所能计算的不定积分是很有限的,比如求复合函数 $\sin 3x$ 的不定积分就无能为力了.但是,由于微分和不定积分互为逆运算,利用中间变量的代换,可得到复合函数的积分法,这称为换元积分法.换元积分法一般分两类,分别介绍如下:

4.2.1 第一类换元法

换元积分法也是变量替换法.其实质在于:通过变量替换对被积表达式进行恒等变形,使其易于积分.因为求导运算和微分运算都与积分运算互逆,所以函数的求导法则和微分法则应能转化成积分运算的相应法则.现在我们来探讨复合求导法则和复合微分法则是怎样转化的.

定理1 若 $\int f(u)\mathrm{d}u = F(u) + c$,且 $\varphi(x)$,$\varphi'(x)$ 均为连续函数,则

$$\int f[\varphi(x)]\varphi'(x)\mathrm{d}x = F[\varphi(x)] + C.$$

证明 只需证明 $\{F[\varphi(x)]\}' = f[\varphi(x)]\varphi'(x)$ 即可.

由复合函数求导法,令 $u = \varphi(x)$,

$$F'[\varphi(x)] = F'_u \cdot u'_x = F'(u) \cdot \varphi'(x)$$
$$= f[\varphi(x)]\varphi'(x).$$

故定理成立.

先来看一个例子.求不定积分 $\int \sin 3x\mathrm{d}x$,显然它不能利用基本积分公式而得到,若将被积表达式恒等变形为

$$\int \sin 3x\mathrm{d}x = \frac{1}{3}\int \sin 3x \cdot (3x)'\mathrm{d}x$$

$$= \frac{1}{3}\int \sin 3x\mathrm{d}(3x)$$

令 $u = 3x$,得

$$\frac{1}{3}\int \sin 3x\mathrm{d}(3x) = \frac{1}{3}\int \sin u\mathrm{d}u$$

再由基本积分公式 $\int \sin x\mathrm{d}x = -\cos x + c$,故

$$\int \sin 3x\mathrm{d}x = \frac{1}{3}\int \sin 3x \cdot (3x)'\mathrm{d}x$$

$$= \frac{1}{3}\int \sin 3x\mathrm{d}(3x)$$

$$= \frac{1}{3} \int \sin u \mathrm{d}u$$

$$= -\frac{1}{3} \cos u + C$$

$$= -\frac{1}{3} \cos 3x + C$$

又如求不定积分 $\displaystyle\int \mathrm{e}^{2x}\mathrm{d}x$.

$$\int \mathrm{e}^{2x} \mathrm{d}x = \frac{1}{2} \int \mathrm{e}^{2x} \cdot (2x)' \mathrm{d}x$$

$$= \frac{1}{2} \int \mathrm{e}^{2x} \mathrm{d}(2x).$$

令 $u = 2x$，得

$$\int \mathrm{e}^{2x} \mathrm{d}x = \frac{1}{2} \int \mathrm{e}^{u} \mathrm{d}u$$

$$= \frac{1}{2} \mathrm{e}^{u} + C$$

$$= \frac{1}{2} \mathrm{e}^{2x} + C.$$

第一类换元积分法最关键的是引入变换 $u = \varphi(x)$，但在运算时常常不直接引入 $u = \varphi(x)$ 而将积分式表示为 $\displaystyle\int f[\varphi(x)]\varphi'(x)\mathrm{d}x = \int f[\varphi(x)]\mathrm{d}\varphi(x)$，从而直接应用已知积分公式求出不定积分，因此第一类换元积分法也常称为凑微分法. 现将常见的凑微分形式举例如下：

1) $\displaystyle\int f(ax + b)\mathrm{d}x = \frac{1}{a} \int f(ax + b)\mathrm{d}(ax + b)$

例 1　求 $\displaystyle\int (2x + 1)^{3} \mathrm{d}x$.

解　$\displaystyle\int (2x + 1)^{3} \mathrm{d}x = \frac{1}{2} \int (2x + 1)^{3} \mathrm{d}(2x + 1)$

$$= \frac{1}{2} \cdot \frac{1}{4} (2x + 1)^{4} + C$$

$$= \frac{1}{8} (2x + 1)^{4} + C.$$

例2　求 $\int \cos(3x - 1)\mathrm{d}x$

解　$\int \cos(3x - 1)\mathrm{d}x = \dfrac{1}{3}\int \cos(3x - 1)\mathrm{d}(3x - 1)$

$$= \dfrac{1}{3}\sin(3x - 1) + C.$$

例3　求 $\int \dfrac{1}{1 - 3x}\mathrm{d}x.$

解　$\int \dfrac{1}{1 - 3x}\mathrm{d}x = -\dfrac{1}{3}\int \dfrac{1}{1 - 3x}\mathrm{d}(1 - 3x)$

$$= -\dfrac{1}{3}\ln|1 - 3x| + C.$$

例4　求 $\int \mathrm{e}^{\frac{x}{2} - 1}\mathrm{d}x.$

解　$\int \mathrm{e}^{\frac{x}{2} - 1}\mathrm{d}x = 2\int \mathrm{e}^{\frac{x}{2} - 1}\mathrm{d}\left(\dfrac{x}{2} - 1\right)$

$$= 2\mathrm{e}^{\frac{x}{2} - 1} + C.$$

例5　求 $\int \dfrac{\mathrm{d}x}{\sqrt{a^2 - x^2}}, (a > 0).$

解　$\int \dfrac{\mathrm{d}x}{\sqrt{a^2 - x^2}} = \int \dfrac{\mathrm{d}x}{a\sqrt{1 - \left(\dfrac{x}{a}\right)^2}}$

$$= \int \dfrac{\mathrm{d}\left(\dfrac{x}{a}\right)}{\sqrt{1 - \left(\dfrac{x}{a}\right)^2}}$$

$$= \arcsin\dfrac{x}{a} + C.$$

例6　求 $\int \dfrac{\mathrm{d}x}{a^2 + x^2}, (a > 0).$

解　$\int \dfrac{\mathrm{d}x}{a^2 + x^2} = \int \dfrac{1}{a^2} \cdot \dfrac{\mathrm{d}x}{1 + \left(\dfrac{x}{a}\right)^2}$

$$= \frac{1}{a} \int \frac{d\left(\dfrac{x}{a}\right)}{1 + \left(\dfrac{x}{a}\right)^2}$$

$$= \frac{1}{a} \arctan \frac{x}{a} + C.$$

以上两例的结果为常用积分公式.

2) $\displaystyle\int xf(ax^2 + b)\,\mathrm{d}x = \frac{1}{2a}\int f(ax^2 + b)\,\mathrm{d}(ax^2 + b)$

例7　求 $\displaystyle\int x\mathrm{e}^{x^2}\,\mathrm{d}x$.

解　$\displaystyle\int x\mathrm{e}^{x^2}\,\mathrm{d}x = \frac{1}{2}\int \mathrm{e}^{x^2}\,\mathrm{d}x^2$

$$= \frac{1}{2}\,\mathrm{e}^{x^2} + C.$$

例8　求 $\displaystyle\int \frac{x}{1 + x^2}\,\mathrm{d}x$.

解　$\displaystyle\int \frac{x}{1 + x^2}\,\mathrm{d}x = \frac{1}{2}\int \frac{1}{1 + x^2}\,\mathrm{d}(x^2 + 1)$

$$= \frac{1}{2}\ln(1 + x^2) + C.$$

例9　求 $\displaystyle\int \frac{x}{\sqrt{1 + x^2}}\,\mathrm{d}x$.

解　$\displaystyle\int \frac{x}{\sqrt{1 + x^2}}\,\mathrm{d}x = \frac{1}{2}\int \frac{1}{\sqrt{1 + x^2}}\,\mathrm{d}(1 + x^2)$

$$= \sqrt{1 + x^2} + C.$$

3) $\displaystyle\int \frac{1}{x} f(\ln x)\,\mathrm{d}x = \int f(\ln x)\,\mathrm{d}\ln x$.

例10　求 $\displaystyle\int \frac{\ln x}{x}\,\mathrm{d}x$.

解　$\displaystyle\int \frac{\ln x}{x}\,\mathrm{d}x = \int \ln x\,\mathrm{d}\ln x$

$$= \frac{1}{2}(\ln x)^2 + C.$$

例 11 求 $\int \frac{1}{x(1 + \ln x)} \, dx$.

解 $\int \frac{1}{x(1 + \ln x)} \, dx = \int \frac{1}{1 + \ln x} \, d(1 + \ln x)$

$$= \ln|1 + \ln x| + C.$$

4) $\int f(\sin x)\cos x \, dx = \int f(\sin x) \, d\sin x$ 或 $\int f(\cos x)\sin x \, dx$

$$= - \int f(\cos x) \, d\cos x$$

例 12 求 $\int \tan x \, dx$.

解 $\int \tan x \, dx = \int \frac{\sin x}{\cos x} \, dx$

$$= \int \frac{-1}{\cos x} \, d\cos x$$

$$= - \ln|\cos x| + C.$$

类似的 $\qquad \int \cot x \, dx = \ln|\sin x| + C.$

此题结果也为常用积分公式.

例 13 求 $\int \frac{\cos x}{\sqrt{\sin x}} \, dx$.

解 $\int \frac{\cos x}{\sqrt{\sin x}} \, dx = \int \frac{1}{\sqrt{\sin x}} \, d\sin x$

$$= 2\sqrt{\sin x} + C.$$

例 14 求 $\int \cos^4 x \, dx$.

解 $\int \cos^4 x \, dx = \int (\cos^2 x)^2 \, dx$

$$= \int \left(\frac{1 + \cos 2x}{2} \right)^2 \, dx$$

$$= \frac{1}{4} \int (1 + 2\cos 2x + \cos^2 2x) \, dx$$

$$= \frac{1}{4} \int \left(1 + 2 \cos 2x + \frac{1 + \cos 4x}{2} \right) dx$$

$$= \frac{1}{4} \int \left(\frac{3}{2} + 2 \cos 2x + \frac{1}{2} \cos 4x \right) dx$$

$$= \frac{3}{8} \int dx + \frac{1}{2} \int \cos 2x dx + \frac{1}{8} \int \cos 4x dx$$

$$= \frac{3}{8} x + \frac{1}{4} \sin 2x + \frac{1}{32} \sin 4x + C.$$

例 15　求 $\int \sin^2 x \cos^2 x dx$.

解　$\int \sin^2 x \cos^2 x dx = \frac{1}{4} \int \sin^2 2x dx$

$$= \frac{1}{4} \int \frac{1 - \cos 4x}{2} dx$$

$$= \frac{1}{8} \int dx - \frac{1}{32} \int \cos 4x d(4x)$$

$$= \frac{x}{8} - \frac{1}{32} \sin 4x + C.$$

例 16　求 $\int \sin^3 x \cos x dx$.

解　$\int \sin^3 x \cos x dx = \int \sin^3 x d \sin x$

$$= \frac{1}{4} \sin^4 x + C.$$

例 17　求 $\int \sin^3 x \cos^2 x dx$.

解　$\int \sin^3 x \cos^2 x dx = - \int \sin^2 x \cos^2 x d \cos x$

$$= - \int (1 - \cos^2 x) \cos^2 x d \cos x$$

$$= \int (\cos^4 x - \cos^2 x) d \cos x$$

$$= \frac{1}{5} \cos^5 x - \frac{1}{3} \cos^3 x + C.$$

从上面三个例题可见：对 $\int \sin^m x \cos^n x dx$（$m,n$ 为正整数）型的积分，当 m,n

中有一个为奇数时,比如 m 为奇数,则令 $u = \cos x$;当 m, n 均为偶数时,用三角公式中余弦的倍角公式将被积函数的幂次降低.

例 18 求 $\int \dfrac{\mathrm{d}x}{a^2 - x^2}$.

解
$$
\int \frac{\mathrm{d}x}{a^2 - x^2} = \int \frac{\mathrm{d}x}{(a - x)(a + x)}
$$
$$
= \frac{1}{2a} \int \left(\frac{1}{a - x} + \frac{1}{a + x} \right) \mathrm{d}x
$$
$$
= \frac{1}{2a} \left[\int \frac{\mathrm{d}(a + x)}{a + x} - \int \frac{\mathrm{d}(a - x)}{a - x} \right]
$$
$$
= \frac{1}{2a} \ln \left| \frac{a + x}{a - x} \right| + C.
$$

此题结果也为常用积分公式.

例 19 求 $\int \sec x \mathrm{d}x$.

解
$$
\int \sec x \mathrm{d}x = \int \frac{1}{\cos x} \mathrm{d}x
$$
$$
= \int \frac{\cos x}{\cos^2 x} \mathrm{d}x
$$
$$
= \int \frac{\mathrm{d} \sin x}{1 - \sin^2 x}
$$
$$
= \frac{1}{2} \ln \left| \frac{1 + \sin x}{1 - \sin x} \right| + C
$$
$$
= \ln \left| \frac{1 + \sin x}{\cos x} \right| + C
$$
$$
= \ln \left| \sec x + \tan x \right| + C.
$$

类似的, $\int \csc x \mathrm{d}x = \ln \left| \csc x - \cot x \right| + C.$

此题结果仍为常用积分公式.

5) $\int \mathrm{e}^x f(\mathrm{e}^x) \mathrm{d}x = \int f(\mathrm{e}^x) \mathrm{d}(\mathrm{e}^x)$

例 20 求 $\int \dfrac{\mathrm{e}^x}{\mathrm{e}^x + 1} \mathrm{d}x$.

解 $\displaystyle\int \frac{e^x}{e^x + 1} dx = \int \frac{1}{e^x + 1} d(e^x + 1)$

$\qquad\qquad = \ln(e^x + 1) + C.$

例21　求 $\displaystyle\int \frac{e^x}{1 + e^{2x}} dx.$

解 $\displaystyle\int \frac{e^x}{1 + e^{2x}} dx = \int \frac{1}{1 + (e^x)^2} d(e^x)$

$\qquad\qquad = \arctan e^x + C.$

6) $\displaystyle\int \frac{1}{x^2} f\left(\frac{1}{x}\right) dx = -\int f\left(\frac{1}{x}\right) d\left(\frac{1}{x}\right)$

例22　求 $\displaystyle\int \frac{1}{x^2} \cos \frac{1}{x} dx.$

解 $\displaystyle\int \frac{1}{x^2} \cos \frac{1}{x} dx = -\int \cos \frac{1}{x} d\left(\frac{1}{x}\right)$

$\qquad\qquad = -\sin \frac{1}{x} + C.$

7) $\displaystyle\int \frac{1}{\sqrt{x}} f(\sqrt{x}) dx = 2 \int f(\sqrt{x}) d(\sqrt{x})$

例23　求 $\displaystyle\int \frac{e^{\sqrt{x}}}{\sqrt{x}} dx.$

解 $\displaystyle\int \frac{e^{\sqrt{x}}}{\sqrt{x}} dx = 2 \int e^{\sqrt{x}} d(\sqrt{x})$

$\qquad\qquad = 2e^{\sqrt{x}} + C.$

4.2.2　第二类换元法

定理2　若函数 $f(x)$ 连续, $x = \varphi(t)$ 是单调可导函数, 且 $\varphi'(t) \neq 0$, 则

$$\int f(x) dx \xrightarrow{\text{令 } x = \varphi(t)} \int f[\varphi(t)] \varphi'(t) dt$$

$$= \Phi(t) + C$$

$$= \Phi[\varphi^{-1}(x)] + C$$

这里 $\Phi(t)$ 是 $f[\varphi(t)]\varphi'(t)$ 的原函数.

证明略.

第二类换元积分法的关键是选择合适的 $x = \varphi(t)$，一般步骤如下：

（1）变换积分形式 $x = \varphi(t)$，则

$$\int f(x)\,\mathrm{d}x = \int f[\varphi(t)]\varphi'(t)\,\mathrm{d}t.$$

（2）求出 $f[\varphi(t)]\varphi'(t)$ 的原函数 $\Phi(t)$，即

$$\int [\varphi(t)]\varphi'(t)\,\mathrm{d}t = \Phi(t) + C.$$

（3）回代为变量 $t = \varphi^{-1}(x)$，即

$$\Phi(t) + C = \Phi[\varphi^{-1}(x)] + C.$$

1）根式代换

例24 求 $\displaystyle\int \frac{\mathrm{d}x}{1 + \sqrt{x}}$.

解 （1）令 $\sqrt{x} = t$，则 $x = t^2$，$\mathrm{d}x = 2t\mathrm{d}t$.

$$\int \frac{\mathrm{d}x}{1 + \sqrt{x}} = \int \frac{2t}{1 + t}\,\mathrm{d}t$$

（2）$\displaystyle\int \frac{2t}{1 + t}\,\mathrm{d}t = 2\int \left(1 - \frac{1}{1 + t}\right)\mathrm{d}t = 2(t - \ln|1 + t|) + C.$

（3）将 $t = \sqrt{x}$ 回代，

$$\int \frac{\mathrm{d}x}{1 + \sqrt{x}} = 2(\sqrt{x} - \ln|1 + \sqrt{x}|) + C.$$

例25 求 $\displaystyle\int \frac{x}{\sqrt{2x - 1}}\,\mathrm{d}x$.

解 令 $\sqrt{2x - 1} = t$，则 $x = \dfrac{t^2 + 1}{2}$，$\mathrm{d}x = t\mathrm{d}t$.

$$\int \frac{x}{\sqrt{2x - 1}}\,\mathrm{d}x = \int \frac{\frac{t^2 + 1}{2}}{t} \cdot t\mathrm{d}t$$

$$= \frac{1}{2}\int (t^2 + 1)\,\mathrm{d}t$$

$$= \frac{1}{6}t^3 + \frac{1}{2}t + C$$

$$= \frac{1}{6}(2x - 1)^{\frac{3}{2}} + \frac{1}{2}(2x - 1)^{\frac{1}{2}} + C(回代).$$

例 26 求 $\int \dfrac{1}{\sqrt{x} + \sqrt[3]{x}} dx$.

解 令 $x^{\frac{1}{6}} = t$，则 $x = t^6, dx = 6t^5 dt$.

$$\int \frac{1}{\sqrt{x} + \sqrt[3]{x}} dx = \int \frac{1}{t^3 + t^2} \cdot 6t^5 dt$$

$$= 6 \int \frac{t^3}{t + 1} dt$$

$$= 6 \int \left(\frac{t^3 + 1}{t + 1} - \frac{1}{t + 1} \right) dt$$

$$= 6 \int (t^2 - t + 1) dt - 6 \int \frac{1}{t + 1} dt$$

$$= 2t^3 - 3t^2 + 6t - 6 \ln|t + 1| + C$$

$$= 2\sqrt{x} - 3\sqrt[3]{x} + 6\sqrt[6]{x} - 6 \ln\left|\sqrt[6]{x} + 1\right| + C \text{（回代）}.$$

2）三角代换

例 27 求 $\int \sqrt{a^2 - x^2} \, dx, \ (a > 0)$.

解 被积函数含有二次根式 $\sqrt{a^2 - x^2}$，若利用三角函数公式 $\sin^2 x + \cos^2 x = 1$，可将其有理化. 令 $x = a \sin t \left(-\dfrac{\pi}{2} < t < \dfrac{\pi}{2} \right)$，则

$$dx = da \sin t = a \cos t dt, \sqrt{a^2 - x^2} = a\sqrt{1 - \sin^2 x} = a \cos t.$$

$$\int \sqrt{a^2 - x^2} \, dx = a^2 \int \cos^2 t dt$$

$$= \frac{a^2}{2} \int (1 + \cos 2t) dt$$

$$= \frac{a^2}{2} \left(t + \frac{1}{2} \sin 2t \right) + C$$

$$= \frac{a^2}{2} (t + \sin t \cos t) + C.$$

再回代为变量 x，为简便可作以 t 为一锐角的辅助三角形，如图 4.1 所示，因为

$$t = \arcsin \frac{x}{a}, \cos t = \frac{\sqrt{a^2 - x^2}}{a}.$$

则 $\int \sqrt{a^2 - x^2}\,\mathrm{d}x = \dfrac{a^2}{2}(t + \sin t \cos t) + C$

$$= \dfrac{a^2}{2}\left(\arcsin \dfrac{x}{a} + \dfrac{x}{a} \cdot \dfrac{\sqrt{a^2 - x^2}}{a}\right) + C$$

$$= \dfrac{a^2}{2}\arcsin \dfrac{x}{a} + \dfrac{x}{2}\sqrt{a^2 - x^2} + C.$$

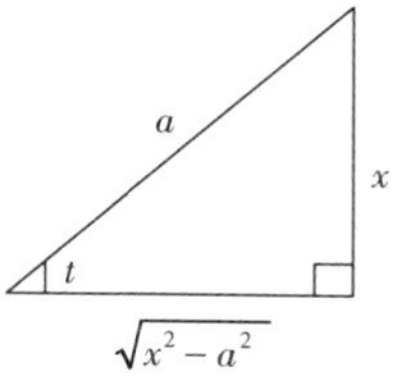

图 4.1

例 28 求 $\displaystyle\int \dfrac{\mathrm{d}x}{\sqrt{x^2 + a^2}}, (a > 0)$.

解 被积函数含二次根式 $\sqrt{x^2 + a^2}$,可利用三角公式 $1 + \tan^2 x = \sec^2 x$ 去掉根号,令 $x = a \tan t\left(-\dfrac{\pi}{2} < t < \dfrac{\pi}{2}\right)$,则

$$\int \dfrac{\mathrm{d}x}{\sqrt{x^2 + a^2}} = \int \dfrac{a \sec^2 t\,\mathrm{d}t}{a \sec t}$$

$$= \int \sec t\,\mathrm{d}t$$

$$= \ln|\sec t + \tan t| + C.$$

以 t 为锐角作辅助三角形,如图 4.2 所示,回代为原变量 x.

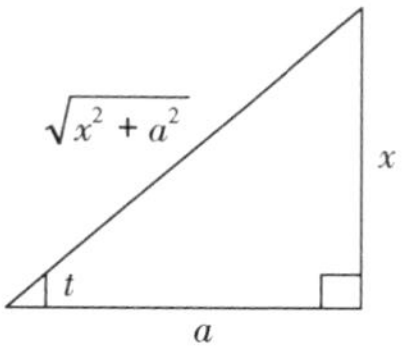

图 4.2

$$\int \dfrac{\mathrm{d}x}{\sqrt{x^2 + a^2}} = \ln|\sec t + \tan t| + C$$

$$= \ln\left(\dfrac{x}{a} + \dfrac{\sqrt{x^2 + a^2}}{a}\right) + C$$

$$= \ln\left(x + \sqrt{x^2 + a^2}\right) + C - \ln a$$

$$= \ln\left(x + \sqrt{x^2 + a^2}\right) + C_1.$$

其中,$C_1 = C - \ln a$.

例 29 求 $\displaystyle\int \dfrac{\mathrm{d}x}{\sqrt{x^2 - a^2}}, (a > 0, x > 0)$.

解 被积函数含二次根式 $\sqrt{x^2 - a^2}$,可利用三角公式 $\sec^2 x - 1 = \tan^2 x$ 去掉根号,令 $x = a \sec t\left(0 < t < \dfrac{\pi}{2}\right)$,则

$$\int \dfrac{\mathrm{d}x}{\sqrt{x^2 - a^2}} = \int \dfrac{a \sec t \tan t}{a \tan t}\,\mathrm{d}t$$

$$= \int \sec t \, \mathrm{d}t$$

$$= \ln(\sec t + \tan t) + C.$$

作辅助三角形，如图 4.3 所示.

$$\int \frac{\mathrm{d}x}{\sqrt{x^2 - a^2}} = \ln(\sec t + \tan t) + C$$

$$= \ln\left(\frac{x}{a} + \frac{\sqrt{x^2 - a^2}}{a}\right) + C$$

$$= \ln(x + \sqrt{x^2 - a^2}) + C_1.$$

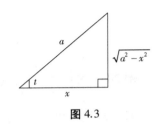

图 4.3

其中，$C_1 = C - \ln a$.

以上两题结果为常用积分公式.

从上面三例可知，若被积函数含有二次根式可考虑作三角代换，总结如下：

（1）若被积函数含有 $\sqrt{a^2 - x^2}$，可作代换 $x = a\sin t$ 或 $x = a\cos t$.

（2）若被积函数含有 $\sqrt{x^2 + a^2}$，可作代换 $x = a\tan t$ 或 $x = a\cot t$.

（3）若被积函数含有 $\sqrt{x^2 - a^2}$，可作代换 $x = a\sec t$ 或 $x = a\csc t$.

习题 4-2

基础题

1.求下列不定积分：

（1）$\int (2x - 3)^2 \mathrm{d}x$；

（2）$\int (3 - x)^{10} \mathrm{d}x$；

（3）$\int \sqrt{4 + 3x} \, \mathrm{d}x$；

（4）$\int \frac{1}{\sqrt{1 + 2x}} \, \mathrm{d}x$；

（5）$\int \sin 5x \mathrm{d}x$；

（6）$\int \sin\left(\frac{x}{2} - 5\right) \mathrm{d}x$.

2.求下列不定积分：

（1）$\int x\sqrt{2x + 1} \, \mathrm{d}x$；

（2）$\int \frac{1}{1 + \sqrt[3]{x}} \, \mathrm{d}x$；

$(3) \displaystyle\int \frac{1}{x+\sqrt{x}}\,\mathrm{d}x$；

$(4) \displaystyle\int \frac{1}{\sqrt{x+2}-1}\,\mathrm{d}x.$

3.求下列不定积分：

$(1) \displaystyle\int \frac{\mathrm{d}x}{x\sqrt{x^2-1}}$；

$(2) \displaystyle\int \frac{x^2}{\sqrt{1-x^2}}\,\mathrm{d}x.$

提高题

1.求下列不定积分：

$(1) \displaystyle\int e^{\sin x}\cos x\mathrm{d}x$；

$(2) \displaystyle\int \frac{\cos x}{e^{\sin x}}\,\mathrm{d}x$；

$(3) \displaystyle\int \sin^3 x\mathrm{d}x$；

$(4) \displaystyle\int \sin x\cos^3 x\mathrm{d}x$；

$(5) \displaystyle\int \tan^3 x\sec x\mathrm{d}x$；

$(6) \displaystyle\int \frac{1}{e^x+e^{-x}}\mathrm{d}x$；

2.求下列不定积分：

$(1) \displaystyle\int \frac{1}{x\sqrt{2x-1}}\,\mathrm{d}x$；

$(2) \displaystyle\int \frac{\sqrt[4]{x}}{\sqrt{x}+1}\,\mathrm{d}x$；

$(3) \displaystyle\int \frac{1}{x\sqrt{x^2-1}}\mathrm{d}x$；

$(4) \displaystyle\int \frac{1}{\sqrt{(x^2+1)^3}}\mathrm{d}x$；

$(5) \displaystyle\int \frac{1}{1+\sqrt{1-x^2}}\mathrm{d}x$；

$(6) \displaystyle\int \frac{1}{x+\sqrt{1-x^2}}\mathrm{d}x.$

§4.3　分部积分法

前面利用复合函数求导法则得到了换元积分法,现在利用两个函数乘积求导公式来推得另一个求积分的基本方法 —— 分部积分法.

设函数 $u=u(x),v=v(x)$ 是连续函数.

由导数乘法公式

$$(uv)'=u'v+uv'$$

移项得

$$uv' = (uv)' - u'v,$$

两边求不定积分得

$$\int uv'\mathrm{d}x = uv - \int u'v\mathrm{d}x.$$

上式称为分部积分法公式.

或由乘积的微分公式

$$\mathrm{d}(uv) = u\mathrm{d}v + v\mathrm{d}u$$

移项得

$$u\mathrm{d}v = \mathrm{d}(uv) - v\mathrm{d}u,$$

两边求不定积分,分部积分公式也可写作

$$\int u\mathrm{d}v = uv - \int v\mathrm{d}u.$$

分部积分法的特点是将左边的积分 $\int u\mathrm{d}v$ 换成了积分 $\int v\mathrm{d}u$. 因此,若求 $\int u\mathrm{d}v$ 比较困难而求 $\int v\mathrm{d}u$ 比较容易时,可考虑用分部积分法. 分部积分法是乘积微分公式的逆运算,通常用于被积函数是两种不同类型函数乘积的积分中,其关键是恰当选取 u 和 $\mathrm{d}v$. 现举例如下:

1) 被积函数为幂函数与三角函数之积

例 1　求 $\int x \cos x\mathrm{d}x$.

解　令 $x = u, \cos x = v'$,则 $\mathrm{d}v = \mathrm{d}\sin x$,应用分部积分公式

$$
\begin{aligned}
\int x \cos x\mathrm{d}x &= \int x\mathrm{d}\sin x \\
&= x \sin x - \int \sin x\mathrm{d}x \\
&= x \sin x + \cos x + C.
\end{aligned}
$$

例 2　求 $\int x^2\sin x\mathrm{d}x$.

解　
$$
\begin{aligned}
\int x^2\sin x\mathrm{d}x &= -\int x^2\mathrm{d}\cos x \\
&= -x^2\cos x + \int \cos x\mathrm{d}x^2 \\
&= -x^2\cos x + \int 2x \cos x\mathrm{d}x
\end{aligned}
$$

$$= -x^2 \cos x + 2\int x \mathrm{d} \sin x$$

$$= -x^2 \cos x + 2x \sin x - 2\int \sin x \mathrm{d} x$$

$$= -x^2 \cos x + 2x \sin x + 2 \cos x + C.$$

若第一次使用分部积分公式后得到的结果中含有的积分仍符合分部积分的要求,则可继续使用第二次分部积分法,直到求出该积分为止.

2) 被积函数为幂函数与指数函数之积

例3 求 $\int x \mathrm{e}^x \mathrm{d} x$.

解 $\int x \mathrm{e}^x \mathrm{d} x = \int x \mathrm{d} \mathrm{e}^x = x \mathrm{e}^x - \int \mathrm{e}^x \mathrm{d} x$

$$= x \mathrm{e}^x - \mathrm{e}^x + C.$$

例4 求 $\int x^2 \mathrm{e}^x \mathrm{d} x$.

解 $\int x^2 \mathrm{e}^x \mathrm{d} x = \int x^2 \mathrm{d} \mathrm{e}^x = x^2 \mathrm{e}^x - \int \mathrm{e}^x \mathrm{d} x^2$

$$= x^2 \mathrm{e}^x - \int \mathrm{e}^x \cdot 2x \mathrm{d} x$$

$$= x^2 \mathrm{e}^x - 2\int x \mathrm{d} \mathrm{e}^x$$

$$= x^2 \mathrm{e}^x - 2x \mathrm{e}^x + 2\int \mathrm{e}^x \mathrm{d} x$$

$$= x^2 \mathrm{e}^x - 2x \mathrm{e}^x + 2\mathrm{e}^x + C$$

$$= \mathrm{e}^x (x^2 - 2x + 2) + C.$$

总结上两例可知,如果被积函数是幂函数与三角函数和幂函数与指数函数的乘积,可考虑分部积分法并设幂函数为 u.

3) 被积函数为幂函数与对数函数之积

例5 求 $\int \ln x \mathrm{d} x$.

解 $\int \ln x \mathrm{d} x = x \ln x - \int x \mathrm{d} \ln x$

$$= x \ln x - \int x \cdot \frac{1}{x} \mathrm{d} x$$

$$= x \ln x - x + C.$$

4）被积函数为幂函数与反三角函数之积

例 6 求 $\int x \arctan x \mathrm{d}x$.

解 $\int x \arctan x \mathrm{d}x = \dfrac{1}{2} \int \arctan x \mathrm{d}x^2$

$$= \dfrac{x^2}{2} \arctan x - \dfrac{1}{2} \int x^2 \mathrm{d}(\arctan x)$$

$$= \dfrac{x^2}{2} \arctan x - \dfrac{1}{2} \int \dfrac{x^2}{1+x^2} \mathrm{d}x$$

$$= \dfrac{x^2}{2} \arctan x - \dfrac{1}{2} \int \left(1 - \dfrac{1}{1+x^2}\right) \mathrm{d}x$$

$$= \dfrac{x^2}{2} \arctan x - \dfrac{x}{2} + \dfrac{1}{2} \arctan x + C.$$

若被积函数是幂函数与对数函数或幂函数与反三角函数乘积时，应设对数函数或反三角函数为 u.

5）被积函数为指数函数与三角函数之积

例 7 求 $\int \mathrm{e}^x \sin x \mathrm{d}x$.

解 令 $\sin x = u, \mathrm{e}^x = v'$.

$$\int \mathrm{e}^x \sin x \mathrm{d}x = \int \sin x \mathrm{d}(\mathrm{e}^x) = \mathrm{e}^x \sin x - \int \mathrm{e}^x \mathrm{d}(\sin x)$$

$$= \mathrm{e}^x \sin x - \int \mathrm{e}^x \cos x \mathrm{d}x$$

$$= \mathrm{e}^x \sin x - \int \cos x \mathrm{d}(\mathrm{e}^x)$$

$$= \mathrm{e}^x \sin x - \mathrm{e}^x \cos x + \int \mathrm{e}^x \mathrm{d}(\cos x)$$

$$= \mathrm{e}^x \sin x - \mathrm{e}^x \cos x - \int \mathrm{e}^x \sin x \mathrm{d}x.$$

等式右端出现了原积分，移项

$$2 \int \mathrm{e}^x \sin x \mathrm{d}x = \mathrm{e}^x (\sin x - \cos x) + C$$

得

$$\int \mathrm{e}^x \sin x \mathrm{d}x = \dfrac{\mathrm{e}^x}{2} (\sin x - \cos x) + C.$$

当被积函数是指数函数与三角函数之积时,选择哪个函数为 u 都可以.

例 8 求 $\int \sec^3 x \mathrm{d}x$.

解 $\int \sec^3 x \mathrm{d}x = \int \sec x \cdot \sec^2 x \mathrm{d}x$

$$= \int \sec x \mathrm{d} \tan x$$

$$= \sec x \tan x - \int \tan x \mathrm{d} \sec x$$

$$= \sec x \tan x - \int \tan^2 x \sec x \mathrm{d}x$$

$$= \sec x \tan x - \int (\sec^2 x - 1) \sec x \mathrm{d}x$$

$$= \sec x \tan x - \int \sec^3 x \mathrm{d}x + \int \sec x \mathrm{d}x$$

$$= \sec x \tan x - \int \sec^3 x \mathrm{d}x + \ln |\sec x + \tan x|.$$

等式右端出现了原积分,移项,得

$$\int \sec^3 x \mathrm{d}x = \frac{1}{2} \sec x \tan x + \frac{1}{2} \ln |\sec x + \tan x| + C.$$

例 9 求 $\int e^{\sqrt{x}} \mathrm{d}x$.

解 令 $\sqrt{x} = t$,则 $x = t^2, \mathrm{d}x = 2t\mathrm{d}t$.

$$\int e^{\sqrt{x}} \mathrm{d}x = 2\int te^t \mathrm{d}t = 2\int t\mathrm{d}e^t$$

$$= 2te^t - 2\int e^t \mathrm{d}t$$

$$= 2te^t - 2e^t + C$$

$$= 2e^t(t - 1) + C$$

$$\xlongequal{\text{回代}} 2e^{\sqrt{x}}(\sqrt{x} - 1) + C.$$

习题 4-3

基础题

1.求下列不定积分：

(1) $\int x \sin x \mathrm{d}x$；　　　　(2) $\int x \cos 2x \mathrm{d}x$；

(3) $\int (2x - 1) \cos x \mathrm{d}x$；　　(4) $\int x^2 \cos x \mathrm{d}x$；

(5) $\int x \mathrm{e}^{-x} \mathrm{d}x$；　　　　(6) $\int x \mathrm{e}^{2x} \mathrm{d}x$；

(7) $\int x^2 \mathrm{e}^{-x} \mathrm{d}x$；　　　(8) $\int x \ln x \mathrm{d}x$；

(9) $\int x \ln(1 + x) \mathrm{d}x$；　　(10) $\int x^2 \ln x \mathrm{d}x$.

提高题

1.求下列不定积分：

(1) $\int \ln(x^2 + 1) \mathrm{d}x$；　　(2) $\int \mathrm{e}^x \cos x \mathrm{d}x$；

(3) $\int \mathrm{e}^{-x} \sin x \mathrm{d}x$；　　(4) $\int \mathrm{e}^{3x} \cos x \mathrm{d}x$；

(5) $\int \arcsin x \mathrm{d}x$；　　　(6) $\int \arctan x \mathrm{d}x$；

(7) $\int x \arctan x \mathrm{d}x$；　　(8) $\int \dfrac{\ln x}{\sqrt{x}} \mathrm{d}x$；

(9) $\int \ln^2 x \mathrm{d}x$；　　　(10) $\int \mathrm{e}^{\sqrt[3]{x}} \mathrm{d}x$；

(11) $\int \cos x \ln x \mathrm{d}x$；　　(12) $\int \mathrm{e}^{\sqrt{3x+9}} \mathrm{d}x$；

2.已知 $f(x)$ 的一个原函数为 $\dfrac{\sin x}{x}$，证明：

$$\int x f'(x) \mathrm{d}x = \cos x - \frac{2 \sin x}{x} + C.$$

§4.4 有理函数的积分

有理函数是指可以表示成两个多项式的商的形式的函数

$$R(x) = \frac{P(x)}{Q(x)} = \frac{a_0 x^n + a_1 x^{n-1} + \cdots + a_{n-1} x + a_n}{b_0 x^m + b_1 x^{m-1} + \cdots + b_{m-1} x + b_m}$$

式中,m,n 是非负整数,$P(x)$ 与 $Q(x)$ 互质.当 $m > n$ 时,称为真分式,当 $m \leqslant n$ 时,称为假分式.现举例如下:

例1 求 $\int \frac{2x-1}{x^2 - 5x + 6} \, dx$.

解 因为真分式 $\dfrac{2x-1}{x^2 - 5x + 6} = \dfrac{2x-1}{(x-2)(x-3)} = \dfrac{A}{x-2} + \dfrac{B}{x-3}$ (4.1)

其中 A,B 为待定系数,确定待定系数有:

去分母,两端同乘 $(x-2)(x-3)$,得

$$2x - 1 = A(x-3) + B(x-2)$$

即

$$2x - 1 = (A+B)x - (2A+3B).$$

比较两端的同次项系数,得

$$\begin{cases} A + B = 2, \\ 2A + 3B = 1. \end{cases}$$

解方程组,得 $A = 5, B = -3$.

因此

$$\frac{2x-1}{x^2 - 5x + 6} = \frac{5}{x-3} - \frac{3}{x-2}.$$

例2 求 $\int \dfrac{x^2 + 1}{(x+1)^2 (x+2)} \, dx$.

解 因为真分式 $\dfrac{x^2 + 1}{(x+1)^2 (x+2)}$ 分母含有二重因式,可分解为

$$\frac{x^2 + 1}{(x+1)^2 (x+2)} = \frac{A}{x+1} + \frac{B}{(x+1)^2} + \frac{C}{x+2}.$$

去分母,得

$$x^2 + 1 = (A + 5)x^2 + (3A + 12)x + (2A + 9).$$

比较两端同次幂系数,得

$$A = -4, B = 2, C = 5.$$

代回,得

$$\int \frac{x^2 + 1}{(x + 1)^2(x + 2)} dx = \int \frac{2}{(x + 1)^2} dx - \int \frac{4}{x + 1} dx + \int \frac{5}{x + 2} dx$$

$$= -\frac{2}{x + 1} - 4\ln|x + 1| + 5\ln|x + 2| + C.$$

例3 求 $\displaystyle\int \frac{x - 2}{x^2 - x + 1} dx$.

解 因为真分式 $\displaystyle\frac{x - 2}{x^2 - x + 1}$ 的分母是二次质因式,可将分子拆成两部分之和,其中一部分是分母的导数的某一倍数,另一部分是一个常数,即

$$\frac{x - 2}{x^2 - x + 1} = \frac{\frac{1}{2}(2x - 1) - \frac{3}{2}}{x^2 - x + 1} = \frac{1}{2} \cdot \frac{(x^2 - x + 1)'}{(x^2 - x + 1)} - \frac{3}{2} \cdot \frac{1}{x^2 - x + 1}.$$

$$\int \frac{x - 2}{x^2 - x + 1} dx = \int \frac{\frac{1}{2}(2x - 1) - \frac{3}{2}}{x^2 - x + 1} dx$$

$$= \frac{1}{2}\int \frac{2x - 1}{x^2 - x + 1} dx - \frac{3}{2}\int \frac{1}{x^2 - x + 1} dx$$

$$= \frac{1}{2}\int \frac{d(x^2 - x + 1)}{x^2 - x + 1} - \frac{3}{2}\int \frac{d\left(x - \frac{1}{2}\right)}{\left(x - \frac{1}{2}\right)^2 + \left(\frac{\sqrt{3}}{2}\right)^2}$$

$$= \frac{1}{2}\ln(x^2 - x + 1) - \frac{3}{2} \cdot \frac{2}{\sqrt{3}}\arctan \frac{x - \frac{1}{2}}{\frac{\sqrt{3}}{2}} + C$$

$$= \frac{1}{2}\ln(x^2 - x + 1) - \sqrt{3}\arctan \frac{2x - 1}{\sqrt{3}} + C.$$

例4 求 $\displaystyle\int \frac{x^2 + 2x - 1}{(x - 1)(x^2 - x + 1)} dx$.

解 真分式 $\dfrac{x^2 + x - 1}{(x - 1)(x^2 - x + 1)}$ 的分母含有二次质因式,可分解成

$$\frac{x^2 + x - 1}{(x - 1)(x^2 - x + 1)} = \frac{A}{x - 1} + \frac{Bx + C}{x^2 - x + 1},$$

其中 A, B, C 为待定系数.

去分母,得

$$x^2 + 2x - 1 = A(x^2 - x + 1) + (Bx + C)(x - 1).$$

令 $x = 1$,得 $A = 2$.

令 $x = 0$,得 $-1 = A - C$,即 $C = 3$.

令 $x = 2$,得 $7 = 3A + 2B + C$,即 $B = -1$

$$\int \frac{x^2 + 2x - 1}{(x - 1)(x^2 - x + 1)}\, dx = \int \frac{2}{x - 1}\, dx - \int \frac{x - 3}{x^2 - x + 1}\, dx$$

$$= 2 \ln|x - 1| - \frac{1}{2} \int \left(\frac{2x - 1}{x^2 - x + 1} - \frac{5}{x^2 - x + 1} \right) dx$$

$$= 2 \ln|x - 1| - \frac{1}{2} \int \frac{d(x^2 - x + 1)}{x^2 - x + 1} +$$

$$\frac{5}{2} \int \frac{d\left(x - \dfrac{1}{2} \right)}{\left(x - \dfrac{1}{2} \right)^2 + \dfrac{3}{4}}$$

$$= 2 \ln|x - 1| - \frac{1}{2} \ln|x^2 - x + 1| +$$

$$\frac{5}{2} \cdot \frac{2}{\sqrt{3}} \arctan \frac{x - \dfrac{1}{2}}{\dfrac{\sqrt{3}}{2}} + C$$

$$= \ln \frac{(x - 1)^2}{\sqrt{x^2 - x + 1}} + \frac{5}{\sqrt{3}} \arctan \frac{2x - 1}{\sqrt{3}} + C.$$

例 5 求 $\int \dfrac{x^5 + x^4 - 8}{x^3 - x}\, dx$.

解 被积函数是假分式,应先把假分式化为一个多项式加上一个真分式之和,再进行积分,利用多项式除法,得

$$\frac{x^5 + x^4 - 8}{x^3 - x} = x^2 + x + 4 + \frac{4x^2 + 16x - 8}{x^3 - 4x}.$$

真分式$\dfrac{4x^2 + 16x - 8}{x^3 - 4x}$可分解为

$$\frac{4x^2 + 16x - 8}{x^3 - 4x} = \frac{4x^2 + 16x - 8}{x(x-2)(x+2)} = \frac{A}{x} + \frac{B}{x-2} + \frac{C}{x+2}.$$

用比较系数法，得 $A = 2, B = 5, C = -3$.

从而 $\displaystyle\int \dfrac{x^5 + x^4 - 8}{x^3 - x} \, \mathrm{d}x = \int \left(x^2 + x + 4 + \dfrac{2}{x} + \dfrac{5}{x-2} - \dfrac{3}{x+2} \right) \mathrm{d}x$

$$= \frac{x^3}{3} + \frac{x^2}{2} + 4x + 2\ln|x| + 5\ln|x-2| -$$
$$3\ln|x+2| + C.$$

由此看出，有理函数积分的一般方法是若被积函数为假分式时利用多项式除法分解为一个多项式与一个真分式之和，而一个真分式总可以唯一地分解为 n 个简单分式之和.几种基本类型的部分分式分解如前面几例所示，因此有理函数的积分可归结为多项式和部分分式的积分.

习题 4-4

基础题

求下列不定积分：

(1) $\displaystyle\int \dfrac{2x + 3}{x^2 + 3x - 10} \, \mathrm{d}x$；

(2) $\displaystyle\int \dfrac{1}{x(x^2 + 1)} \, \mathrm{d}x$；

(3) $\displaystyle\int \dfrac{x^3}{x + 3} \, \mathrm{d}x$；

(4) $\displaystyle\int \dfrac{3}{x^3 + 1} \, \mathrm{d}x$；

(5) $\displaystyle\int \dfrac{x + 1}{x^2 - 2x + 5} \, \mathrm{d}x$；

(6) $\displaystyle\int \dfrac{x}{(x+1)(x+2)(x+3)} \, \mathrm{d}x$.

提高题

求下列不定积分：

(1) $\displaystyle\int \dfrac{\mathrm{d}x}{x^4 - 1}$；

(2) $\displaystyle\int \dfrac{1}{3 + \sin^2 x} \, \mathrm{d}x$；

(3) $\displaystyle\int \frac{1}{1 + \sin x + \cos x}\,\mathrm{d}x$;　　　　(4) $\displaystyle\int \frac{\sqrt{x + 1} - 1}{\sqrt{x + 1} + 1}\,\mathrm{d}x.$

(5) $\displaystyle\int \frac{\mathrm{d}x}{\sqrt{x} + \sqrt[4]{x}}$;　　　　(6) $\displaystyle\int \frac{\mathrm{d}x}{\sqrt[3]{(x + 1)^2 (x - 1)^4}}.$

§4.5　积分表的使用

为满足实际问题的需要,对较复杂的积分可以利用积分表(见附录),根据被积函数的类型,通过查表得出其结果,现举几个查表积分的例子.

4.5.1　查积分表

例 1　查表求 $\displaystyle\int \frac{\mathrm{d}x}{x(1 - 3x)^2}.$

解　被积函数含 $a + bx$,查到公式

$$\int \frac{\mathrm{d}x}{x(a + bx)^2} = \frac{1}{a(a + bx)} - \frac{1}{a^2}\ln\left|\frac{a + bx}{x}\right| + C.$$

当 $a = 1, b = -3$ 时,得

$$\int \frac{\mathrm{d}x}{x(1 - 3x)^2} = \frac{1}{1 - 3x} - \ln\left|\frac{1 - 3x}{x}\right| + C.$$

例 2　查表求 $\displaystyle\int \frac{\mathrm{d}x}{5 + 4\sin x}.$

解　被积函数含 $a + b\sin x$,查到公式

$$\int \frac{\mathrm{d}x}{a + b\sin x} = \frac{2}{a}\sqrt{\frac{a^2}{a^2 - b^2}}\arctan\left[\sqrt{\frac{a^2}{a^2 - b^2}} \cdot \left(\tan\frac{x}{2} + \frac{b}{a}\right)\right] +$$
$$C\,(a^2 > b^2).$$

当 $a = 5, b = 4, a^2 > b^2$ 时,得

$$\int \frac{\mathrm{d}x}{5 + 4\sin x} = \frac{2}{5}\sqrt{\frac{5^2}{5^2 - 4^2}}\arctan\left[\sqrt{\frac{5^2}{5^2 - 4^2}}\tan\left(\frac{x}{2} + \frac{4}{5}\right)\right] + C$$

$$= \frac{2}{3}\arctan\left[\frac{5}{2}\tan\left(\frac{x}{2} + \frac{4}{5}\right)\right] + C.$$

4.5.2　先作变量代换再查表

例 3　查表求 $\int \dfrac{\mathrm{d}x}{x^2 \sqrt{4x^2 + 9}}$.

解　此积分不能直接查积分表，应先作变量代换.

令 $2x = t$，则 $x = \dfrac{t}{2}$，$\mathrm{d}x = \dfrac{1}{2}\,\mathrm{d}t$，

$$\int \frac{\mathrm{d}x}{x^2 \sqrt{4x^2 + 9}} = \int \frac{1}{\dfrac{t^2}{4} \sqrt{t^2 + 9}} \cdot \frac{1}{2}\,\mathrm{d}t$$

$$= 2\int \frac{\mathrm{d}t}{t^2 \sqrt{t^2 + 3^2}}.$$

上式右边积分的被积函数含 $\sqrt{t^2 + 3^2}$，查到公式

$$\int \frac{\mathrm{d}x}{x^2 \sqrt{x^2 + a^2}} = -\frac{\sqrt{x^2 + a^2}}{a^2 x} + C.$$

当 $a = 3$ 时，得

$$\int \frac{\mathrm{d}t}{t^2 \sqrt{t^2 + 3^2}} = -\frac{\sqrt{t^2 + 9}}{9t} + C$$

$$= -\frac{\sqrt{4x^2 + 9}}{18x} + C.$$

$$\int \frac{\mathrm{d}x}{x^2 \sqrt{4x^2 + 9}} = 2\int \frac{\mathrm{d}t}{t^2 \sqrt{t^2 + 3^2}} = -\frac{\sqrt{4x^2 + 9}}{9x} + C.$$

4.5.3　用递推公式

例 4　查表求 $\int \sin^4 x \mathrm{d}x$.

解　查到递推公式

$$\int \sin^n x \mathrm{d}x = -\frac{\sin^{n-1} x \cos x}{n} + \frac{n - 1}{n}\int \sin^{n-2} x\,\mathrm{d}x.$$

$$\int \sin^4 x \mathrm{d}x = -\frac{\sin^3 x \cos x}{4} + \frac{3}{4}\int \sin^2 x \mathrm{d}x$$

$$= -\frac{\sin^3 x \cos x}{4} + \frac{3}{4}\left(-\frac{\sin x \cos x}{2} + \frac{1}{2}\int \mathrm{d}x\right)$$

$$= -\frac{\sin^3 x \cos x}{4} - \frac{3 \sin x \cos x}{8} + \frac{3x}{8} + C.$$

注意:初等函数在其定义区间上存在原函数,但其原函数却不一定都是初等函数,如 $\int \mathrm{e}^{-x^2}\mathrm{d}x$, $\int \frac{\sin x}{x}\mathrm{d}x$, $\int \frac{\mathrm{d}x}{\ln x}$, $\int \sin x^2 \mathrm{d}x$ 等积分结果就不能用初等函数表示出来.

基础题

查积分表求下列不定积分:

(1) $\int \frac{x\mathrm{d}x}{\sqrt{3-x}}$;

(2) $\int \frac{1}{x^2 + 2x + 5}\mathrm{d}x$;

(3) $\int x^2\sqrt{9-x^2}\mathrm{d}x$;

(4) $\int \frac{x}{(3x+2)^2}\mathrm{d}x$;

(5) $\int \sin^6 x\mathrm{d}x$;

(6) $\int \frac{\mathrm{d}x}{5 - 4\cos x}$.

提高题

查积分表求下列不定积分:

(1) $\int \frac{1}{x^2(1-x)}\mathrm{d}x$;

(2) $\int \frac{\mathrm{d}x}{x^2(1+2x)}$;

(3) $\int \frac{1}{\sin^3 x}\mathrm{d}x$;

(4) $\int \ln^3 x\mathrm{d}x$;

(5) $\int \frac{x^4}{25 + 4x^2}\mathrm{d}x$;

(6) $\int \frac{\cot x}{1 + \sin x}\mathrm{d}x$;

第5章 定积分

定积分是从大量的实际问题中抽象出来的,是积分学的又一个重要分支.在自然科学与生产实践中的许多问题,如平面图形面积、曲线的弧长,水压力、变力所作的功等都可以归结为定积分问题.本章将从实际问题中引出定积分概念,然后讨论定积分的性质及计算方法,最后介绍定积分的几何应用.另外,有能力的同学还可选修反常积分的内容.

§5.1 定积分的概念与性质

5.1.1 问题举例

引例 1(曲边梯形的面积) 设函数 $y=f(x)$ 在区间 $[a,b]$ 上非负且连续,由直线 $x=a$、$x=b$、x 轴及曲线 $y=f(x)$ 所围成的图形称为曲边梯形,如图 5.1 所示,其中曲线函数 $y=f(x)$ 称为曲边.

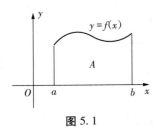

图 5.1

下面讨论曲边梯形面积的求法.

矩形的高是不变的,它的面积很容易计算.但曲边梯形的"高"不是固定值,因此它的面积没有现成的计算方法.如果将 $[a,b]$ 上任一点 x 处的函数值 $f(x)$ 看作曲边梯形在 x 处的高,则曲边梯形的高是变化的.但因 $y=f(x)$ 是 $[a,b]$ 区间上的连续函数,所以在一个相当小的区间上,$f(x)$ 的值变化不大.因此,如果把区间 $[a,b]$ 划分为许多小区间,在每个小区间上用某一点 ξ 处的值 $f(\xi)$ 来近似看作同一个小区间上的窄曲边梯形的高,那么每个窄曲边梯形就可近似地看作由此得到的窄矩形,将所有这些窄矩形面积之和作为曲边梯形面积的近似值,如图 5.2 所示.直观上看,这样的区间越短,这种近似的程度就越高.若把区间 $[a,b]$ 无限细分下去,即每个小区间的长度都趋于零,这时所有窄矩形面积之和的极限就可近似为曲边梯形的面积,这就给出了计算曲边梯形面积的思路,详述如下:

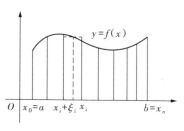

图 5.2

(1)**"大化小"**——将曲边梯形分为 n 个小曲边梯形.

即将区间 $[a,b]$ 划分为 n 个小区间,在区间 $[a,b]$ 内任意插入 $n-1$ 个分点:

$$a = x_0 < x_1 < x_2 < \cdots < x_{n-1} < x_n = b,$$

这 n 个小区间分别为

$$[x_0,x_1],[x_1,x_2],\cdots,[x_{n-1},x_n],$$

其长度依次记为

$$\Delta x_1 = x_1 - x_0,\Delta x_2 = x_2 - x_1,\cdots,\Delta x_n = x_n - x_{n-1}.$$

(2)**"常代变"**——在小范围内用矩形代替曲边梯形.

过每个分点作垂直于 x 轴的直线段,把整个曲边梯形分成 n 个小曲边梯形,小曲边梯形的面积记为 $\Delta A_i(i = 1,2,\cdots,n)$,在每个小区间 $[x_{i-1},x_i]$ 上任取一点 $\xi_i(x_{i-1} \leqslant \xi_i \leqslant x_i)$,用以 $\Delta x_i = x_i - x_{i-1}$ 为底、$f(\xi_i)$ 为高的窄矩形近似代替第 i 个小曲边梯形 $(i = 1,2,\cdots,n)$,则

$$\Delta A_i \approx f(\xi_i)\Delta x_i,(i = 1,2,\cdots,n).$$

(3)**"求和"**——用 n 个小矩形面积和得面积近似值.

n 个小矩形面积之和显然是所求曲边梯形面积 A 的近似值,即

$$A = \sum_{i=1}^{n} \Delta A_i \approx f(\xi_1)\Delta x_1 + f(\xi_2)\Delta x_2 + \cdots + f(\xi_n)\Delta x_n = \sum_{i=1}^{n} f(\xi_i)\Delta x_i.$$

(4)**"求极限"**——由有限分割下的近似值过渡到无限分割下的精确值.

最终目的是要求曲边梯形面积 A 的精确值.伴随着 $[a,b]$ 分割得越来越细,小矩形面积之和将越来越逼近曲边梯形面积 A,记

$$\lambda = \max\{\Delta x_1,\Delta x_2,\cdots,\Delta x_n\},$$

则当 $\lambda \to 0$ 时,每个小区间的长度也趋于零(此时必有 $n \to \infty$).此时和式 $\sum_{i=1}^{n} f(\xi_i)\Delta x_i$ 的极限便是所求曲边梯形面积的精确值.即

$$A = \lim_{\lambda \to 0} \sum_{i=1}^{n} f(\xi_i) \Delta x_i.$$

引例2（变速直线运动的路程）　设某物体作变速直线运动,已知其速度 v 是时间 t 的连续函数,即 $v = v(t)$,计算在时间间隔 $[a,b]$ 内物体所经过的路程 s.

显然,当物体作匀速直线运动时,即 v 是常量时,其路程可按下式计算:

$$路程(s) = 速度(v) \times 时间(t)$$

然而,该问题的困难在于物体作变速直线运动,速度 $v(t)$ 随时间 t 而不断变化,故不能用上述匀速直线运动公式来计算.但是物体运动的速度函数 $v = v(t)$ 是连续变化的,在很小的一段时间内,速度的变化很小,可以近似地把物体的运动看作匀速直线运动.在一小段时间内,速度可以看作是常数,因此求在时间间隔 $[a,b]$ 上运动的距离也可用类似于计算曲边梯形面积的方法来处理.

（1）**"大化小"**——把整个路程分成 n 个小段路程.

在时间间隔 $[a,b]$ 中任意插入 $n-1$ 个分点,即

$$a = t_0 < t_1 < t_2 < \cdots < t_{n-1} < t_n = b,$$

这 $n-1$ 个分点将区间 $[a,b]$ 分成 n 个小区间

$$[t_0,t_1],[t_1,t_2],\cdots,[t_{n-1},t_n],$$

它们的长度依次为

$$\Delta t_1 = t_1 - t_0, \Delta t_2 = t_2 - t_1, \cdots, \Delta t_n = t_n - t_{n-1},$$

相应地,记在各段时间内物体经过的路程依次为 $\Delta s_i (i = 1,2,\cdots,n)$.

（2）**"常代变"**——在小时间段内用匀速直线运动的路程代替变速直线运动的路程.

将物体在每个小时间段上的运动看作是匀速的,在时间间隔 $[t_{i-1},t_i]$ 上任取一个时刻 $\tau_i (t_{i-1} \leq \tau_i \leq t_i)$,以 τ_i 时刻的速度 $v(\tau_i)$ 来代替 $[t_{i-1},t_i]$ 上各个时刻的速度,得到 $[t_{i-1},t_i]$ 时间段上路程 Δs_i 的近似值,即

$$\Delta s_i \approx v(\tau_i) \Delta t_i, (i = 1,2,\cdots,n).$$

（3）**"求和"**——用 n 个小时间段上的路程和得路程的近似值.

这 n 段部分路程的近似值之和就是所求变速直线运动路程 s 的近似值,即

$$s \approx v(\tau_1) \Delta t_1 + v(\tau_2) \Delta t_2 + \cdots + v(\tau_n) \Delta t_n = \sum_{i=1}^{n} v(\tau_i) \Delta t_i.$$

（4）**"求极限"**——由有限分割下的近似值过渡到无限分割下的精确值.

最终目的是要求路程 s 的精确值.伴随着 $[a,b]$ 分割得越来越细,小时间段的路程之和越来越逼近变速直线运动路程 s,特别的,记 $\lambda = \max\{\Delta t_1, \Delta t_2, \cdots,$

$\Delta t_n\}$,则当 $\lambda \to 0$ 时,每个小区间的长度也趋于零(此时必有 $n \to \infty$).此时和式 $\sum\limits_{i=1}^{n} v(\tau_i)\Delta t_i$ 的极限便是所求路程 s 的精确值.即

$$s = \lim_{\lambda \to 0} \sum_{i=1}^{n} v(\tau_i)\Delta t_i.$$

引例 3(收益问题)　　设某商品的价格 P 是销售量 x 的连续函数 $P = P(x)$,试计算:当销售量 x 连续地从 a 变化到 b 时,总收益 R 为多少?

由于价格随销售量的变动而变动,不能直接用销售量乘以价格的方法来计算收益,仿照上面的例子,对收益 R 可按下述方法计算:

（1）**"大化小"**——将区间 $[a,b]$ 划分为 n 个小区间,在区间 $[a,b]$ 内任意插入 $n-1$ 个分点:

$$a = x_0 < x_1 < x_2 < \cdots < x_{n-1} < x_n = b,$$

把销量区间 $[a,b]$ 划分成 n 个小区间,分别为

$$[x_0,x_1],[x_1,x_2],\cdots,[x_{n-1},x_n],$$

各小段的销量依次记为

$$\Delta x_1 = x_1 - x_0, \Delta x_2 = x_2 - x_1, \cdots, \Delta x_n = x_n - x_{n-1}.$$

（2）**"常代变"**——在每个销售量段 $[x_{i-1},x_i]$ 上任取一点 $\xi_i(x_{i-1} \le \xi_i \le x_i)$,用 $P(\xi_i)$ 作为该段的近似价格,则该段的收益近似为

$$\Delta R_i \approx P(\xi_i)\Delta x_i, (i = 1, 2, \cdots, n).$$

（3）**"求和"**——用 n 个小销售段的收益近似值的和,求得收益的近似值,即

$$R = \sum_{i=1}^{n} \Delta R_i \approx P(\xi_1)\Delta x_1 + P(\xi_2)\Delta x_2 + \cdots + P(\xi_n)\Delta x_n = \sum_{i=1}^{n} P(\xi_i)\Delta x_i.$$

（4）**"求极限"**——令 $\lambda = \max\{\Delta x_1, \Delta x_2, \cdots, \Delta x_n\}$,则当 $\lambda \to 0$ 时,每个小区间的长度也趋于零(此时必有 $n \to \infty$).此时和式 $\sum\limits_{i=1}^{n} P(\xi_i)\Delta x_i$ 的极限便是所求收益的精确值.即

$$R = \lim_{\lambda \to 0} \sum_{i=1}^{n} P(\xi_i)\Delta x_i.$$

上面的三个例子中,一个是几何问题,一个是物理问题,一个是经济问题.尽管问题的背景不同,所要解决的问题也不相同,但是反映在数量上,都是要求某个整体的量.而计算这种量所遇到的困难和为克服困难采用的方法都是类似的,都是先把整体问题通过"大化小"化为局部问题,在局部上通过"常代变"或"以不变代变"作近似代替,由此"求和"得到整体的一个近似值,再通过"求极限"

便得到所求的量.这个方法的过程可简单描述为"大化小 — 常代变 — 求和 — 求极限".采用这种方法解决问题时,最后都归结为对某一个函数 $f(x)$ 实施相同结构的数学运算 —— 求和数 $\sum\limits_{i=1}^{n} f(\xi_i)\Delta x_i$ 的极限.事实上,在自然科学和工程技术中,还有许多类似问题的解决都要归结为计算这种特定和的极限.抛开问题的具体意义,抓住它们在数量关系上共同的本质与特性加以概括,便可以抽象出其中的数学概念和思想,得到定积分的定义.

5.1.2 定积分的定义

定义 1 设函数 $f(x)$ 在区间 $[a,b]$ 上有界,在 $[a,b]$ 中任意插入 $n-1$ 个分点

$$a = x_0 < x_1 < x_2 < \cdots < x_{n-1} < x_n = b,$$

把区间 $[a,b]$ 分成 n 个小区间

$$[x_0,x_1],[x_1,x_2],\cdots,[x_{n-1},x_n],$$

各个小区间的长度依次为

$$\Delta x_1 = x_1 - x_0, \Delta x_2 = x_2 - x_1, \cdots, \Delta x_n = x_n - x_{n-1}.$$

在第 i 个小区间 $[x_{i-1},x_i]$ 上任取一点 $\xi_i(i = 1,2,\cdots,n)$,作函数值 $f(\xi_i)$ 与小区间长度 Δx_i 的乘积 $f(\xi_i)\Delta x_i(i = 1,2,\cdots,n)$,并作出和

$$\sum_{i=1}^{n} f(\xi_i)\Delta x_i. \tag{5.1}$$

记 $\lambda = \max\{\Delta x_1, \Delta x_2, \cdots, \Delta x_n\}$,如果不论对 $[a,b]$ 进行怎样的分法,也不论在小区间 $[x_{i-1},x_i]$ 上的点 ξ_i 怎样的取法,只要当 $\lambda \to 0$ 时,和(5.1)总趋于确定的极限 I,这时称此极限为函数 $f(x)$ 在区间 $[a,b]$ 上的定积分(简称积分),记作 $\int_a^b f(x)\mathrm{d}x$,即

$$\int_a^b f(x)\mathrm{d}x = I = \lim_{\lambda \to 0} \sum_{i=1}^{n} f(\xi_i)\Delta x_i \tag{5.2}$$

其中 $f(x)$ 称为被积函数,$f(x)\mathrm{d}x$ 称为被积表达式,x 称为积分变量,a 称为积分下限,b 称为积分上限,$[a,b]$ 称为积分区间.

如果函数 $f(x)$ 在区间 $[a,b]$ 上的定积分存在,也称 $f(x)$ 在 $[a,b]$ 上可积.

利用定积分的定义,上述曲边梯形的面积 A 就是函数 $f(x)$ 在区间 $[a,b]$ 上的定积分,即 $A = \int_a^b f(x)\mathrm{d}x$;变速直线运动的路程 s 就是速度 $v(t)$ 在时间间隔

$[a,b]$ 上的定积分,即 $s = \int_a^b v(t)\,\mathrm{d}t$;总收益 R 就是价格 $P(x)$ 在销量区间 $[a,b]$ 上的定积分,即 $R = \int_a^b P(x)\,\mathrm{d}x$.

注:当 $\sum_{i=1}^{n} f(\xi_i)\Delta x_i$ 的极限存在时,其极限 I 仅与被积函数 $f(x)$ 及积分区间 $[a,b]$ 有关.如果既不改变被积函数 $f(x)$ 也不改变积分区间 $[a,b]$,不论把积分变量 x 改成其他任何字母,如 t 或 u,此和的极限都不会改变,即定积分的值不变.即

$$\int_a^b f(x)\,\mathrm{d}x = \int_a^b f(t)\,\mathrm{d}t = \int_a^b f(u)\,\mathrm{d}u.$$

这个结果也可说成是定积分的值与被积函数及积分区间有关,而与积分变量的符号无关.

有了定积分的概念之后,必然会考虑这样的问题:满足什么条件的函数是可积的? 下面给出两个函数 $f(x)$ 在区间 $[a,b]$ 上可积的充分条件.

定理 1 设 $f(x)$ 在区间 $[a,b]$ 上连续,则 $f(x)$ 在区间 $[a,b]$ 上可积.

定理 2 设 $f(x)$ 在区间 $[a,b]$ 上有界,且只有有限个间断点,则 $f(x)$ 在区间 $[a,b]$ 上可积.

5.1.3 定积分的几何意义

(1)当 $f(x) \geqslant 0$ 时,定积分 $\int_a^b f(x)\,\mathrm{d}x$ 表示由直线 $x = a$、$x = b$、x 轴和曲线 $y = f(x)$ 所围成的曲边梯形的面积.

(2)当 $f(x) \leqslant 0$ 时,由直线 $x = a$、$x = b$、x 轴和曲线 $y = f(x)$ 所围成的曲边梯形位于 x 轴的下方,按照定义,这时定积分 $\int_a^b f(x)\,\mathrm{d}x$ 的值应为负,因此 $\int_a^b f(x)\,\mathrm{d}x$ 表示上述曲边梯形面积的负值.

(3)若在区间 $[a,b]$ 上,$f(x)$ 既取得正值又取得负值时,对应的曲边梯形的某些部分在 x 轴的上方,某些部分在 x 轴的下方.这时定积分 $\int_a^b f(x)\,\mathrm{d}x$ 表示由直线 $x = a$、$x = b$、x 轴和曲线 $y = f(x)$ 围成的曲边梯形各部分面积的代数和,即曲边梯形位于 x 轴上方的面积减去位于 x 轴下方的面积,如图 5.3 所示.

即 $\int_a^b f(x)\,\mathrm{d}x = A_1 - A_2 + A_3.$

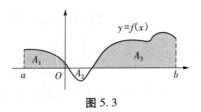

图 5.3

5.1.4 定积分的性质

为了进一步讨论定积分的理论和计算,需要介绍定积分的一些性质.根据定积分的定义,$\int_a^b f(x)\mathrm{d}x$ 只有当 $a < b$ 时才有意义,当 $a = b$ 或 $a > b$ 时,$\int_a^b f(x)\mathrm{d}x$ 是没有意义的,但为了运算的需要,对定积分作以下两点补充规定:

(1) 当 $a = b$ 时,$\int_a^b f(x)\mathrm{d}x = 0$,即 $\int_a^a f(x)\mathrm{d}x = 0$.

(2) 当 $a \neq b$ 时,$\int_a^b f(x)\mathrm{d}x = -\int_b^a f(x)\mathrm{d}x$.

即当上下限相同时,定积分等于零;上下限互换时,定积分改变符号.

以下假定各性质所列出的定积分都是存在的.

性质 1 两个函数加减的定积分等于两个函数定积分的加减,即

$$\int_a^b [f(x) \pm g(x)]\mathrm{d}x = \int_a^b f(x)\mathrm{d}x \pm \int_a^b g(x)\mathrm{d}x.$$

该性质对任意有限个函数的加减的情形都是成立的.

性质 2 被积函数的常数因子可提到积分号外面,即

$$\int_a^b kf(x)\mathrm{d}x = k\int_a^b f(x)\mathrm{d}x, \quad (k \text{ 为常数}).$$

性质 3(积分对积分区间的可加可拆性) 设 a、b、c 为任意三个数,则函数 $f(x)$ 在区间 $[a,b]$ 上的定积分有如下关系:

$$\int_a^b f(x)\mathrm{d}x = \int_a^c f(x)\mathrm{d}x + \int_c^b f(x)\mathrm{d}x.$$

性质 4 如果在区间 $[a,b]$ 上 $f(x) \equiv 1$,则 $\int_a^b 1\mathrm{d}x = \int_a^b \mathrm{d}x = b - a$.

性质 5 如果在区间 $[a,b]$ 上 $f(x) \geqslant 0$,则 $\int_a^b f(x)\mathrm{d}x \geqslant 0$.

推论 1 如果在区间 $[a,b]$ 上 $f(x) \leqslant g(x)$,则

$$\int_a^b f(x)\mathrm{d}x \leqslant \int_a^b g(x)\mathrm{d}x.$$

性质6 设 M 及 m 分别是函数 $f(x)$ 在区间 $[a,b]$ 上的最大值及最小值,则

$$m(b-a) \leqslant \int_a^b f(x)\mathrm{d}x \leqslant M(b-a).$$

证明 因为 $m \leqslant f(x) \leqslant M$,由性质5的推论1,得

$$\int_a^b m\mathrm{d}x \leqslant \int_a^b f(x)\mathrm{d}x \leqslant \int_a^b M\mathrm{d}x,$$

所以 $m(b-a) \leqslant \int_a^b f(x)\mathrm{d}x \leqslant M(b-a).$

性质7(定积分中值定理) 如果函数 $f(x)$ 在闭区间 $[a,b]$ 上连续,则在积分区间 $[a,b]$ 上至少存在一点 ξ,使下式成立:

$$\int_a^b f(x)\mathrm{d}x = f(\xi)(b-a).$$

这个公式也称为积分中值公式.

证明 因为 $f(x)$ 在 $[a,b]$ 上连续,所以它有最小值 m 与最大值 M,由性质6有

$$m(b-a) \leqslant \int_a^b f(x)\mathrm{d}x \leqslant M(b-a).$$

各项都除以 $(b-a)$,得

$$m \leqslant \frac{1}{b-a}\int_a^b f(x)\mathrm{d}x \leqslant M.$$

这表明,$\dfrac{1}{b-a}\int_a^b f(x)\mathrm{d}x$ 是介于函数 $f(x)$ 的最大值与最小值之间的数.根据闭区间上连续函数的介值定理,在 $[a,b]$ 上至少存在一点 ξ,使得

$$f(\xi) = \frac{1}{b-a}\int_a^b f(x)\mathrm{d}x,\text{即}\int_a^b f(x)\mathrm{d}x = f(\xi)(b-a).$$

积分中值定理的几何意义是:如果 $f(x) \geqslant 0$,那么以 $f(x)$ 为曲边,以 $[a,b]$ 为底的曲边梯形的面积等于以 $[a,b]$ 上某一点 ξ 的函数值 $f(\xi)$ 为高、以 $[a,b]$ 为底的矩形的面积如图 5.4 所示.另称 $\dfrac{1}{b-a}\int_a^b f(x)\mathrm{d}x$ 为函数 $f(x)$ 在区间 $[a,b]$ 上的平均值.

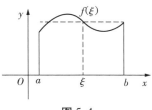

图 5.4

习题 5-1

基础题

1.选择题：

（1）定积分 $\int_a^b f(x)\,\mathrm{d}x$ 是（ ）.

A.$f(x)$ 的一个原函数　　　　　B.任意常数

C.$f(x)$ 的全体原函数　　　　　D.确定常数

（2）$\int_{\frac{1}{2}}^2 |\ln x|\,\mathrm{d}x = ($).

A.$\int_{\frac{1}{2}}^1 \ln x\,\mathrm{d}x + \int_1^2 \ln x\,\mathrm{d}x$

B.$-\int_{\frac{1}{2}}^1 \ln x\,\mathrm{d}x + \int_1^2 \ln x\,\mathrm{d}x$

C.$\int_{\frac{1}{2}}^1 \ln x\,\mathrm{d}x - \int_1^2 \ln x\,\mathrm{d}x$

D.$-\int_{\frac{1}{2}}^1 \ln x\,\mathrm{d}x - \int_1^2 \ln x\,\mathrm{d}x$

（3）$\int_0^{\frac{1}{2}} e^x\,\mathrm{d}x$ 与 $\int_0^{\frac{1}{2}} e^{x^2}\,\mathrm{d}x$ 相比,有关系式（ ）.

A.$\int_0^{\frac{1}{2}} e^x\,\mathrm{d}x > \int_0^{\frac{1}{2}} e^{x^2}\,\mathrm{d}x$

B.$\int_0^{\frac{1}{2}} e^x\,\mathrm{d}x < \int_0^{\frac{1}{2}} e^{x^2}\,\mathrm{d}x$

C.$\int_0^{\frac{1}{2}} e^x\,\mathrm{d}x = \int_0^{\frac{1}{2}} e^{x^2}\,\mathrm{d}x$

D.两个积分值不能比较

2.利用定积分的定义计算下列积分：

（1）$\int_0^1 x^2\,\mathrm{d}x$；　　　　　　（2）$\int_a^b x\,\mathrm{d}x$.

3.利用定积分的几何意义计算定积分 $\int_1^2 2x\,\mathrm{d}x$ 的值.

4.估计下列积分的值：

（1）$\int_1^4 (x^2 + 1)\,\mathrm{d}x$；　　　　　（2）$\int_{\frac{\pi}{4}}^{\frac{5\pi}{4}} (1 + \sin^2 x)\,\mathrm{d}x$；

（3）$\int_{\frac{1}{\sqrt{3}}}^{\sqrt{3}} x \arctan x\,\mathrm{d}x$；　　　（4）$\int_2^0 e^{x^2-x}\,\mathrm{d}x$.

5.不计算积分的值,比较下列各组积分的大小:

(1) $\int_0^1 x^2 \mathrm{d}x$ 和 $\int_0^1 x^3 \mathrm{d}x$; (2) $\int_3^4 \ln x \mathrm{d}x$ 和 $\int_3^4 (\ln x)^2 \mathrm{d}x$;

(3) $\int_1^2 \ln x \mathrm{d}x$ 和 $\int_1^2 (\ln x)^2 \mathrm{d}x$; (4) $\int_0^{\frac{\pi}{2}} \sin x \mathrm{d}x$ 和 $\int_0^{\frac{\pi}{2}} \sin^2 x \mathrm{d}x$.

提高题

1.利用定积分的几何意义,证明下列等式:

(1) $\int_0^1 2x \mathrm{d}x = 1$; (2) $\int_{-1}^1 \sqrt{1 - x^2} \mathrm{d}x = \frac{\pi}{2}$;

(3) $\int_{-\pi}^{\pi} \sin x \mathrm{d}x = 0$; (4) $\int_{-\frac{\pi}{2}}^{\frac{\pi}{2}} \cos x \mathrm{d}x = 2\int_0^{\frac{\pi}{2}} \cos x \mathrm{d}x$.

2.设 $\int_{-1}^1 3f(x)\mathrm{d}x = 18, \int_{-1}^3 f(x)\mathrm{d}x = 4, \int_{-1}^3 g(x)\mathrm{d}x = 3$,求:

(1) $\int_{-1}^1 f(x)\mathrm{d}x$; (2) $\int_1^3 f(x)\mathrm{d}x$;

(3) $\int_3^{-1} g(x)\mathrm{d}x$; (4) $\int_{-1}^3 \frac{1}{5}[4f(x) + 3g(x)]\mathrm{d}x$.

§5.2 微积分基本公式

积分学问题上要解决两个问题,一个是原函数的求法,就是不定积分,第 4 章已对它进行了讨论;另一个问题就是定积分的计算问题.先来看一下用定积分的定义如何来求下面这个问题:

例 1 计算 $\int_0^1 x^2 \mathrm{d}x$.

因为被积函数 $f(x) = x^2$ 在区间 $[0,1]$ 上是连续的,所以可积,故积分与区间 $[0,1]$ 的分法与点 ξ_i 的取法无关.所以为了便于计算,我们进行如下处理:

(1)"大化小":将区间 $[0,1]$ 分成 n 等份,分点为 $x_i = \dfrac{i}{n}, i = 1, 2, \cdots, n - 1$,

则 $\Delta x_i = \dfrac{1}{n}, i = 1, 2, \cdots, n-1,$ 取 $\xi_i = x_i,$ 其中 $, i = 1, 2, \cdots, n-1.$

（2）"常代变"和"求和"：得和式为

$$\sum_{i=1}^{n} f(\xi_i) \Delta x_i = \sum_{i=1}^{n} \xi_i^2 \Delta x_i = \sum_{i=1}^{n} x_i^2 \Delta x_i$$

$$= \sum_{i=1}^{n} \left(\frac{i}{n} \right)^2 \frac{1}{n} = \frac{1}{n^3} \sum_{i=1}^{n} i^2$$

$$= \frac{1}{n^3} \cdot \frac{1}{6} n(n+1)(2n+1)$$

$$= \frac{1}{6} \left(1 + \frac{1}{n} \right) \left(2 + \frac{1}{n} \right).$$

（3）"求极限"：当 $\lambda \to 0$ 时，即 $n \to \infty$ 时，取上式右端的极限.

由定积分的定义得，所要计算的积分为

$$\int_0^1 x^2 \mathrm{d}x = \lim_{n \to \infty} \sum_{i=1}^{n} f(\xi_i) \Delta x_i = \lim_{n \to \infty} \frac{1}{6} \left(1 + \frac{1}{n} \right) \left(2 + \frac{1}{n} \right) = \frac{1}{3}.$$

从例 1 可以看出，如果按定积分的定义来进行计算定积分，这将是一个十分复杂的事情，于是寻求一种计算定积分有效的方法便成为积分学发展的关键性问题.

由第 4 章的学习，我们知道，不定积分如果作为求导的逆运算来说，与定积分作为积分和的极限的概念是完全不相关的. 但是牛顿和莱布尼茨不仅发现两者之前有关系，而且还找到了这两个概念之间存在着深刻的内在联系，即**微积分基本定理**及用来求定积分的新途径 —— **牛顿-莱布尼茨公式**，从而使积分学与微分学一起构成了变量数学的基础学科 —— 微积分学.

5.2.1 引 例

在变速直线运动的研究过程中，需要计算从时间间隔 $[t_1, t_2]$ 内所经过的路程，为了使问题分析方便，同样应用 5.1 节的假设及结论，即设 t 时刻时，物体所在路程为 $s(t)$，速度为 $v(t)(v(t) \geq 0)$，则从时间间隔 $[t_1, t_2]$ 内所经过的路程为

$$s = \int_{t_1}^{t_2} v(t) \mathrm{d}t.$$

另一方面，这段路程为路程函数 $s(t)$ 在 $[t_1, t_2]$ 上的改变量

$$s(t_1) - s(t_2).$$

由此可见,路程函数 $s(t)$ 与速度函数 $v(t)$ 之间有如下关系:

$$s = \int_{t_1}^{t_2} v(t)\mathrm{d}t = s(t_2) - s(t_1) \tag{5.3}$$

在第2章导数与微分中,我们知道 $s'(t) = v(t)$,即路程函数 $s(t)$ 是与速度函数 $v(t)$ 的一个原函数,所以关系式(5.3)解释为:要求速度为 $v(t)$ 的物体在时间间隔 $[t_1, t_2]$ 内所经过的路程(即 $\int_{t_1}^{t_2} v(t)\mathrm{d}t$),就是求速度函数 $v(t)$ 的一个原函数 $s(t)$ 在 $[t_1, t_2]$ 上的改变量.

牛顿的这个猜测,即函数 $f(x)$ 在区间 $[a,b]$ 上的定积分是否等于 $f(x)$ 的一个原函数 $F(x)$ 在 $[a,b]$ 两端点处函数值之差,是否正确? 牛顿和莱布尼茨进行了深入的思考……

5.2.2　变上限积分函数及其导数

先来认识一种新的对应关系:

设函数 $f(t)$ 在区间 $[a,b]$ 上连续,x 是 $[a,b]$ 的一点,则定义一个新的函数为

$$\Phi(x) = \int_a^x f(t)\mathrm{d}t, \quad (a \leqslant x \leqslant b) \tag{5.4}$$

称此函数为变上限积分函数.

对照图 5.5 所示,式(5.4)等号右边 $\int_a^x f(t)\mathrm{d}t$ 为关于 t 的积分,x 看成常数,则此定积分为曲线 $y = f(t)$,$t = a, t = x$ 及 t 轴所图成图形的面积.一个 x 对应一个面积值,则 $\Phi(x)$ 的几何意义是右侧直线可移动的曲边梯形面积.

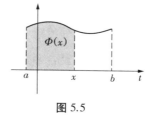

图 5.5

关于 $\Phi(x)$ 这个函数,有一个重要定理:

定理 1　若函数 $f(x)$ 在区间 $[a,b]$ 上连续,则变上限积分函数

$$\Phi(x) = \int_a^x f(t)\mathrm{d}t, \quad (a \leqslant x \leqslant b)$$

在 $[a,b]$ 上可导,且它的导数为 $f(x)$.即

$$\Phi'(x) = \left[\int_a^x f(t)\mathrm{d}t\right]' = f(x) \tag{5.5}$$

证明　设 $x \in (a, b), \Delta x > 0$,使得 $x + \Delta x \in (a, b)$,则有

$$\Phi'(x) = \lim_{\Delta x \to 0} \frac{\Delta \Phi}{\Delta x} = \lim_{\Delta x \to 0} \frac{\Phi(x + \Delta x) - \Phi(x)}{\Delta x} = \lim_{\Delta x \to 0} \frac{\int_a^{x+\Delta x} f(t)\,dt - \int_a^x f(t)\,dt}{\Delta x}$$

$$= \lim_{\Delta x \to 0} \frac{\int_a^{x+\Delta x} f(t)\,dt + \int_x^a f(t)\,dt}{\Delta x} = \lim_{\Delta x \to 0} \frac{\int_x^{x+\Delta x} f(t)\,dt}{\Delta x}$$

$$= \lim_{\Delta x \to 0} \frac{f(\xi) \cdot \Delta x}{\Delta x} = \lim_{\Delta x \to 0} f(\xi) = f(x).$$

若 $x = a$，取 $\Delta x > 0$，同理可证 $\Phi'_+(x) = f(a)$；若 $x = b$，取 $\Delta x > 0$，同理可证 $\Phi'_-(x) = f(b)$，得证.

例 2　求 $\Phi(x) = \int_a^x \sin t\,dt$ 的导数.

解　$\Phi'(x) = \left[\int_a^x \sin t\,dt\right]' = \sin x.$

例 3　求 $\Phi(x) = \int_a^x \sin t^2\,dt$ 的导数.

解　$\Phi'(x) = \left[\int_a^x \sin t^2\,dt\right]' = \sin x^2.$

例 4　求 $\Phi(x) = \int_a^{x^2} \sin t\,dt$ 的导数.

解　因为 $\Phi(x) = \int_a^{x^2} \sin t\,dt$ 为复合函数，可以分解成 $y = \Phi(u) = \int_a^u \sin t\,dt$，$u = x^2$. 根据复合函数求导法则，有

$$\Phi'(x) = \left[\int_a^u \sin t\,dt\right]' \cdot (x^2)' = \sin u \cdot 2x = \sin x^2 \cdot 2x.$$

例 5　求 $\Phi(x) = \int_{\cos x}^1 e^{t^2}\,dt$ 的导数.

解　因为 $\Phi(x) = \int_{\cos x}^1 e^{t^2}\,dt$ 为变下限积分函数，可先转化为变上限积分函数再求导：

$$\Phi'(x) = \left[-\int_1^{\cos x} e^{t^2}\,dt\right]' = -e^{\cos^2 x} \cdot (-\sin x) = e^{\cos^2 x} \cdot \sin x.$$

例 6　求 $\Phi(x) = \int_{x^3}^{x^2} \frac{1}{\sqrt{1+t}}\,dt$ 的导数.

解 因为 $\Phi(x) = \int_{x^3}^{x^2} \dfrac{1}{\sqrt{1+t}} \mathrm{d}t$ 为上、下限都变的积分函数,考虑用积分可拆性将这个积分拆分成两个积分函数之后再求导:

$$\Phi'(x) = \left[\int_{x^3}^{x^2} \frac{1}{\sqrt{1+t}} \mathrm{d}t \right]' = \left[\int_{a}^{x^2} \frac{1}{\sqrt{1+t}} \mathrm{d}t + \int_{x^3}^{a} \frac{1}{\sqrt{1+t}} \mathrm{d}t \right]'$$

$$= \left[\int_{a}^{x^2} \frac{1}{\sqrt{1+t}} \mathrm{d}t - \int_{a}^{x^3} \frac{1}{\sqrt{1+t}} \mathrm{d}t \right]' = \frac{1}{\sqrt{1+x^2}} \cdot 2x - \frac{1}{\sqrt{1+x^3}} \cdot 3x^2.$$

由例 2 到例 6 可得,如可变上限为 x 本身,可直接用定理 1 中公式 (5.5) 计算;如变上限积分函数为复合函数,可用以下两个公式完成:

(1) $\left[\int_{a}^{\varphi(x)} f(t)\,\mathrm{d}t \right]' = f[\varphi(x)] \cdot \varphi'(x).$

(2) $\left[\int_{\psi(x)}^{\varphi(x)} f(t)\,\mathrm{d}t \right]' = f[\varphi(x)] \cdot \varphi'(x) - f[\psi(x)] \cdot \psi'(x).$

例 7 求 $\lim\limits_{x \to 0} \dfrac{\displaystyle\int_{1}^{\cos x} \mathrm{e}^{t^2} \mathrm{d}t}{x^2}.$

解 此极限式是 $\dfrac{0}{0}$ 型未定式,可应用洛必达法则,得

$$\lim_{x \to 0} \frac{\displaystyle\int_{1}^{\cos x} \mathrm{e}^{t^2} \mathrm{d}t}{x^2} \overset{L}{=} \lim_{x \to 0} \frac{\mathrm{e}^{\cos^2 x} \cdot (-\sin x)}{2x} = \lim_{x \to 0} \frac{-\mathrm{e}^{\cos^2 x}}{2} \cdot \lim_{x \to 0} \frac{\sin x}{x} = -\frac{\mathrm{e}}{2}.$$

5.2.3 微积分基本公式

由定理 1 可以得出,连续函数必有原函数,即 $\Phi(x)$ 为连续函数 $f(x)$ 的一个原函数.这个事实可以总结为原函数存在定理:

定理 2 若函数 $f(x)$ 在区间 $[a,b]$ 上连续,则变上限积分函数

$$\Phi(x) = \int_{a}^{x} f(t)\,\mathrm{d}t, \quad (a \leqslant x \leqslant b)$$

就是 $f(x)$ 在 $[a,b]$ 上的一个原函数.

定理 2 的重要意义在于一方面肯定了连续函数的原函数是存在的,另一方面初步揭示了定积分与原函数之间的关系.于是,就有可能通过原函数来计算定积分.

定理 3 若函数 $F(x)$ 是连续函数 $f(x)$ 在 $[a,b]$ 上的一个原函数,则

$$\int_a^b f(x)\,\mathrm{d}x = F(x)\,\big|_a^b = F(b) - F(a). \tag{5.6}$$

证明 已知 $F(x)$ 是 $f(x)$ 的一个原函数，又由定理 2 得 $\Phi(x) = \int_a^x f(t)\,\mathrm{d}t$ $(a \leq x \leq b)$ 也是 $f(x)$ 在 $[a,b]$ 上的一个原函数，则这两个原函数之间相关一个常数，即

$$F(x) - \Phi(x) = C \Rightarrow \Phi(x) = F(x) - C \Rightarrow \int_a^x f(t)\,\mathrm{d}t = F(x) - C$$

对上式，令 $x = a$，得 $\int_a^a f(t)\,\mathrm{d}t = F(a) - C = 0$，得 $C = F(a)$；

令 $x = b$，得 $\int_a^b f(t)\,\mathrm{d}t = F(b) - F(a)$.

得证.

定理 3 巧妙地把定积分的问题与不定积分联系起来，转化为求被积函数的一个原函数在区间 $[a,b]$ 上的改变量问题.这个公式通常被称为"微积分基本公式".又因这个公式由牛顿和莱布尼茨在各自的研究领域内单独发现，为了纪念他们的成就，也将这个公式称为"牛顿 - 莱布尼茨公式".

再现例 1，求 $\int_0^1 x^2\,\mathrm{d}x$.

解 $\int_0^1 x^2\,\mathrm{d}x = \dfrac{1}{3}\,x^3\,\bigg|_0^1 = \dfrac{1}{3}\cdot 1^3 - \dfrac{1}{3}\cdot 0^3 = \dfrac{1}{3}$.

从例 1 这个问题的两种解法来看，牛顿 - 莱布尼茨公式给定积分提供了一个有效且简便的计算方法，大大简化了定积分的计算手续.

例 8 求 $\int_{-\frac{\sqrt{2}}{2}}^1 \dfrac{1}{\sqrt{1-x^2}}\,\mathrm{d}x$.

解 $\int_{-\frac{\sqrt{2}}{2}}^1 \dfrac{1}{\sqrt{1-x^2}}\,\mathrm{d}x = \arcsin x\,\bigg|_{-\frac{\sqrt{2}}{2}}^1 = \arcsin 1 - \arcsin\left(-\dfrac{\sqrt{2}}{2}\right)$

$$= \dfrac{\pi}{2} - \left(-\dfrac{\pi}{4}\right) = \dfrac{3\pi}{4}.$$

例 9 求 $\int_1^2 \left(\dfrac{1}{x} + x\right)\mathrm{d}x$.

解 $\int_1^2 \left(\dfrac{1}{x} + x\right)\mathrm{d}x = \left(\ln|x| + \dfrac{1}{2}x^2\right)\bigg|_1^2$

$$= (\ln 2 + 2) - \left(0 + \frac{1}{2}\right)$$

$$= \ln 2 + \frac{3}{2}.$$

例 10　计算余弦曲线 $y = \cos x$ 在区间 $\left[-\dfrac{\pi}{2}, \dfrac{\pi}{2}\right]$ 上与 x 轴所围成的平面图形的面积,如图.

解　从题目及图 5.6 上看,这是曲边梯形的一个特例,它的面积就是 $y = \cos x$ 在 $\left[-\dfrac{\pi}{2}, \dfrac{\pi}{2}\right]$ 上的定积分.

$$A = \int_{-\frac{\pi}{2}}^{\frac{\pi}{2}} \cos x \mathrm{d}x = \sin x \Big|_{-\frac{\pi}{2}}^{\frac{\pi}{2}} = \sin \frac{\pi}{2} - \sin\left(-\frac{\pi}{2}\right) = 2.$$

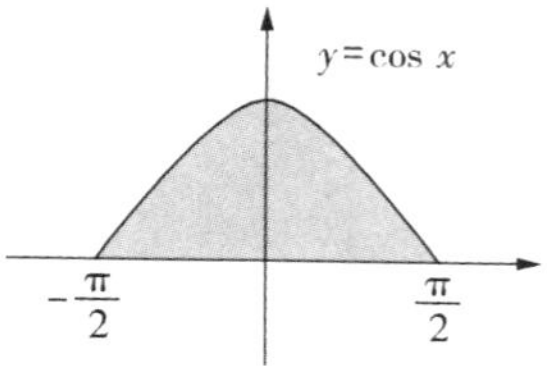

图 5.6

例 11　证明积分中值定理:若函数 $f(x)$ 在区间 $[a, b]$ 上连续,则在开区间 (a, b) 内至少存在一点 ξ,使

$$\int_a^b f(t) \mathrm{d}t = f(\xi)(b - a), \quad (a < \xi < b).$$

证明　由函数 $f(x)$ 在区间 $[a, b]$ 上连续得,$f(x)$ 在区间 $[a, b]$ 上可积,其原函数存在.设 $f(x)$ 的原函数为 $F(x)$,则在区间 $[a, b]$,$F'(x) = f(x)$.由微积分基本公式得,

$$\int_a^b f(t) \mathrm{d}t = F(x) \Big|_a^b = F(b) - F(a).$$

另外,$F(x)$ 在区间 $[a, b]$ 上满足拉格朗日中值定理,则至少存在一点 $\xi \in (a, b)$,使

$$F(b) - F(a) = f(\xi)(b - a).$$

综上所述,得

$$\int_a^b f(t) \mathrm{d}t = f(\xi)(b - a), \xi \in (a, b).$$

得证.

习题 5-2

基础题

1.选择题

(1) 设 $f(x)$ 为连续函数，$F(x)$，$\varphi(x)$ 为可导函数，则下列等式中不正确的是（   ）.

A. $\dfrac{\mathrm{d}}{\mathrm{d}x}\left[\displaystyle\int_a^x f(t)\,\mathrm{d}t\right] = f(x)$

B. $\dfrac{\mathrm{d}}{\mathrm{d}x}\left[\displaystyle\int_a^b f(t)\,\mathrm{d}t\right] = f(x)$

C. $\dfrac{\mathrm{d}}{\mathrm{d}x}\left[\displaystyle\int_a^{\varphi(x)} f(t)\,\mathrm{d}t\right] = f[\varphi(x)]\varphi'(x)$

D. $\dfrac{\mathrm{d}}{\mathrm{d}x}\left[\displaystyle\int_a^x F'(t)\,\mathrm{d}t\right] = F'(x)$

(2) 设 $F(x) = \displaystyle\int_x^2 \sqrt{3 + t^2}\,\mathrm{d}t$，则 $F'(1) = ($ $)$.

A. $\sqrt{7} - 2$ B. $2 - \sqrt{7}$ C. 2   D. -2

(3) 若 $\displaystyle\int_0^1 (2x + k)\,\mathrm{d}x = 2$，则 $k = ($ $)$.

A. 0   B. -1 C. $\dfrac{1}{2}$ D. 1

2.设 $y = \displaystyle\int_0^x \sin t\,\mathrm{d}t$，求 $y'(0)$，$y'\left(\dfrac{\pi}{4}\right)$.

3.计算下列各积分：

(1) $\displaystyle\int_0^a (3x^2 - x + 1)\,\mathrm{d}x$；

(2) $\displaystyle\int_1^2 \left(x^2 + \dfrac{1}{x^4}\right)\,\mathrm{d}x$；

(3) $\displaystyle\int_4^9 \sqrt{x}\left(1 + \sqrt{x}\right)\,\mathrm{d}x$；

(4) $\displaystyle\int_0^1 \dfrac{x^2}{1 + x^2}\,\mathrm{d}x$；

(5) $\displaystyle\int_0^{\frac{\pi}{4}} \tan^2\theta\,\mathrm{d}\theta$；

(6) $\displaystyle\int_0^{2\pi} |\sin x|\,\mathrm{d}x$.

提高题

1.计算下列极限:

$(1)\ \lim\limits_{x\to 0}\dfrac{\displaystyle\int_0^x \sin t\,\mathrm{d}t}{\displaystyle\int_0^x t\,\mathrm{d}t};$

$(2)\ \lim\limits_{x\to 0}\dfrac{\displaystyle\int_0^x \cos t^2\,\mathrm{d}t}{x};$

$(3)\ \lim\limits_{x\to 0}\dfrac{\displaystyle\int_0^x \arctan t\,\mathrm{d}t}{x^2};$

$(4)\ \lim\limits_{x\to 0}\dfrac{\displaystyle\int_{\cos x}^1 \mathrm{e}^{-t^2}\,\mathrm{d}t}{x^2}.$

2.当 x 为何值时,函数 $\varPhi(x)=\displaystyle\int_0^x t\mathrm{e}^{-t^2}\mathrm{d}t$ 有极值?

3.已知 $f(x)$ 为连续函数,且

$$\int_0^x xf(t)\,\mathrm{d}t + \int_x^0 tf(t)\,\mathrm{d}t = 2x^3(x-1),$$

求 $f(x)$.

§5.3　定积分的换元积分法和分部积分法

由上节所学内容得,要计算 $\displaystyle\int_a^b f(x)\mathrm{d}x$ 的关键是要求出被积函数 $f(x)$ 的一个原函数.由第 4 章中知道,用换元积分法和分部积分法可以求出一些函数的原函数,因此定积分的计算可以与不定积分的积分方法对应.本节主要阐述定积分的换元积分法和分部积分法.

5.3.1　定积分的换元积分法

下面对一个例子用三种方法来说明用换元积分法的被积函数怎么计算定积分.

例 1　求 $\displaystyle\int_0^{\frac{\pi}{2}}\cos^3 x\sin x\mathrm{d}x.$

解法一：要求 $\int_0^{\frac{\pi}{2}} \cos^3 x \sin x dx$，只需要先求 $\int \cos^3 x \sin x dx$，再用微积分基本公式计算即可．对 $\int \cos^3 x \sin x dx$ 用不定积分的换元积分法，令 $u = \cos x$，则 $du = -\sin x dx$，

$$\int \cos^3 x \sin x dx = \int u^3(-du) = -\int u^3 du = -\frac{1}{4}u^4 + C = -\frac{1}{4}\cos^4 x + C,$$

$$\int_0^{\frac{\pi}{2}} \cos^3 x \sin x dx = -\frac{1}{4}\cos^4 x \Big|_0^{\frac{\pi}{2}} = -\frac{1}{4} \cdot 0^4 - \left(-\frac{1}{4} \cdot 1^4\right) = \frac{1}{4}.$$

解法二：此题可用第一类换元积分法求解，也就可以用凑微分的做法来完成．故解法二选用凑微分法来做，结合定积分的符号及计算方式，书写如下：

$$\int_0^{\frac{\pi}{2}} \cos^3 x \sin x dx = \int_0^{\frac{\pi}{2}} \cos^3 x d(-\cos x) = -\int_0^{\frac{\pi}{2}} \cos^3 x d\cos x$$

$$= -\frac{1}{4}\cos^4 x \Big|_0^{\frac{\pi}{2}} = \frac{1}{4}.$$

解法三：以定积分的换元积分法来书写．下面先来讨论几个问题：

（1）此题用第一类换元法做，令 $u = \cos x$，则 $du = -\sin x dx$；

（2）如果换元，原定积分 $\int_0^{\frac{\pi}{2}} \cos^3 x \sin x dx$ 的积分区间为 $\left[0, \frac{\pi}{2}\right]$，此时对应的积分变量会换成 u．如果还以 $\left[0, \frac{\pi}{2}\right]$ 为 u 的积分区间，肯定不妥，故由 $u = \cos x$ 关系式可以得到，原积分下限 0，换成了 1；原积分上限 $\frac{\pi}{2}$，换成了 0．

（3）由以上两步得

$$\int_0^{\frac{\pi}{2}} \cos^3 x \sin x dx = \int_1^0 u^3(-du) = -\int_1^0 u^3 du = -\frac{1}{4}u^4 \Big|_1^0 = \frac{1}{4}.$$

由例 1 的三种解法可以看出，定积分可以借由不定积分的计算形式来完成．比较特别的是解法三，它才是真正的定积分的换元积分法，具体用一个定理来说明：

定理 1 设函数 $f(x)$ 在区间 $[a,b]$ 上连续，函数 $x = \varphi(t)$ 满足以下条件：

（1）$\varphi(\alpha) = a, \varphi(\beta) = b$；

（2）$\varphi(t)$ 在 $[\alpha,\beta]$（或 $[\beta,\alpha]$）上具有连续导数,且其值域 $R_\varphi = [a,b]$,
则有

$$\int_a^b f(x)\,dx = \int_\alpha^\beta f[\varphi(t)] \cdot \varphi'(t)\,dt. \tag{5.7}$$

公式（5.7）称为定积分的换元公式.应用此公式时必须注意以下三点：

（1）换元必换限；

（2）（原）上限换（新）上限,（原）下限换（新）下限；

（3）计算完之后不用还原,直接计算换元后的变量在新积分限内的改变量即可.

接下来再来练习两个例子：

例2 求 $\displaystyle\int_0^8 \frac{1}{\sqrt{1+x}}\,dx$.（"有根号,没平方"）

解 此题式子中有根号,为了去掉根号,可以设 $u = \sqrt{1+x}$,于是 $x = u^2 - 1$,
$dx = 2u\,du$;原积分下限 0,换成了 1;原积分上限 8,换成了 3.

$$\int_0^8 \frac{1}{\sqrt{1+x}}\,dx = \int_1^3 \frac{1}{u} \cdot 2u\,du = \int_1^3 2\,du = 2u \Big|_1^3 = 6 - 2 = 4.$$

换元积分法也可以反过来使用.即可用 $u = \varphi(x)$ 来引入新变量,$\alpha = \varphi(a)$,
$\beta = \varphi(b)$,如例3.

例3 求 $\displaystyle\int_1^e \frac{\ln^2 x}{x}\,dx$.

解 令 $u = \ln x$,则 $du = \dfrac{1}{x}\,dx$.原积分下限 1,换成了 0;原积分上限 e,换成了 1.

$$\int_1^e \frac{\ln^2 x}{x}\,dx = \int_0^1 u^2\,du = \frac{1}{3} u^3 \bigg|_0^1 = \frac{1}{3} \cdot 1^3 - \frac{1}{3} \cdot 0^3 = \frac{1}{3}.$$

例4 求 $\displaystyle\int_0^2 \frac{1}{\sqrt{4-x^2}}\,dx$.（"有根号,有平方"）

解 此题式子中有根号,为了去掉根号,借用三角恒等式"$\sin^2 u + \cos^2 u = 1$"来消除.设 $x = 2\sin u$,则 $dx = 2\cos u\,du$,于是根式化成了三角式,所求积分化为

$$\int_0^2 \frac{1}{\sqrt{4-x^2}}\,dx = \int_0^{\frac{\pi}{2}} \frac{1}{\sqrt{4-4\sin^2 u}} \cdot 2\cos u\,du = \int_0^{\frac{\pi}{2}} \frac{1}{2\cos u} \cdot 2\cos u\,du$$

$$= \int_0^{\frac{\pi}{2}} \mathrm{d}u = u \Big|_0^{\frac{\pi}{2}} = \frac{\pi}{2}.$$

从例 4 可以看出，这种"有根号，有平方"的情况可以用三角函数进行换元，总结如下：

（1）见到 $\sqrt{a^2 - x^2}$，利用 $\sin^2 u + \cos^2 u = 1$ 去根号，令 $x = a\sin u$，称为"弦变"；

（2）见到 $\sqrt{a^2 + x^2}$，利用 $1 + \tan^2 u = \sec^2 u$ 去根号，令 $x = a\tan u$，称为"切变"；

（3）见到 $\sqrt{x^2 - a^2}$，利用 $\tan^2 u = \sec^2 u - 1$ 去根号，令 $x = a\sec u$，称为"割变".

以下为定积分换元法的计算部分，下面利用定积分的换元积分法来证明一些实用的结论.

例 5　证明：

（1）若函数 $f(x)$ 在区间 $[-a, a]$ 上连续且为偶函数，则

$$\int_{-a}^{a} f(x)\,\mathrm{d}x = 2\int_0^a f(x)\,\mathrm{d}x.$$

（2）若函数 $f(x)$ 在区间 $[-a, a]$ 上连续且为奇函数，则 $\int_{-a}^{a} f(x)\,\mathrm{d}x = 0.$

证明　根据积分区间的可拆性，有

$$\int_{-a}^{a} f(x)\,\mathrm{d}x = \int_{-a}^{0} f(x)\,\mathrm{d}x + \int_0^a f(x)\,\mathrm{d}x.$$

对 $\int_{-a}^{0} f(x)\,\mathrm{d}x$ 进行换元，令 $x = -t$，则

$$\int_{-a}^{0} f(x)\,\mathrm{d}x = \int_a^0 f(-t)\,\mathrm{d}(-t) = \int_0^a f(-t)\,\mathrm{d}t.$$

（1）若 $f(x)$ 为偶函数，则

$$\int_0^a f(-t)\,\mathrm{d}t = \int_0^a f(t)\,\mathrm{d}t = \int_0^a f(x)\,\mathrm{d}x$$

从而 $\int_{-a}^{a} f(x)\,\mathrm{d}x = 2\int_0^a f(x)\,\mathrm{d}x.$

（2）若 $f(x)$ 为奇函数，则

$$\int_0^a f(-t)\,\mathrm{d}t = -\int_0^a f(t)\,\mathrm{d}t = -\int_0^a f(x)\,\mathrm{d}x,$$

从而 $\int_{-a}^{a} f(x)\,\mathrm{d}x = 0$.

这个结论,通常称为"偶倍奇零",利用它常可简化计算在关于原点对称区间上偶函数、奇函数的定积分.

例 6　求 $\int_{-2}^{2} \dfrac{x}{\sqrt{4-x^2}}\,\mathrm{d}x$.

解　分析本题,积分区间关于原点对称,被积函数为奇函数,则由偶倍奇零得,答案为 0.

5.3.2　定积分的分部积分法

先来回顾一下不定积分分部积分法的公式为 $\int u\mathrm{d}v = uv - \int v\mathrm{d}u$.结合此公式,可将定积分的分部积分法写为

$$\int_{a}^{b} u(x)\,\mathrm{d}v(x) = u(x)v(x)\,\Big|_{a}^{b} - \int_{a}^{b} v(x)\,\mathrm{d}u(x). \tag{5.8}$$

此为定积分的分部积分公式,公式表明原函数已经积出的部分可以先代入上、下限,计算函数值之差.

例 7　求 $\int_{1}^{e} \ln x\mathrm{d}x$.

解　$\displaystyle\int_{1}^{e} \ln x\mathrm{d}x = x \ln x\,\Big|_{1}^{e} - \int_{1}^{e} x\mathrm{d}\ln x = e \cdot \ln e - 1 \cdot \ln 1 - \int_{1}^{e} x \cdot \frac{1}{x}\mathrm{d}x$

$\displaystyle\qquad = e - \int_{1}^{e} \mathrm{d}x = e - x\,\Big|_{1}^{e} = e - e + 1 = 1.$

例 8　求 $\int_{0}^{1} e^{\sqrt{t}}\mathrm{d}t$.

解　先用换元法,令 $u = \sqrt{t}$,则 $t = u^2$,$\mathrm{d}t = 2u\mathrm{d}u$.原积分下限 0,换成了 0;原积分上限 1,换成了 1,则

$$\int_{0}^{1} e^{\sqrt{t}}\mathrm{d}t = \int_{0}^{1} e^{u}2u\mathrm{d}u = 2\int_{0}^{1} u\mathrm{d}e^{u} = 2ue^{u}\,\Big|_{0}^{1} - 2\int_{0}^{1} e^{u}\mathrm{d}u = 2e - 2e^{u}\,\Big|_{0}^{1} = 2.$$

基础题

1.计算下列定积分：

（1）$\displaystyle\int_{\frac{\pi}{3}}^{\pi} \sin\left(x + \frac{\pi}{3}\right) dx$；

（2）$\displaystyle\int_{-2}^{1} \frac{1}{(11 + 5x)^3} dx$；

（3）$\displaystyle\int_{0}^{1} \frac{2x\,dx}{\sqrt{1 + x^2}}$；

（4）$\displaystyle\int_{1}^{2} \frac{x^3}{1 + x^2} dx$；

（5）$\displaystyle\int_{0}^{1} \frac{\arctan x}{1 + x^2} dx$；

（6）$\displaystyle\int_{\frac{4}{\pi}}^{\frac{2}{\pi}} \frac{1}{x^2} \sin \frac{1}{x} dx$；

（7）$\displaystyle\int_{1}^{2} \frac{\ln x}{x\sqrt{1 + \ln x}} dx$；

（8）$\displaystyle\int_{0}^{\frac{\pi}{4}} \frac{\sin^3 x}{\cos^5 x} dx$.

2.计算下列定积分：

（1）$\displaystyle\int_{1}^{2} xe^{3x} dx$；

（2）$\displaystyle\int_{1}^{4} \frac{\ln x}{\sqrt{x}} dx$；

（3）$\displaystyle\int_{0}^{\pi} x^2 \cos x\,dx$；

（4）$\displaystyle\int_{0}^{1} \ln(1 + x^2) dx$.

提高题

1.设 $f(x) = \displaystyle\int_{1}^{x^2} \frac{\sin t}{t} dt$，求 $\displaystyle\int_{0}^{1} xf(x)dx$.

2.证明：$\displaystyle\int_{1}^{x} \frac{1}{1 + t^2} dt = -\int_{1}^{\frac{1}{x}} \frac{1}{1 + t^2} dt$, $(x > 0)$.

3.证明：$\displaystyle\int_{0}^{a} x^3 f(x^2) dx = \frac{1}{2} \int_{0}^{a^2} xf(x) dx$.

4.$f(1) = \dfrac{1}{2}$, $f'(1) = 0$, $\displaystyle\int_{0}^{1} f(x) dx = 1$，求 $\displaystyle\int_{0}^{1} x^2 f''(x) dx$.

§5.4　定积分的应用

　　本章引入定积分概念时,曾把曲边梯形的面积、变速直线运动的路程表示为积分和的极限,即用定积分来计算.事实上,在科学技术中采用"大化小、常代变、求和、求极限"的方法去计算实际量得到了广泛的应用.本节意在建立计算实际量的积分表达式的一种常用方法——元素法,用此方法可将一个量表达成为定积分,然后用微元法去阐述定积分在几何上应用,如求面积、体积和弧长等.

5.4.1　定积分的元素法

　　在定积分的应用中,经常采用的一种方法称为元素法.为了说明这种方法,请先回顾一下 5.1 节内容中讨论过的曲边梯形的面积问题. 设 $f(x)$ 在区间 $[a,b]$ 上连续,且 $f(x) \geqslant 0$,求以曲线 $y = f(x)$ 为曲边,与 $x = a, x = b$ 以及 x 轴所围成曲边梯形的面积为 A.我们把这个面积 A 表示为定积分 $A = \int_a^b f(x)\,\mathrm{d}x$ 用的方法简化来说为四个步骤:"大化小、常代变、求和、求极限".其实,在几何学、物理学和经济学中类似的问题很多,它们都可归结为求某个事物的总量的问题.解决这类问题的思想是定积分的思想,采用的方法就是元素法(也称微元法),下面介绍这种方法.

　　这四个步骤中,第二步是将 A 表达成定积分的关键,有了这一步,定积分的被积表达式实际上已经被找到.用以上方法解决实际问题,就是所谓的元素法.

　　一般地,若某一实际问题中的所求量 U 符合下列条件:

　　(1)U 是与一个变量 x 的变化区间$[a,b]$ 有关的量;

　　(2)U 对于区间$[a,b]$ 具有可加性,即若把区间$[a,b]$ 分成许多部分区间,则 U 相应地分成许多部分量,而 U 等于所有部分量之和;

　　(3) 部分量 ΔU_i 可以近似表示为 $f(\xi_i)\Delta x_i$.

　　那么就可以考虑用定积分来计算这个量 U,具体步骤如下:

　　(1) 根据问题的具体情况,选取一个变量例如 x 为积分变量,并确定它的变化区间$[a,b]$.

　　(2) 把区间$[a,b]$ 分成 n 个小区间,任取其中的一个小区间$[x,x + \mathrm{d}x]$,求出相应于此小区间的部分量 ΔU 的近似值.如果 ΔU 能近似地表示为 $[a,b]$ 上的一个连续函数在 x 处的值 $f(x)$ 与 $\mathrm{d}x$ 的乘积,就把 $f(x)\mathrm{d}x$ 称为量 U 的微元,记作 $\mathrm{d}U$,即

$$\mathrm{d}U = f(x)\mathrm{d}x.$$

（3）以所求量的微元 $f(x)\mathrm{d}x$ 为被积表达式,在 $[a,b]$ 上作定积分,得

$$U = \int_a^b f(x)\mathrm{d}x.$$

这就是所求量 U 的积分表达式.

下面用元素法来解决一些实际问题.

5.4.2　定积分在几何上的应用（求面积、体积）

1）求平面图形的面积

在求曲边梯形的面积时,可得由直线 $x = a$、$x = b$、x 轴和 $y = f(x)(f(x) \geqslant 0)$ 所围成的曲边梯形的面积是 $A = \int_a^b f(x)\mathrm{d}x$,其中被积表达式 $f(x)\mathrm{d}x$ 就是直角坐标系下的面积元素.

此方法可以推广,如果一个平面图形由连续曲线 $y = f(x)$、$y = g(x)$ 及直线 $x = a$、$x = b$ 所围成,并且在 $[a,b]$ 上 $f(x) \geqslant g(x)$,如图 5.7 所示,那么此图形的面积为

$$A = \int_a^b [f(x) - g(x)]\mathrm{d}x.$$

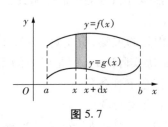

图 5.7

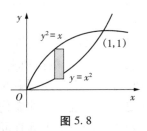

图 5.8

例 1　计算由两条曲线 $y = x^2$ 和 $y^2 = x$ 围成的图形的面积.

解　两条曲线围成的图形如图 5.8 所示,为了具体定出定积分的上下限,先求出这两条曲线的交点 $(0,0)$ 和 $(1,1)$,从而所求面积的图形在 $x = 0$ 和 $x = 1$ 之间.

取横坐标 x 为积分变量,其变化区间为 $[0,1]$,取 $[0,1]$ 上的任一小区间 $[x, x + \mathrm{d}x]$.在这小区间上,窄条的面积近似于高为 $\sqrt{x} - x^2$、底为 $\mathrm{d}x$ 的窄矩形的

面积,从而得到面积的近似表达式为

$$dA = \left(\sqrt{x} - x^2\right) dx.$$

这就是面积微元.以$\left(\sqrt{x} - x^2\right) dx$为被积表达式,在$[0,1]$上作定积分,便得所求面积为

$$A = \int_0^1 \left(\sqrt{x} - x^2\right) dx = \left[\frac{2}{3} x^{\frac{3}{2}} - \frac{1}{3} x^3\right]_0^1 = \frac{1}{3}.$$

由于曲线$y = \sqrt{x}$在曲线$y = x^2$的上方,所以由公式

$$A = \int_a^b \left[f(x) - g(x)\right] dx$$

也可直接求得该图形的面积.

例2 求椭圆$\dfrac{x^2}{a} + \dfrac{y^2}{b} = 1$的面积.

解 如图 5.9 所示,因为椭圆关于两个坐标轴都是对称的,所以它的面积为

$$A = 4 \int_0^a y(x) dx,$$

利用圆的参数方程

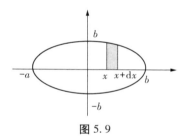

图 5.9

$$\begin{cases} x = a\cos t, \\ y = b\sin t, \end{cases}$$

应用定积分换元法,令$x = a\cos t,y = b\sin t$,则$dx = -a\sin t dt$.当x由 0 变到a时,t由$\dfrac{\pi}{2}$变到 0,所以

$$A = 4 \int_{\frac{\pi}{2}}^0 b\sin t(-a\sin t) dt = -4ab \int_{\frac{\pi}{2}}^0 \sin^2 t dt$$

$$= 4ab \int_0^{\frac{\pi}{2}} \sin^2 t dt = 4ab \cdot \frac{1}{2} \cdot \frac{\pi}{2} = \pi ab.$$

一般地,当曲边梯形的曲边由参数方程$\begin{cases} x = \varphi(t) \\ y = \psi(t) \end{cases}$给出时,如果$x = \varphi(t)$满足$\varphi(\alpha) = a$、$\varphi(\beta) = b$,$\varphi(t)$在$[\alpha,\beta]$(或$[\beta,\alpha]$)上具有连续导数,$y = \psi(t)$连续,则由曲边梯形的面积公式及定积分的换元公式可知,曲边梯形的面积为

$$A = \int_a^b f(x) dx = \int_\alpha^\beta \varphi(t) \psi'(t) dt.$$

2) 求体积

（1）求旋转体的体积.

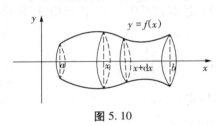

图 5.10

旋转体就是由一个平面图形绕着平面内的一条直线旋转一周而形成的立体,此直线称为旋转轴.

现在来计算由连续曲线 $y = f(x)$、x 轴及直线 $x = a$、$x = b$ 所围成的曲边梯形绕 x 轴旋转一周而形成的旋转体的体积,如图 5.10 所示.

因为旋转体在任一点处垂直于 x 轴的截面面积为

$$A(x) = \pi y^2 = \pi [f(x)]^2,$$

于是体积元素为 $A(x)\mathrm{d}x$,得到

$$V = \pi \int_a^b y^2 \mathrm{d}x = \pi \int_a^b [f(x)]^2 \mathrm{d}x.$$

类似地,由平面曲线 $x = \varphi(y)$、y 轴及直线 $y = c$、$y = d$ 所围成的曲边梯形绕 y 轴旋转一周而形成的旋转体的体积为

$$V = \pi \int_c^d x^2 \mathrm{d}y = \pi \int_c^d [\varphi(y)]^2 \mathrm{d}y.$$

例 3 将抛物线 $y = x^2$,x 轴及直线 $x = 0$、$x = 2$ 所围成的平面图形绕 x 轴旋转一周,求所形成的旋转体的体积.

解 根据公式得

$$V = \pi \int_0^2 y^2 \mathrm{d}x = \pi \int_0^2 x^4 \mathrm{d}x = \pi \left[\frac{x^5}{5} \right]_0^2 = \frac{32}{5}\pi.$$

（2）求平行截面面积为已知的立体体积.

设有一立体,如图 5.11 所示,其垂直于 x 轴的截面面积是已知的连续函数 $A(x)$,且立体位于 $x = a$、$x = b$ 两点处垂直于 x 轴的两个平面之间,求此立体的体积.

取 x 为积分变量,其变化区间为 $[a,b]$,相应于 $[a,b]$ 上任一小区间 $[x,x+\mathrm{d}x]$ 的小薄片的体积近似等于底面积为 $A(x)$、高为 $\mathrm{d}x$ 的扁柱体的体积,从而得到所求的体积元素为

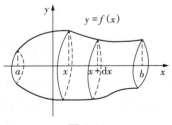

图 5.11

$$dV = A(x)dx,$$

于是所求立体的体积为

$$V = \int_a^b A(x)dx.$$

例4 一平面经过半径为 R 的圆柱体的底圆中心,并与底面交成角 α,如图 5.12 所示,计算此平面截圆柱体所得立体的体积.

解 取此平面与圆柱体的底面的交线为 x 轴,底面上经过圆心且垂直于 x 轴的直线为 y 轴,那么底圆的方程为 $x^2 + y^2 = R^2$.立体中经过点 x 的截面是一个直角三角形,它的两条直角边的长分别为 y 和 $y\tan\alpha$,即 $\sqrt{R^2 - x^2}$ 及 $\sqrt{R^2 - x^2}\tan\alpha$,因而截面面积为

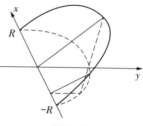

图 5.12

$$A(x) = \frac{1}{2}(R^2 - x^2)\tan\alpha,$$

体积微元为 $dV = A(x)dx = \frac{1}{2}(R^2 - x^2)\tan\alpha dx$,于是所求体积为

$$V = \int_{-R}^{R} \frac{1}{2}(R^2 - x^2)\tan\alpha dx$$

$$= \frac{1}{2}\left[R^2 x - \frac{1}{3}x^3\right]_{-R}^{R}\tan\alpha$$

$$= \frac{2}{3}R^3\tan\alpha.$$

习题 5-4

基础题

1.求由下列各组曲线围成的图形的面积:

(1) $y = \dfrac{1}{x}$ 与直线 $y = x$ 及 $x = 2$.

(2) $y = e^x$,$y = e^{-x}$ 与直线 $x = 1$.

(3) $y = \ln x$,y 轴与直线 $y = \ln a$,$y = \ln b (b > a > 0)$.

2.求抛物线 $y = -x^2 + 4x - 3$ 及其在点 $(0, -3)$ 和 $(3,0)$ 处的切线所围成的图形的面积.

3.把抛物线 $y^2 = 4ax$ 及直线 $x = x_0(x_0 > 0)$ 所围成的图形绕 x 轴旋转,计算所得旋转体的体积.

4.由 $y = x^3, x = 2, y = 0$ 所围成的图形,分别绕 x 轴及 y 轴旋转,计算所得旋转体的体积.

5.求下列已知曲线所围成的图形按指定的轴旋转所产生的旋转体的体积:

(1) $y = x^2, x = y^2$,绕 y 轴旋转.　　(2) $x^2 + (y - 5)^2 = 16$,绕 x 轴旋转.

提高题

1.设直线 $y = kx + 1 - k(-1 \leq k \leq 1)$ 与直线 $x = 0, x = 2$ 及 $y = 0$ 所围成的梯形面积等于 A,试求 k 使得这个梯形绕 x 轴旋转所得旋转体的体积最小.

2.已知某产品的边际收入为 $R'(x) = 200 - 0.03x^2$(x 的单位为件,R 的单位为元),求产品产量为 100 件时的总收入和平均收入.

单元选修

在定积分的学习中,除了前面内容外,还可以用定积分求无穷区间上的反常积分和无界函数的反常积分.下面来看一个例子:

　　引例　求由曲线 $y = e^{-x}$,直线 $x = 0$ 和 $y = 0$ 所围成图形的面积.

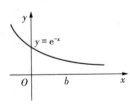

图 5.13

如图 5.13 所示,由于直线 $y = 0$ 是曲线 $y = e^{-x}$ 的水平渐近线,图形是开口的,且当 $x \to +\infty$ 时,图形的开口越来越小,可以看成曲线 $y = e^{-x}$ 与 x 轴在无限远处相交.

先取 $b > 1$,作直线 $x = b$.由定积分的几何意义,图中阴影部分曲边梯形的面积.

$$A(b) = \int_0^b e^{-x} dx = [-e^{-x}]_0^b = 1 - e^b.$$

当 $b \to +\infty$ 时,若 $A(b)$ 的极限存在,其极限自然可以认为是欲求的面积 A,即

$$A = \lim_{b \to +\infty} A(b) = \lim_{b \to +\infty} \int_0^b e^{-x} dx = \lim_{b \to +\infty} (1 - e^{-b}) = 1.$$

以上为求面积采用了"先求定积分,再求极限"的步骤,得到了要求的结果.借助于定积分的记法,所求面积可在形式上记作 $\int_0^{+\infty} e^{-x} dx$,并称其为函数 $f(x) = e^{-x}$ 在无穷区间 $[0, +\infty)$ 上的广义积分或反常积分.

1)无穷区间上的广义积分

定义 1 设 $f(x)$ 在无穷区间 $[a, +\infty)$ 上连续,取 $b > a$,称极限

$$\lim_{b \to +\infty} \int_a^b f(x) dx$$

为函数 $f(x)$ 在无穷区间 $[a, +\infty)$ 上的广义积分,记作 $\int_a^{+\infty} f(x) dx$,即

$$\int_a^{+\infty} f(x) dx = \lim_{b \to +\infty} \int_a^b f(x) dx.$$

若上述极限存在,则称广义积分 $\int_a^{+\infty} f(x) dx$ 收敛;如果上述极限不存在,称广义积分 $\int_a^{+\infty} f(x) dx$ 发散(此时广义积分 $\int_a^{+\infty} f(x) dx$ 没有意义).

类似地,设函数 $f(x)$ 在区间 $(-\infty, b]$ 上连续,取 $a < b$,称极限 $\lim_{a \to -\infty} \int_a^b f(x) dx$ 为函数 $f(x)$ 在无穷区间 $(-\infty, b]$ 上的广义积分,记作 $\int_{-\infty}^b f(x) dx$,即

$$\int_{-\infty}^b f(x) dx = \lim_{a \to -\infty} \int_a^b f(x) dx.$$

若上述极限存在,则称广义积分 $\int_{-\infty}^b f(x) dx$ 收敛;如果上述极限不存在,就称广义积分 $\int_{-\infty}^b f(x) dx$ 发散.

设函数 $f(x)$ 在区间 $(-\infty, +\infty)$ 上连续,如果广义积分 $\int_{-\infty}^0 f(x) dx$ 和 $\int_0^{+\infty} f(x) dx$ 都收敛,则称上述两个广义积分之和为函数 $f(x)$ 在无穷区间 $(-\infty, +\infty)$ 上的广义积分,记作 $\int_{-\infty}^{+\infty} f(x) dx$,即

$$\int_{-\infty}^{+\infty} f(x) dx = \int_{-\infty}^0 f(x) dx + \int_0^{+\infty} f(x) dx = \lim_{a \to -\infty} \int_a^0 f(x) dx + \lim_{b \to +\infty} \int_0^b f(x) dx.$$

这时也称广义积分 $\displaystyle\int_{-\infty}^{+\infty} f(x)\,\mathrm{d}x$ 收敛，否则就称广义积分 $\displaystyle\int_{-\infty}^{+\infty} f(x)\,\mathrm{d}x$ 发散.

上述广义积分统称为无穷限的广义积分.

例1 计算广义积分 $\displaystyle\int_{-\infty}^{+\infty}\frac{\mathrm{d}x}{1+x^2}$.

解
$$
\begin{aligned}
\int_{-\infty}^{+\infty}\frac{\mathrm{d}x}{1+x^2} &= \int_{-\infty}^{0}\frac{\mathrm{d}x}{1+x^2} + \int_{0}^{+\infty}\frac{\mathrm{d}x}{1+x^2}\\
&= \lim_{a\to-\infty}\int_{a}^{0}\frac{\mathrm{d}x}{1+x^2} + \lim_{b\to+\infty}\int_{0}^{b}\frac{\mathrm{d}x}{1+x^2}\\
&= \lim_{a\to-\infty}\left[\arctan x\right]_a^0 + \lim_{b\to+\infty}\left[\arctan x\right]_0^b\\
&= -\lim_{a\to-\infty}\arctan a + \lim_{b\to+\infty}\arctan b = -\left(-\frac{\pi}{2}\right) + \frac{\pi}{2} = \pi.
\end{aligned}
$$

广义积分也可以表示成牛顿-莱布尼茨公式的形式.设 $F(x)$ 是 $f(x)$ 在相应无穷区间上的原函数，记 $F(-\infty)=\lim\limits_{x\to-\infty}F(x)$，$F(+\infty)=\lim\limits_{x\to+\infty}F(x)$，此时广义积分可以形式地记为

$$
\int_a^{+\infty} f(x)\,\mathrm{d}x = \lim_{b\to+\infty}\int_a^b f(x)\,\mathrm{d}x = \left[F(x)\right]_a^{+\infty} = F(+\infty) - F(a);
$$

$$
\int_{-\infty}^{b} f(x)\,\mathrm{d}x = \lim_{a\to-\infty}\int_a^b f(x)\,\mathrm{d}x = \left[F(x)\right]_{-\infty}^{b} = F(b) - F(-\infty);
$$

$$
\int_{-\infty}^{+\infty} f(x)\,\mathrm{d}x = \left[F(x)\right]_{-\infty}^{+\infty} = F(+\infty) - F(-\infty).
$$

例2 计算广义积分 $\displaystyle\int_0^{+\infty} te^{-t}\,\mathrm{d}t$.

解
$$
\begin{aligned}
\int_0^{+\infty} te^{-t}\,\mathrm{d}t &= \int_0^{+\infty}(-t)\,\mathrm{d}e^{-t} = \left[-te^{-t}\right]_0^{+\infty} + \int_0^{+\infty}e^{-t}\,\mathrm{d}t\\
&= \left[-e^{-t}\right]_0^{+\infty} = 1.
\end{aligned}
$$

例3 证明广义积分 $\displaystyle\int_a^{+\infty}\frac{\mathrm{d}x}{x^p}\,(a>0)$ 当 $p>1$ 时收敛，当 $p\leqslant1$ 时发散.

证明 当 $p=1$ 时，由于

$$
\int_a^{+\infty}\frac{\mathrm{d}x}{x^p} = \int_a^{+\infty}\frac{\mathrm{d}x}{x} = \left[\ln x\right]_a^{+\infty} = +\infty,
$$

当 $p\neq1$ 时，

$$
\int_a^{+\infty}\frac{\mathrm{d}x}{x^p} = \left[\frac{x^{1-p}}{1-p}\right]_a^{+\infty} = \begin{cases} +\infty, & p<1,\\[2mm] \dfrac{a^{1-p}}{p-1}, & p>1. \end{cases}
$$

因此,当 $p > 1$ 时收敛,当 $p \leqslant 1$ 时发散.

2) 无界函数的广义积分

现在把定积分推广到被积函数为无界函数的情形.

定义2 设函数 $f(x)$ 在区间 $(a,b]$ 上连续,而 $\lim\limits_{x \to a^+} f(x) = \infty$,取 $\varepsilon > 0$,称极限 $\lim\limits_{\varepsilon \to 0^+} \int_{a+\varepsilon}^{b} f(x) \mathrm{d}x$ 为函数 $f(x)$ 在区间 $(a,b]$ 上的广义积分,记作 $\int_{a}^{b} f(x) \mathrm{d}x$,即

$$\int_{a}^{b} f(x) \mathrm{d}x = \lim_{\varepsilon \to 0^+} \int_{a+\varepsilon}^{b} f(x) \mathrm{d}x.$$

若上述极限存在,则称广义积分 $\int_{a}^{b} f(x) \mathrm{d}x$ 收敛;若上述极限不存在,就称广义积分 $\int_{a}^{b} f(x) \mathrm{d}x$ 发散.

类似地,设函数 $f(x)$ 在 $[a,b)$ 上连续, $\lim\limits_{x \to b^-} f(x) = \infty$,取 $\varepsilon > 0$,称极限 $\lim\limits_{\varepsilon \to 0^+} \int_{a}^{b-\varepsilon} f(x) \mathrm{d}x$ 为函数 $f(x)$ 在区间 $(a,b]$ 上的广义积分,即

$$\int_{a}^{b} f(x) \mathrm{d}x = \lim_{\varepsilon \to 0^+} \int_{a}^{b-\varepsilon} f(x) \mathrm{d}x.$$

若上述极限存在,则称广义积分 $\int_{a}^{b} f(x) \mathrm{d}x$ 收敛,否则就称广义积分 $\int_{a}^{b} f(x) \mathrm{d}x$ 发散.

设函数 $f(x)$ 在 $[a,b]$ 上除点 $c(a < c < b)$ 外连续,而在点 c 的邻域内无界,如果两个广义积分 $\int_{a}^{c} f(x) \mathrm{d}x$ 与 $\int_{c}^{b} f(x) \mathrm{d}x$ 都收敛,则定义

$$\int_{a}^{b} f(x) \mathrm{d}x = \int_{a}^{c} f(x) \mathrm{d}x + \int_{c}^{b} f(x) \mathrm{d}x = \lim_{\varepsilon \to 0^+} \int_{a}^{c-\varepsilon} f(x) \mathrm{d}x + \lim_{\varepsilon' \to 0^+} \int_{c+\varepsilon'}^{b} f(x) \mathrm{d}x.$$

并称广义积分 $\int_{a}^{b} f(x) \mathrm{d}x$ 收敛.否则,就称广义积分 $\int_{a}^{b} f(x) \mathrm{d}x$ 发散.

无界点 $x = a$ 通常也叫瑕点,因此无界函数的广义积分也叫瑕积分.

设 $F(x)$ 为 $f(x)$ 的一个原函数,由牛顿-莱布尼茨公式及上述定义,有:

当 a 为瑕点时,

$$\int_{a}^{b} f(x) \mathrm{d}x = \lim_{\varepsilon \to 0^+} \int_{a+\varepsilon}^{b} f(x) \mathrm{d}x = \lim_{\varepsilon \to 0^+} [F(b) - F(a+\varepsilon)]$$

$$= F(b) - \lim_{\varepsilon \to 0^+} F(a+\varepsilon) = F(b) - F(a^+) = [F(x)]_{a^+}^{b}.$$

当 b 为瑕点时，

$$\int_a^b f(x)\,\mathrm{d}x = \lim_{\varepsilon \to 0^+} \int_a^{b-\varepsilon} f(x)\,\mathrm{d}x = \lim_{\varepsilon \to 0^+} [F(b-\varepsilon) - F(a)]$$

$$= \lim_{\varepsilon \to 0^+} F(b-\varepsilon) - F(a) = F(b^-) - F(a) = [F(x)]_a^{b^-}.$$

当 $c \in (a,b)$ 为瑕点时，

$$\int_a^b f(x)\,\mathrm{d}x = \int_a^c f(x)\,\mathrm{d}x + \int_c^b f(x)\,\mathrm{d}x = [F(x)]_a^{c^-} + [F(x)]_{c^+}^b.$$

在计算广义积分时省略极限符号，借助于牛顿 - 莱布尼茨公式的记号写出，有

$$\int_a^b f(x)\,\mathrm{d}x = [F(x)]_{a^+}^b (a \text{ 为瑕点时});$$

$$\int_a^b f(x)\,\mathrm{d}x = [F(x)]_a^{b^-} (b \text{ 为瑕点时}).$$

例 4　讨论 $\displaystyle\int_0^1 \frac{\mathrm{d}x}{\sqrt{1-x^2}}$ 的敛散性.

解　因为 $\displaystyle\lim_{x \to 1^-} \frac{1}{\sqrt{1-x^2}} = +\infty$，所以 $x=1$ 为被积函数的无穷间断点，于是根据定义有

$$\int_0^1 \frac{\mathrm{d}x}{\sqrt{1-x^2}} = \lim_{\varepsilon \to 0^+} \int_0^{1-\varepsilon} \frac{\mathrm{d}x}{\sqrt{1-x^2}} = \lim_{\varepsilon \to 0^+} [\arcsin x]_0^{1-\varepsilon}$$

$$= \lim_{\varepsilon \to 0^+} \arcsin(1-\varepsilon) = \frac{\pi}{2}.$$

所以广义积分收敛.

例 5　讨论广义积分 $\displaystyle\int_a^b \frac{\mathrm{d}x}{(x-a)^p} (a < b, p > 0)$ 的敛散性.

解　因为 $\displaystyle\lim_{x \to a^+} \frac{1}{(x-a)^p} = +\infty$，所以 $x=a$ 是瑕点.

当 $p=1$ 时，

$$\int_a^b \frac{\mathrm{d}x}{(x-a)} = \lim_{\varepsilon \to 0^+} \int_{a+\varepsilon}^b \frac{\mathrm{d}x}{x-a} = \lim_{\varepsilon \to 0^+} [\ln(x-a)]_{a+\varepsilon}^b$$

$$= \lim_{\varepsilon \to 0^+} [\ln(b-a) - \ln \varepsilon] = +\infty;$$

当 $p \neq 1$ 时，

$$\int_a^b \frac{\mathrm{d}x}{(x-a)^p} = \lim_{\varepsilon \to 0^+} \int_{a+\varepsilon}^b \frac{\mathrm{d}x}{(x-a)^p} = \lim_{\varepsilon \to 0^+} \left[\frac{1}{1-p}(x-a)^{1-p} \right]_{a+\varepsilon}^b$$

$$= \lim_{\varepsilon \to 0^+} \frac{1}{1-p} \left[(b-a)^{1-p} - \varepsilon^{1-p} \right] = \begin{cases} +\infty, & \text{当 } p > 1, \\ \dfrac{1}{1-p}(b-a)^{1-p}, & \text{当 } p < 1. \end{cases}$$

所以当 $p < 1$ 时, 广义积分 $\displaystyle\int_a^b \frac{\mathrm{d}x}{(x-a)^p}$ 收敛, 其值为 $\dfrac{1}{1-p}(b-a)^{1-p}$; 当 $p \geqslant 1$ 时, 广义积分 $\displaystyle\int_a^b \frac{\mathrm{d}x}{(x-a)^p}$ 发散.

附录　常用积分公式

(一) 含有 $ax + b$ 的积分 $(a \neq 0)$

1. $\displaystyle\int \frac{\mathrm{d}x}{ax + b} = \frac{1}{a}\ln|ax + b| + C$

2. $\displaystyle\int (ax + b)^{\mu}\mathrm{d}x = \frac{1}{a(\mu + 1)}(ax + b)^{\mu+1} + C(\mu \neq -1)$

3. $\displaystyle\int \frac{x}{ax + b}\,\mathrm{d}x = \frac{1}{a^2}(ax + b - b\ln|ax + b|) + C$

4. $\displaystyle\int \frac{x^2}{ax + b}\,\mathrm{d}x = \frac{1}{a^3}\left[\frac{1}{2}(ax + b)^2 - 2b(ax + b) + b^2\ln|ax + b|\right] + C$

5. $\displaystyle\int \frac{\mathrm{d}x}{x(ax + b)} = -\frac{1}{b}\ln\left|\frac{ax + b}{x}\right| + C$

6. $\displaystyle\int \frac{\mathrm{d}x}{x^2(ax + b)} = -\frac{1}{bx} + \frac{a}{b^2}\ln\left|\frac{ax + b}{x}\right| + C$

7. $\displaystyle\int \frac{x}{(ax + b)^2}\,\mathrm{d}x = \frac{1}{a^2}\left(\ln|ax + b| + \frac{b}{ax + b}\right) + C$

8. $\displaystyle\int \frac{x^2}{(ax + b)^2}\,\mathrm{d}x = \frac{1}{a^3}\left(ax + b - 2b\ln|ax + b| - \frac{b^2}{ax + b}\right) + C$

9. $\displaystyle\int \frac{\mathrm{d}x}{x(ax + b)^2} = \frac{1}{b(ax + b)} - \frac{1}{b^2}\ln\left|\frac{ax + b}{x}\right| + C$

(二) 含有 $\sqrt{ax + b}$ 的积分

10. $\displaystyle\int \sqrt{ax + b}\,\mathrm{d}x = \frac{2}{3a}\sqrt{(ax + b)^3} + C$

11. $\int x \sqrt{ax+b}\ \mathrm{d}x = \dfrac{2}{15a^2}(3ax-2b)\sqrt{(ax+b)^3} + C$

12. $\int x^2 \sqrt{ax+b}\ \mathrm{d}x = \dfrac{2}{105a^3}(15a^2x^2 - 12abx + 8b^2)\sqrt{(ax+b)^3} + C$

13. $\int \dfrac{x}{\sqrt{ax+b}}\ \mathrm{d}x = \dfrac{2}{3a^2}(ax-2b)\sqrt{ax+b} + C$

14. $\int \dfrac{x^2}{\sqrt{ax+b}}\ \mathrm{d}x = \dfrac{2}{15a^3}(3a^2x^2 - 4abx + 8b^2)\sqrt{ax+b} + C$

15. $\int \dfrac{\mathrm{d}x}{x\sqrt{ax+b}} = \begin{cases} \dfrac{1}{\sqrt{b}}\ln\left|\dfrac{\sqrt{ax+b}-\sqrt{b}}{\sqrt{ax+b}+\sqrt{b}}\right| + C & (b>0) \\[3mm] \dfrac{2}{\sqrt{-b}}\arctan\sqrt{\dfrac{ax+b}{-b}} + C & (b<0) \end{cases}$

16. $\int \dfrac{\mathrm{d}x}{x^2\sqrt{ax+b}} = -\dfrac{\sqrt{ax+b}}{bx} - \dfrac{a}{2b}\int \dfrac{\mathrm{d}x}{x\sqrt{ax+b}}$

17. $\int \dfrac{\sqrt{ax+b}}{x}\ \mathrm{d}x = 2\sqrt{ax+b} + b\int \dfrac{\mathrm{d}x}{x\sqrt{ax+b}}$

18. $\int \dfrac{\sqrt{ax+b}}{x^2}\ \mathrm{d}x = -\dfrac{\sqrt{ax+b}}{x} + \dfrac{a}{2}\int \dfrac{\mathrm{d}x}{x\sqrt{ax+b}}$

（三）含有 $x^2 \pm a^2$ 的积分

19. $\int \dfrac{\mathrm{d}x}{x^2+a^2} = \dfrac{1}{a}\arctan\dfrac{x}{a} + C$

20. $\int \dfrac{\mathrm{d}x}{(x^2+a^2)^n} = \dfrac{x}{2(n-1)a^2(x^2+a^2)^{n-1}} + \dfrac{2n-3}{2(n-1)a^2}\int \dfrac{\mathrm{d}x}{(x^2+a^2)^{n-1}}$

21. $\int \dfrac{\mathrm{d}x}{x^2-a^2} = \dfrac{1}{2a}\ln\left|\dfrac{x-a}{x+a}\right| + C$

（四）含有 $ax^2 + b(a > 0)$ 的积分

22. $\displaystyle\int \frac{dx}{ax^2 + b} = \begin{cases} \dfrac{1}{\sqrt{ab}}\arctan\sqrt{\dfrac{a}{b}}\,x + C & (b > 0) \\[4mm] \dfrac{1}{2\sqrt{-ab}}\ln\left|\dfrac{\sqrt{a}\,x - \sqrt{-b}}{\sqrt{a}\,x + \sqrt{-b}}\right| + C & (b < 0) \end{cases}$

23. $\displaystyle\int \frac{x}{ax^2 + b}\,dx = \frac{1}{2a}\ln|ax^2 + b| + C$

24. $\displaystyle\int \frac{x^2}{ax^2 + b}\,dx = \frac{x}{a} - \frac{b}{a}\int \frac{dx}{ax^2 + b}$

25. $\displaystyle\int \frac{dx}{x(ax^2 + b)} = \frac{1}{2b}\ln\frac{x^2}{|ax^2 + b|} + C$

26. $\displaystyle\int \frac{dx}{x^2(ax^2 + b)} = -\frac{1}{bx} - \frac{a}{b}\int \frac{dx}{ax^2 + b}$

27. $\displaystyle\int \frac{dx}{x^3(ax^2 + b)} = \frac{a}{2b^2}\ln\frac{|ax^2 + b|}{x^2} - \frac{1}{2bx^2} + C$

28. $\displaystyle\int \frac{dx}{(ax^2 + b)^2} = \frac{x}{2b(ax^2 + b)} + \frac{1}{2b}\int \frac{dx}{ax^2 + b}$

（五）含有 $ax^2 + bx + c(a > 0)$ 的积分

29. $\displaystyle\int \frac{dx}{ax^2 + bx + c} = \begin{cases} \dfrac{2}{\sqrt{4ac - b^2}}\arctan\dfrac{2ax + b}{\sqrt{4ac - b^2}} + C & (b^2 < 4ac) \\[4mm] \dfrac{1}{\sqrt{b^2 - 4ac}}\ln\left|\dfrac{2ax + b - \sqrt{b^2 - 4ac}}{2ax + b + \sqrt{b^2 - 4ac}}\right| + C & (b^2 > 4ac) \end{cases}$

30. $\displaystyle\int \frac{x}{ax^2 + bx + c}\,dx = \frac{1}{2a}\ln|ax^2 + bx + c| - \frac{b}{2a}\int \frac{dx}{ax^2 + bx + c}$

（六）含有 $\sqrt{x^2 + a^2}\,(a > 0)$ 的积分

31. $\displaystyle\int \frac{dx}{\sqrt{x^2 + a^2}} = \operatorname{arsh}\frac{x}{a} + C_1 = \ln(x + \sqrt{x^2 + a^2}) + C$

32. $\int \dfrac{dx}{\sqrt{(x^2+a^2)^3}} = \dfrac{x}{a^2\sqrt{x^2+a^2}} + C$

33. $\int \dfrac{x}{\sqrt{x^2+a^2}}\, dx = \sqrt{x^2+a^2} + C$

34. $\int \dfrac{x}{\sqrt{(x^2+a^2)^3}}\, dx = -\dfrac{1}{\sqrt{x^2+a^2}} + C$

35. $\int \dfrac{x^2}{\sqrt{x^2+a^2}}\, dx = \dfrac{x}{2}\sqrt{x^2+a^2} - \dfrac{a^2}{2}\ln(x+\sqrt{x^2+a^2}) + C$

36. $\int \dfrac{x^2}{\sqrt{(x^2+a^2)^3}}\, dx = -\dfrac{x}{\sqrt{x^2+a^2}} + \ln(x+\sqrt{x^2+a^2}) + C$

37. $\int \dfrac{dx}{x\sqrt{x^2+a^2}} = \dfrac{1}{a}\ln\dfrac{\sqrt{x^2+a^2}-a}{|x|} + C$

38. $\int \dfrac{dx}{x^2\sqrt{x^2+a^2}} = -\dfrac{\sqrt{x^2+a^2}}{a^2x} + C$

39. $\int \sqrt{x^2+a^2}\, dx = \dfrac{x}{2}\sqrt{x^2+a^2} + \dfrac{a^2}{2}\ln(x+\sqrt{x^2+a^2}) + C$

40. $\int \sqrt{(x^2+a^2)^3}\, dx = \dfrac{x}{8}(2x^2+5a^2)\sqrt{x^2+a^2} + \dfrac{3}{8}a^4\ln(x+\sqrt{x^2+a^2}) + C$

41. $\int x\sqrt{x^2+a^2}\, dx = \dfrac{1}{3}\sqrt{(x^2+a^2)^3} + C$

42. $\int x^2\sqrt{x^2+a^2}\, dx = \dfrac{x}{8}(2x^2+a^2)\sqrt{x^2+a^2} - \dfrac{a^4}{8}\ln(x+\sqrt{x^2+a^2}) + C$

43. $\int \dfrac{\sqrt{x^2+a^2}}{x}\, dx = \sqrt{x^2+a^2} + a\ln\dfrac{\sqrt{x^2+a^2}-a}{|x|} + C$

44. $\int \dfrac{\sqrt{x^2+a^2}}{x^2}\, dx = -\dfrac{\sqrt{x^2+a^2}}{x} + \ln(x+\sqrt{x^2+a^2}) + C$

（七）含有 $\sqrt{x^2-a^2}\,(a>0)$ 的积分

45. $\int \dfrac{dx}{\sqrt{x^2-a^2}} = \dfrac{x}{|x|}\text{arch}\,\dfrac{|x|}{a} + C_1 = \ln|x+\sqrt{x^2-a^2}| + C$

46. $\int \dfrac{\mathrm{d}x}{\sqrt{(x^2 - a^2)^3}} = -\dfrac{x}{a^2\sqrt{x^2 - a^2}} + C$

47. $\int \dfrac{x}{\sqrt{x^2 - a^2}} \, \mathrm{d}x = \sqrt{x^2 - a^2} + C$

48. $\int \dfrac{x}{\sqrt{(x^2 - a^2)^3}} \, \mathrm{d}x = -\dfrac{1}{\sqrt{x^2 - a^2}} + C$

49. $\int \dfrac{x^2}{\sqrt{x^2 - a^2}} \, \mathrm{d}x = \dfrac{x}{2}\sqrt{x^2 - a^2} + \dfrac{a^2}{2}\ln|x + \sqrt{x^2 - a^2}| + C$

50. $\int \dfrac{x^2}{\sqrt{(x^2 - a^2)^3}} \, \mathrm{d}x = -\dfrac{x}{\sqrt{x^2 - a^2}} + \ln|x + \sqrt{x^2 - a^2}| + C$

51. $\int \dfrac{\mathrm{d}x}{x\sqrt{x^2 - a^2}} = \dfrac{1}{a}\arccos\dfrac{a}{|x|} + C$

52. $\int \dfrac{\mathrm{d}x}{x^2\sqrt{x^2 - a^2}} = \dfrac{\sqrt{x^2 - a^2}}{a^2 x} + C$

53. $\int \sqrt{x^2 - a^2} \, \mathrm{d}x = \dfrac{x}{2}\sqrt{x^2 - a^2} - \dfrac{a^2}{2}\ln|x + \sqrt{x^2 - a^2}| + C$

54. $\int \sqrt{(x^2 - a^2)^3} \, \mathrm{d}x = \dfrac{x}{8}(2x^2 - 5a^2)\sqrt{x^2 - a^2} + \dfrac{3}{8}a^4\ln|x + \sqrt{x^2 - a^2}| + C$

55. $\int x\sqrt{x^2 - a^2} \, \mathrm{d}x = \dfrac{1}{3}\sqrt{(x^2 - a^2)^3} + C$

56. $\int x^2\sqrt{x^2 - a^2} \, \mathrm{d}x = \dfrac{x}{8}(2x^2 - a^2)\sqrt{x^2 - a^2} - \dfrac{a^4}{8}\ln|x + \sqrt{x^2 - a^2}| + C$

57. $\int \dfrac{\sqrt{x^2 - a^2}}{x} \, \mathrm{d}x = \sqrt{x^2 - a^2} - a\arccos\dfrac{a}{|x|} + C$

58. $\int \dfrac{\sqrt{x^2 - a^2}}{x^2} \, \mathrm{d}x = -\dfrac{\sqrt{x^2 - a^2}}{x} + \ln|x + \sqrt{x^2 - a^2}| + C$

（八）含有 $\sqrt{a^2 - x^2}\,(a > 0)$ 的积分

59. $\int \dfrac{\mathrm{d}x}{\sqrt{a^2 - x^2}} = \arcsin\dfrac{x}{a} + C$

60. $\displaystyle\int \frac{dx}{\sqrt{(a^2-x^2)^3}} = \frac{x}{a^2\sqrt{a^2-x^2}} + C$

61. $\displaystyle\int \frac{x}{\sqrt{a^2-x^2}} dx = -\sqrt{a^2-x^2} + C$

62. $\displaystyle\int \frac{x}{\sqrt{(a^2-x^2)^3}} dx = \frac{1}{\sqrt{a^2-x^2}} + C$

63. $\displaystyle\int \frac{x^2}{\sqrt{a^2-x^2}} dx = -\frac{x}{2}\sqrt{a^2-x^2} + \frac{a^2}{2}\arcsin\frac{x}{a} + C$

64. $\displaystyle\int \frac{x^2}{\sqrt{(a^2-x^2)^3}} dx = \frac{x}{\sqrt{a^2-x^2}} - \arcsin\frac{x}{a} + C$

65. $\displaystyle\int \frac{dx}{x\sqrt{a^2-x^2}} = \frac{1}{a}\ln\frac{a-\sqrt{a^2-x^2}}{|x|} + C$

66. $\displaystyle\int \frac{dx}{x^2\sqrt{a^2-x^2}} = -\frac{\sqrt{a^2-x^2}}{a^2 x} + C$

67. $\displaystyle\int \sqrt{a^2-x^2}\, dx = \frac{x}{2}\sqrt{a^2-x^2} + \frac{a^2}{2}\arcsin\frac{x}{a} + C$

68. $\displaystyle\int \sqrt{(a^2-x^2)^3}\, dx = \frac{x}{8}(5a^2-2x^2)\sqrt{a^2-x^2} + \frac{3}{8}a^4\arcsin\frac{x}{a} + C$

69. $\displaystyle\int x\sqrt{a^2-x^2}\, dx = -\frac{1}{3}\sqrt{(a^2-x^2)^3} + C$

70. $\displaystyle\int x^2\sqrt{a^2-x^2}\, dx = \frac{x}{8}(2x^2-a^2)\sqrt{a^2-x^2} + \frac{a^4}{8}\arcsin\frac{x}{a} + C$

71. $\displaystyle\int \frac{\sqrt{a^2-x^2}}{x} dx = \sqrt{a^2-x^2} + a\ln\frac{a-\sqrt{a^2-x^2}}{|x|} + C$

72. $\displaystyle\int \frac{\sqrt{a^2-x^2}}{x^2} dx = -\frac{\sqrt{a^2-x^2}}{x} - \arcsin\frac{x}{a} + C$

（九）含有 $\sqrt{\pm ax^2+bx+c}\ (a>0)$ 的积分

73. $\displaystyle\int \frac{dx}{\sqrt{ax^2+bx+c}} = \frac{1}{\sqrt{a}}\ln|2ax+b+2\sqrt{a}\sqrt{ax^2+bx+c}| + C$

74. $\int \sqrt{ax^2 + bx + c}\, \mathrm{d}x = \dfrac{2ax + b}{4a}\sqrt{ax^2 + bx + c} +$

$$\dfrac{4ac - b^2}{8\sqrt{a^3}}\ln|2ax + b + 2\sqrt{a}\sqrt{ax^2 + bx + c}| + C$$

75. $\int \dfrac{x}{\sqrt{ax^2 + bx + c}}\, \mathrm{d}x = \dfrac{1}{a}\sqrt{ax^2 + bx + c} -$

$$\dfrac{b}{2\sqrt{a^3}}\ln|2ax + b + 2\sqrt{a}\sqrt{ax^2 + bx + c}| + C$$

76. $\int \dfrac{\mathrm{d}x}{\sqrt{c + bx - ax^2}} = -\dfrac{1}{\sqrt{a}}\arcsin\dfrac{2ax - b}{\sqrt{b^2 + 4ac}} + C$

77. $\int \sqrt{c + bx - ax^2}\, \mathrm{d}x = \dfrac{2ax - b}{4a}\sqrt{c + bx - ax^2} +$

$$\dfrac{b^2 + 4ac}{8\sqrt{a^3}}\arcsin\dfrac{2ax - b}{\sqrt{b^2 + 4ac}} + C$$

78. $\int \dfrac{x}{\sqrt{c + bx - ax^2}}\, \mathrm{d}x = -\dfrac{1}{a}\sqrt{c + bx - ax^2} + \dfrac{b}{2\sqrt{a^3}}\arcsin\dfrac{2ax - b}{\sqrt{b^2 + 4ac}} + C$

（十）含有 $\sqrt{\pm\dfrac{x - a}{x - b}}$ 或 $\sqrt{(x - a)(b - x)}$ 的积分

79. $\int \sqrt{\dfrac{x - a}{x - b}}\, \mathrm{d}x = (x - b)\sqrt{\dfrac{x - a}{x - b}} + (b - a)\ln(\sqrt{|x - a|} + \sqrt{|x - b|})$
$$+ C$$

80. $\int \sqrt{\dfrac{x - a}{b - x}}\, \mathrm{d}x = (x - b)\sqrt{\dfrac{x - a}{b - x}} + (b - a)\arcsin\sqrt{\dfrac{x - a}{b - x}} + C$

81. $\int \dfrac{\mathrm{d}x}{\sqrt{(x - a)(b - x)}} = 2\arcsin\sqrt{\dfrac{x - a}{b - x}} + C \qquad (a < b)$

82. $\int \sqrt{(x - a)(b - x)}\, \mathrm{d}x = \dfrac{2x - a - b}{4}\sqrt{(x - a)(b - x)} +$

$$\dfrac{(b - a)^2}{4}\arcsin\sqrt{\dfrac{x - a}{b - x}} + C \qquad (a < b)$$

（十一）含有三角函数的积分

83. $\int \sin x \mathrm{d}x = -\cos x + C$

84. $\int \cos x \mathrm{d}x = \sin x + C$

85. $\int \tan x \mathrm{d}x = -\ln|\cos x| + C$

86. $\int \cot x \mathrm{d}x = \ln|\sin x| + C$

87. $\int \sec x \mathrm{d}x = \ln\left|\tan\left(\dfrac{\pi}{4} + \dfrac{x}{2}\right)\right| + C = \ln|\sec x + \tan x| + C$

88. $\int \csc x \mathrm{d}x = \ln\left|\tan\dfrac{x}{2}\right| + C = \ln|\csc x - \cot x| + C$

89. $\int \sec^2 x \mathrm{d}x = \tan x + C$

90. $\int \csc^2 x \mathrm{d}x = -\cot x + C$

91. $\int \sec x \tan x \mathrm{d}x = \sec x + C$

92. $\int \csc x \cot x \mathrm{d}x = -\csc x + C$

93. $\int \sin^2 x \mathrm{d}x = \dfrac{x}{2} - \dfrac{1}{4}\sin 2x + C$

94. $\int \cos^2 x \mathrm{d}x = \dfrac{x}{2} + \dfrac{1}{4}\sin 2x + C$

95. $\int \sin^n x \mathrm{d}x = -\dfrac{1}{n}\sin^{n-1} x \cos x + \dfrac{n-1}{n}\int \sin^{n-2} x \mathrm{d}x$

96. $\int \cos^n x \mathrm{d}x = \dfrac{1}{n}\cos^{n-1} x \sin x + \dfrac{n-1}{n}\int \cos^{n-2} x \mathrm{d}x$

97. $\int \dfrac{\mathrm{d}x}{\sin^n x} = -\dfrac{1}{n-1} \cdot \dfrac{\cos x}{\sin^{n-1} x} + \dfrac{n-2}{n-1}\int \dfrac{\mathrm{d}x}{\sin^{n-2} x}$

98. $\int \dfrac{\mathrm{d}x}{\cos^n x} = \dfrac{1}{n-1} \cdot \dfrac{\sin x}{\cos^{n-1} x} + \dfrac{n-2}{n-1}\int \dfrac{\mathrm{d}x}{\cos^{n-2} x}$

99. $\displaystyle\int \cos^m x \sin^n x \mathrm{d}x = \frac{1}{m+n}\cos^{m-1} x \sin^{n+1} x + \frac{m-1}{m+n}\int \cos^{m-2} x \sin^n x \mathrm{d}x$

$\displaystyle\qquad = -\frac{1}{m+n}\cos^{m+1} x \sin^{n-1} x + \frac{n-1}{m+n}\int \cos^m x \sin^{n-2} x \mathrm{d}x$

100. $\displaystyle\int \sin ax \cos bx \mathrm{d}x = -\frac{1}{2(a+b)}\cos(a+b)x - \frac{1}{2(a-b)}\cos(a-b)x + C$

101. $\displaystyle\int \sin ax \sin bx \mathrm{d}x = -\frac{1}{2(a+b)}\sin(a+b)x + \frac{1}{2(a-b)}\sin(a-b)x + C$

102. $\displaystyle\int \cos ax \cos bx \mathrm{d}x = \frac{1}{2(a+b)}\sin(a+b)x + \frac{1}{2(a-b)}\sin(a-b)x + C$

103. $\displaystyle\int \frac{\mathrm{d}x}{a+b\sin x} = \frac{2}{\sqrt{a^2-b^2}}\arctan\frac{a\tan\dfrac{x}{2}+b}{\sqrt{a^2-b^2}} + C \qquad (a^2 > b^2)$

104. $\displaystyle\int \frac{\mathrm{d}x}{a+b\sin x} = \frac{1}{\sqrt{b^2-a^2}}\ln\left|\frac{a\tan\dfrac{x}{2}+b-\sqrt{b^2-a^2}}{a\tan\dfrac{x}{2}+b+\sqrt{b^2-a^2}}\right| + C \qquad (a^2 < b^2)$

105. $\displaystyle\int \frac{\mathrm{d}x}{a+b\cos x} = \frac{2}{a+b}\sqrt{\frac{a+b}{a-b}}\arctan\left(\sqrt{\frac{a-b}{a+b}}\tan\frac{x}{2}\right) + C \qquad (a^2 > b^2)$

106. $\displaystyle\int \frac{\mathrm{d}x}{a+b\cos x} = \frac{1}{a+b}\sqrt{\frac{a+b}{b-a}}\ln\left|\frac{\tan\dfrac{x}{2}+\sqrt{\dfrac{a+b}{b-a}}}{\tan\dfrac{x}{2}-\sqrt{\dfrac{a+b}{b-a}}}\right| + C \qquad (a^2 < b^2)$

107. $\displaystyle\int \frac{\mathrm{d}x}{a^2\cos^2 x + b^2\sin^2 x} = \frac{1}{ab}\arctan\left(\frac{b}{a}\tan x\right) + C$

108. $\displaystyle\int \frac{\mathrm{d}x}{a^2\cos^2 x - b^2\sin^2 x} = \frac{1}{2ab}\ln\left|\frac{b\tan x + a}{b\tan x - a}\right| + C$

109. $\displaystyle\int x\sin ax \mathrm{d}x = \frac{1}{a^2}\sin ax - \frac{1}{a}x\cos ax + C$

110. $\displaystyle\int x^2\sin ax \mathrm{d}x = -\frac{1}{a}x^2\cos ax + \frac{2}{a^2}x\sin ax + \frac{2}{a^3}\cos ax + C$

111. $\int x \cos ax \mathrm{d}x = \dfrac{1}{a^2}\cos ax + \dfrac{1}{a}x \sin ax + C$

112. $\int x^2 \cos ax \mathrm{d}x = \dfrac{1}{a}x^2 \sin ax + \dfrac{2}{a^2}x \cos ax - \dfrac{2}{a^3}\sin ax + C$

（十二）含有反三角函数的积分（其中 $a > 0$)

113. $\int \arcsin \dfrac{x}{a} \mathrm{d}x = x \arcsin \dfrac{x}{a} + \sqrt{a^2 - x^2} + C$

114. $\int x \arcsin \dfrac{x}{a} \mathrm{d}x = \left(\dfrac{x^2}{2} - \dfrac{a^2}{4} \right) \arcsin \dfrac{x}{a} + \dfrac{x}{4}\sqrt{a^2 - x^2} + C$

115. $\int x^2 \arcsin \dfrac{x}{a} \mathrm{d}x = \dfrac{x^3}{3}\arcsin \dfrac{x}{a} + \dfrac{1}{9}(x^2 + 2a^2)\sqrt{a^2 - x^2} + C$

116. $\int \arccos \dfrac{x}{a} \mathrm{d}x = x \arccos \dfrac{x}{a} - \sqrt{a^2 - x^2} + C$

117. $\int x \arccos \dfrac{x}{a} \mathrm{d}x = \left(\dfrac{x^2}{2} - \dfrac{a^2}{4} \right) \arccos \dfrac{x}{a} - \dfrac{x}{4}\sqrt{a^2 - x^2} + C$

118. $\int x^2 \arccos \dfrac{x}{a} \mathrm{d}x = \dfrac{x^3}{3}\arccos \dfrac{x}{a} - \dfrac{1}{9}(x^2 + 2a^2)\sqrt{a^2 - x^2} + C$

119. $\int \arctan \dfrac{x}{a} \mathrm{d}x = x \arctan \dfrac{x}{a} - \dfrac{a}{2}\ln(a^2 + x^2) + C$

120. $\int x \arctan \dfrac{x}{a} \mathrm{d}x = \dfrac{1}{2}(a^2 + x^2)\arctan \dfrac{x}{a} - \dfrac{a}{2}x + C$

121. $\int x^2 \arctan \dfrac{x}{a} \mathrm{d}x = \dfrac{x^3}{3}\arctan \dfrac{x}{a} - \dfrac{a}{6}x^2 + \dfrac{a^3}{6}\ln(a^2 + x^2) + C$

（十三）含有指数函数的积分

122. $\int a^x \mathrm{d}x = \dfrac{1}{\ln a}a^x + C$

123. $\int \mathrm{e}^{ax} \mathrm{d}x = \dfrac{1}{a}\mathrm{e}^{ax} + C$

124. $\int x\mathrm{e}^{ax} \mathrm{d}x = \dfrac{1}{a^2}(ax - 1)\mathrm{e}^{ax} + C$

125. $\displaystyle\int x^n \mathrm{e}^{ax}\,\mathrm{d}x = \frac{1}{a}x^n\mathrm{e}^{ax} - \frac{n}{a}\int x^{n-1}\,\mathrm{e}^{ax}\,\mathrm{d}x$

126. $\displaystyle\int x a^x\,\mathrm{d}x = \frac{x}{\ln a}a^x - \frac{1}{(\ln a)^2}a^x + C$

127. $\displaystyle\int x^n a^x\,\mathrm{d}x = \frac{1}{\ln a}x^n a^x - \frac{n}{\ln a}\int x^{n-1}a^x\,\mathrm{d}x$

128. $\displaystyle\int \mathrm{e}^{ax}\sin bx\,\mathrm{d}x = \frac{1}{a^2+b^2}\mathrm{e}^{ax}(a\sin bx - b\cos bx) + C$

129. $\displaystyle\int \mathrm{e}^{ax}\cos bx\,\mathrm{d}x = \frac{1}{a^2+b^2}\mathrm{e}^{ax}(b\sin bx + a\cos bx) + C$

130. $\displaystyle\int \mathrm{e}^{ax}\sin^n bx\,\mathrm{d}x = \frac{1}{a^2+b^2n^2}\mathrm{e}^{ax}\sin^{n-1}bx(a\sin bx - nb\cos bx) +$

$$\frac{n(n-1)b^2}{a^2+b^2n^2}\int \mathrm{e}^{ax}\sin^{n-2}bx\,\mathrm{d}x$$

131. $\displaystyle\int \mathrm{e}^{ax}\cos^n bx\,\mathrm{d}x = \frac{1}{a^2+b^2n^2}\mathrm{e}^{ax}\cos^{n-1}bx(a\cos bx + nb\sin bx) +$

$$\frac{n(n-1)b^2}{a^2+b^2n^2}\int \mathrm{e}^{ax}\cos^{n-2}bx\,\mathrm{d}x$$

（十四）含有对数函数的积分

132. $\displaystyle\int \ln x\,\mathrm{d}x = x\ln x - x + C$

133. $\displaystyle\int \frac{\mathrm{d}x}{x\ln x} = \ln|\ln x| + C$

134. $\displaystyle\int x^n \ln x\,\mathrm{d}x = \frac{1}{n+1}x^{n+1}\left(\ln x - \frac{1}{n+1}\right) + C$

135. $\displaystyle\int (\ln x)^n\,\mathrm{d}x = x(\ln x)^n - n\int (\ln x)^{n-1}\,\mathrm{d}x$

136. $\displaystyle\int x^m(\ln x)^n\,\mathrm{d}x = \frac{1}{m+1}x^{m+1}(\ln x)^n - \frac{n}{m+1}\int x^m(\ln x)^{n-1}\,\mathrm{d}x$

（十五）含有双曲函数的积分

137. $\int \text{sh } x\mathrm{d}x = \text{ch } x + C$

138. $\int \text{ch } x\mathrm{d}x = \text{sh } x + C$

139. $\int \text{th } x\mathrm{d}x = \ln \text{ch } x + C$

140. $\int \text{sh}^2 x\mathrm{d}x = -\dfrac{x}{2} + \dfrac{1}{4}\text{sh } 2x + C$

141. $\int \text{ch}^2 x\mathrm{d}x = \dfrac{x}{2} + \dfrac{1}{4}\text{sh } 2x + C$

（十六）定积分

142. $\displaystyle\int_{-\pi}^{\pi} \cos nx\mathrm{d}x = \int_{-\pi}^{\pi} \sin nx\mathrm{d}x = 0$

143. $\displaystyle\int_{-\pi}^{\pi} \cos mx \sin nx\mathrm{d}x = 0$

144. $\displaystyle\int_{-\pi}^{\pi} \cos mx \cos nx\mathrm{d}x = \begin{cases} 0, & m \neq n \\ \pi, & m = n \end{cases}$

145. $\displaystyle\int_{-\pi}^{\pi} \sin mx \sin nx\mathrm{d}x = \begin{cases} 0, & m \neq n \\ \pi, & m = n \end{cases}$

146. $\displaystyle\int_{0}^{\pi} \sin mx \sin nx\mathrm{d}x = \int_{0}^{\pi} \cos mx \cos nx\mathrm{d}x = \begin{cases} 0, & m \neq n \\ \dfrac{\pi}{2}, & m = n \end{cases}$

147. $I_n = \displaystyle\int_{0}^{\frac{\pi}{2}} \sin^n x\,\mathrm{d}x = \int_{0}^{\frac{\pi}{2}} \cos^n x\,\mathrm{d}x$

$I_n = \dfrac{n-1}{n} I_{n-2}$

$I_n = \dfrac{n-1}{n} \cdot \dfrac{n-3}{n-2} \cdot \cdots \cdot \dfrac{4}{5} \cdot \dfrac{2}{3}$ （n 为大于 1 的正奇数），$I_1 = 1$

$I_n = \dfrac{n-1}{n} \cdot \dfrac{n-3}{n-2} \cdot \cdots \cdot \dfrac{3}{4} \cdot \dfrac{1}{2} \cdot \dfrac{\pi}{2}$ （n 为正偶数），$I_0 = \dfrac{\pi}{2}$

部分习题参考答案

习题 1-1

基础题

1.(1)$(-\infty,-3)\cup(-3,+\infty)$. (2)$[2,+\infty)$.

(3)$(-\infty,0)\cup(3,+\infty)$. (4)$x\neq\dfrac{\pi}{4}+\dfrac{k\pi}{2},k\in\mathbf{Z}$.

2.(2)(4) 奇,(3) 偶,(1) 非奇非偶.

3.(1)2π. (2)$\dfrac{2\pi}{5}$. (3)1. (4) 非周期函数.

4.(1)$(-\infty,-3)$ 是增区间,$(-3,+\infty)$ 是减区间. (2)$(-4,+\infty)$ 是增区间.

(3)$\left(-\dfrac{\pi}{12}+k\pi,\dfrac{5\pi}{12}+k\pi\right),k\in\mathbf{Z}$,是增区间;$\left(\dfrac{5\pi}{12}+k\pi,\dfrac{11\pi}{12}+k\pi\right),k\in\mathbf{Z}$,是减区

间. (4)$\left(\dfrac{5\pi}{6}+2k\pi,\dfrac{11\pi}{6}+2k\pi\right),k\in\mathbf{Z}$,是增区间;$\left(-\dfrac{\pi}{6}+2k\pi,\dfrac{5\pi}{6}+2k\pi\right)$,

$k\in\mathbf{Z}$,是减区间.

5.(1) 有界,$|3\sin^2x|\leqslant3$. (2) 无界.

6.(1)$y=e^u,u=\sin x$. (2)$y=u^{10},u=3x-1$. (3)$y=\ln u,u=5x+3$.

(4)$y=u^2,u=\cos v,v=2x-3$.

7.(1)$y=x^{\frac{1}{5}}$. (2)$y=x-3$. (3)$y=\lg x-1$. (4)$y=2^x+2$.

提高题

1.（1）（2）（3）不相同，（4）相同.

2. $f(x) = \dfrac{x^3 - 2x^2 + 3x + 1}{x + 1}$.

3.（1）$f(x) = x - 1$.　（2）$f(x) = x - 2$ 或 $f(x) = 1 - x$.

4.（1）$f \circ g(x) = x + 1$　　$(x \geqslant -1)$.

$(2) f \circ g(x) = \begin{cases} e^{x+2}, & x < -1, \\ (x + 2)^2 - 1, & -1 \leqslant x < 0, \\ e^{x^2-1}, & 0 \leqslant x < \sqrt{2}, \\ (x^2 - 1)^2 - 1, & x \geqslant \sqrt{2}. \end{cases}$

习题 1-2

基础题

1.（1）$\dfrac{\pi}{3}$.　（2）$-\dfrac{\pi}{6}$.　（3）$\dfrac{\pi}{4}$.　（4）$\dfrac{\pi}{2}$.　（5）$\dfrac{\pi}{6}$.　（6）$\dfrac{3\pi}{4}$.

2.（1）$\dfrac{4}{5}$.　（2）$-\dfrac{1}{3}$.　（3）$\dfrac{3}{5}$.　（4）$\dfrac{\sqrt{3} + \sqrt{15}}{8}$.　（5）$\dfrac{\sqrt{3}}{3}$.　（6）$\dfrac{2\sqrt{5}}{5}$.

习题 1-3

基础题

1.（1）0.　（2）0.　（3）3.　（4）4.　（5）-1.　（6）1.

2.（1）1.　（2）不存在.　（3）5.　（4）不存在.

3.（1）0.　（2）$\dfrac{3}{2}$.　（3）$\dfrac{1}{2}$.　（4）1.

习题 1-4

基础题

1.（1）9.　（2）2.　（3）2.　（4）$\dfrac{\pi}{2}$.

2.（1）0.　（2）0.　（3）0.　（4）5.　（5）$\dfrac{2}{3}$.　（6）4.

3.（1）0.　（2）0.　（3）-7.　（4）-3.

4. $f(1^-)=2$, $f(1^+)=0$, 极限不存在.

5. $f(0^-)=1$, $f(0^+)=1$, $\lim\limits_{x\to 0}f(x)=1$.

6. $\lim\limits_{x\to +\infty}\operatorname{arccot}x=0$, $\lim\limits_{x\to -\infty}\operatorname{arccot}x=\pi$, $\lim\limits_{x\to\infty}\operatorname{arccot}x$ 不存在.

提高题

1.（1）D.　（2）A.　（3）A.

2. $f(0^-)=-1$, $f(0^+)=+1$, $\lim\limits_{x\to 0}f(x)$ 不存在.

习题 1-5

基础题

1.（1）15.　（2）-3.　（3）0.　（4）10.　（5）∞.

2.（1）3.　（2）0.　（3）∞.　（4）$\dfrac{1}{2}$.

3.（1）0.　（2）∞.　（3）0.　（4）1.　（5）0.　（6）0.

4. $\lim\limits_{x\to 1}f(x)$ 不存在, $\lim\limits_{x\to 2}f(x)=2$, $\lim\limits_{x\to 3}f(x)=4$.

提高题

1.（1）2.　（2）$\dfrac{4}{3}$.　（3）1.　（4）$-\dfrac{1}{3}$.

2.（1）$3x^2$. （2）2. （3）$\left(\dfrac{3}{2}\right)^{20}$. （4）$\infty$. （5）$-\dfrac{1}{2}$.

3.（1）$a=-3,b=2$.

4.（1）正确. （2）（3）错误.

基础题

1.（1）7. （2）0. （3）e^{-5}. （4）e^{-1}.

2.（1）1. （2）2. （3）2.

3.（1）e. （2）e^{-2}. （3）e^2. （4）e^4. （5）e^3. （6）e^2. （7）e^{2a}. （8）e.

提高题

1.略.

2.（1）$\cos a$. （2）x. （3）e^{-1}.

基础题

1.（1）（2）（5）无穷小,（3）（4）（6）无穷大.

2.提示：$\sin x,\arctan x$ 有界.

3.（1）$5x^2=o(x)$. （2）$\dfrac{4}{x^3}=o\left(\dfrac{5}{x^2}\right)$.

提高题

1.（1）（2）无穷大,（3）（4）无穷小.

2.（1）$x\to\infty$ 时,是无穷小,$x\to-1$ 时,是无穷大.

（2）$x\to0$ 时,是无穷小,$x\to-5$ 时,是无穷大.

（3）$x\to k\pi,k\in\mathbf{Z}$ 时,是无穷小.

（4）$x \to 1$ 时，是无穷小；$x \to 0^+$ 时，是无穷大.

3.（1）$\dfrac{2}{3}$.　（2）$\dfrac{1}{8}$.　（3）$-\dfrac{2}{5}$

基础题

1. 连续.

2. 连续区间是 $(-\infty, -3), (-3, 2)$ 和 $(2, +\infty)$，$\lim\limits_{x \to 2} f(x) = \infty$，$\lim\limits_{x \to -3} f(x) = -\dfrac{1}{5}$，$\lim\limits_{x \to 0} f(x) = -\dfrac{1}{2}$.

3. $a = 1$.

4.（1）$x = 1$ 是第二类无穷间断点.

　　（2）$x = -3$ 是第一类可去间断点，$x = 3$ 是第二类无穷间断点.

　　（3）$x = 0$ 是第一类跳跃间断点.

　　（4）$x = 0$ 是第一类可去间断点.

提高题

1.（1）-18.　（2）6.　（3）$\Delta x^3 + 6\Delta x^2 + 11\Delta x$.

3.（1）$x = 0$ 是第一类可去间断点；$x = k\pi + \dfrac{\pi}{2}, k \in \mathbf{Z}$，是第一类可去间断点；

　　$x = k\pi, k \neq 0, k \in \mathbf{Z}$，是第二类无穷间断点.

　　（2）$x = 0$ 是第二类振荡间断点.

基础题

1.（1）-1.　（2）0.　（3）$\dfrac{1}{5}$.　（4）$\dfrac{1}{12}$.　（5）$\dfrac{1}{2}$.　（6）1.

2. 最大值 1, 最小值 -1.

3. 最大值 e^4, 最小值 e^2.

习题 2-1

基础题

1. -1.53.

2. 6.

3. $2x$.

4. $\dfrac{1}{2}$.

5. $2x + a$.

6. $-2x^{-3}$.

7. 证略.

8. 斜率 $\dfrac{3}{4}$; 切线方程为 $y - \dfrac{5}{2} = \dfrac{3}{4}(x - 2)$.

9. 12.

10. 连续, 不可导.

提高题

1. $a = 2, b = -1$.

2. 不可导.

3. 连续不可导.

4. 切线方程 $y - 2 = -4\left(x - \dfrac{1}{2}\right)$, 法线方程 $y - 2 = \dfrac{1}{4}\left(x - \dfrac{1}{2}\right)$.

5. $\left(-\dfrac{1}{6}, 0\right)$.

6. $2f'(x_0)$.

7. $-f'(x_0)$.

8. -1.

9.连续,可导.

10.证略.

习题 2-2

基础题

1.$y' = 4x^3 + 3x^2 + 2x + 1.$

2.$y' = 6x^5 + 4x^3 - 2x.$

3.$y' = \cos 2x.$

4.$y' = \dfrac{e^x(x-1) + x}{x^2}.$

5.$y' = -\sin x \ln x + \dfrac{\cos x}{x}.$

6.9.

7.$\dfrac{3}{25}.$

8.$y = 1.$

9.$y' = \dfrac{y}{y-x}.$

10.$y' = x^{\sin x}\left[\cos x \ln x + \dfrac{\sin x}{x}\right].$

提高题

1.$y' = \dfrac{2x}{\sqrt{1-(x^2-3)^2}}.$

2.$y' = \dfrac{2x\sec^2 x^2}{\tan x^2}.$

3.$y' = e^{\arctan\sqrt{x}}\dfrac{1}{2\sqrt{x}(1+x)}.$

4.$y' = \dfrac{1}{\sqrt{2x(1-x)}(1+x)}.$

5.$y' = -\dfrac{2}{x(1 + \ln x)^2}.$

6.切线方程 $x + y - 4 = 0$ 　法线方程 $y = x.$

7.$\dfrac{\mathrm{e}^y}{1 - x\mathrm{e}^y}.$

8.$y' = \left(\dfrac{x}{1 + x}\right)^x\left[\ln \dfrac{x}{1 + x} + \dfrac{1}{1 + x}\right].$

9.$\sin 2x[f'(\sin^2 x) - f'(\cos^2 x)].$

10.$f'(x) = 2 + \dfrac{1}{x^2}.$

 **习题 2-3**

基础题

1.0.

2.$s'' = -w^2\sin wt.$

3.$y^{(n)} = (-1)^{n-1}(n - 1)!\ x^{-n}.$

4.$-2\sin x - x\cos x.$

5.$-2.$

6.$\dfrac{1}{(1 - x^2)y}$ 或 $\dfrac{-1}{y^3}.$

7.速度 $2\sqrt{3}$,加速度 $-4.$

提高题

1.$y^{(n)} = (-1)^{n-1}(n - 1)!\ (1 + x)^{-n}.$

2.$y'' = \mathrm{e}^{f(x)}(f')^2 + \mathrm{e}^{f(x)}f''.$

3.$y'' = \dfrac{1}{x^2}(f'' - f').$

4.验证略.

5.$f'(\mathrm{e}^2) = \dfrac{1}{2\mathrm{e}^2}, f''(\mathrm{e}^2) = -\dfrac{3}{4}\mathrm{e}^{-4}.$

6. $f''(a) = 2g(a)$.

7. $y'' = e^{ax}\left[\,(a^2 - b^2)\sin bx + 2ab\cos bx\,\right]$.

8. $y'' = \dfrac{-2(x^2 + y^2)}{(x + y)^3}$.

9. $f(f'(x)) = 256x^2$，$(f(f(x)))' = 256x^3$.

习题 2-4

基础题

1. $\Delta y \approx 0.241$，$dy = 0.24$.

2. $\Delta y = -0.091$，$dy = -0.1$.

3. 0.

4. $dy = \left[\cos 2x - 2x\sin 2x\right]dx$.

5. $dy = \left[-e^{-x}\sin(x + 1) + e^{-x}\cos(x + 1)\right]dx$.

6. $dy = \dfrac{2\ln(1 - x)}{x - 1}dx$.

7. $ds = \left[wA\cos(wt + \varphi)\right]dt$.

8. $y = \ln|1 + x| + c$.

9. $y = -\dfrac{1}{2}e^{-2x} + c$.

10. $y = -\dfrac{1}{w}\cos wx + c$.

提高题

1. $dy = -\dfrac{\ln 3}{3^x + 1}dx$.

2. $df = x^x\left[\ln x + 1\right]dx$.

3. $dy = \dfrac{e^x - y}{x + e^y}dx$.

4. 0.

5. $y = \dfrac{1}{a} \arctan \dfrac{x}{a} + c.$

6. $y = \arcsin \dfrac{x}{a} + c.$

7. $y = \dfrac{1}{2} e^{x^2} + c.$

8. $y = -\cos x + \dfrac{1}{3} \cos^3 x + c.$

9. $y = -\ln|\cos x| + C.$

 习题 3-1

基础题

1. D.

2. B.

3. 2.

4. $\dfrac{\pi}{2}.$

5. $1 + \dfrac{\sqrt{3}}{2}.$

6. 满足, $\xi = 1.$

7. 不满足闭区间上连续的条件.

8. 满足, $\xi = \ln(e - 1)$

9. 有 3 个, 分别位于区间 $(0,1),(1,2),(2,3)$ 内.

 习题 3-2

基础题

1. 1.

2. $\dfrac{3}{2}$.

3.0.

4. $\dfrac{m}{n}\alpha^{m-n}$.

5. ∞.

6. -2.

7. $\dfrac{3}{2}$.

8.1.

9.2.

10.1.

提高题

1. $-\infty$.

2. -2.

3. $e^{-\frac{2}{\pi}}$.

4.0.5.

5.1.

6. -1.

7.1.

10.在 $x=0$ 处连续.

习题 3-3

基础题

1. $y=1-x-\dfrac{x^2}{2!}-\dfrac{x^3}{3!}-\cdots-\dfrac{x^n}{n!}+o(x^n)$.

2. $1-9x+30x^2-45x^3+30x^4-9x^5+x^6$.

3. $xe^x=x+x^2+\dfrac{x^3}{2!}+\dfrac{x^4}{3!}+\cdots+\dfrac{x^n}{(n-1)!}+o(x^n)$.

4. $-1 - 3(x-1)^2 - 2(x-1)^3$.

5. $= -1[1 + (x+1) + (x+1)^2 + \cdots + (x+1)^n] + (-1)^{n+1} \cdot$

$\dfrac{(x+1)^{n+1}}{[-1+\theta(x+1)]^{n+2}}$ $(0 < \theta < 1)$.

6. $1 - \dfrac{1}{2}x + \dfrac{x^2}{2 \cdot 2!} - \dfrac{x^3}{2 \cdot 3!} + \cdots + (-1)^n \dfrac{x^n}{2 \cdot (n)!} + (-1)^{n+1}$

$\dfrac{x^{n+1} f^{(n+1)}(\xi)}{(n+1)!}$.

提高题

1. $y = x + \dfrac{x^3}{3} + o(x^3)$.

2. 0.5.

3. 0.309 0.

习题 3-4

基础题

1. 单调减少.

2. (1) 单调增加；ㅤ(2) 单调增加；ㅤ(3) 单调增加；ㅤ(4) 单调增加.

3. (1) 单调增区间$[0, +\infty)$,单调减区间$(-\infty, 0]$;

ㅤ(2) 单调增区间$(-\infty, 0]$、$[2, +\infty)$,单调减区间$[0, 2]$;

ㅤ(3) 单调增区间$(-\infty, +\infty)$;

ㅤ(4) 单调增区间$(-\infty, 0),(0, +\infty)$.

4. 单调增区间$(-\infty, -3]$、$[1, +\infty)$,单调减区间$[-3, 1]$.

5. (1) 在$(-\infty, +\infty)$内是凹的;

ㅤ(2) 在$(0, +\infty)$内是凸的;

ㅤ(3) 在$(-\infty, +\infty)$内是凹的;

ㅤ(4) 在$(-\infty, 0)$内是凸的,在$(0, +\infty)$内是凹的.

提高题

1. (1) 证法一:令$f(x) = (1+x)\ln(1+x) - x \cdot \ln x$,则该函数在$x > 1$连续且

可导,且

$$f'(x) = \ln(1 + x) + 1 - \ln x - 1 = \ln \frac{1 + x}{x} > 0, (x > 1)$$

即函数 $f(x)$ 在闭区间 $[1, +\infty)$ 上是单调增函数。故有

$$f(x) > f(1) = 2\ln 2 > 0$$

即 $(1 + x)\ln(1 + x) > x \cdot \ln x, x > 1$ 得证。

证法二：令 $f(x) = x \cdot \ln x$,则该函数在 $x > 1$ 连续且可导,且

$$f'(x) = \ln x + 1 > 1 > 0, (x > 1)$$

即函数 $f(x)$ 在开区间 $(1, +\infty)$ 上是单调增函数。

又因为 $1 + x > x > 1$,则有 $f(1 + x) > f(x)$

即 $(1 + x)\ln(1 + x) > x \cdot \ln x, x > 1$ 得证。

(2)(3)(4),2,3 采用类似构造函数的方法证明。

4. $f(x)$ 在 $(-\infty, 3)$ 上单调减少,在 $(3, +\infty)$ 上单调增加,$f(x)$ 在 $x = 3$ 处有极小值 $f(3) = -17$.

5. (1) 在 $(-\infty, 1)$ 内是凹的,在 $(1, +\infty)$ 内是凸的,拐点为 $(1, 2)$;

(2) 在 $(2, +\infty)$ 内是凹的,在 $(-\infty, 2)$ 内是凸的,拐点为 $(2, 2e^{-2})$;

(3) 在 $\left(\frac{1}{2}, +\infty\right)$ 内是凹的,在 $\left(-\infty, \frac{1}{2}\right)$ 内是凸的,拐点为 $\left(\frac{1}{2}, -\frac{31}{2}\right)$;

(4) 在 $(-\infty, +\infty)$ 内是凹的,没有拐点.

6. $a = -2, b = 6$.

习题 3-5

基础题

1. (1) 极大值 $y(0) = 1$,极小值 $y(2) = -3$;

(2) 极大值 $y\left(\frac{3}{4}\right) = \frac{5}{4}$;

(3) 极小值 $y(0) = 0$;

(4) 极大值 $y(\sqrt{3}) = 6\sqrt{3}$,极小值 $y(-\sqrt{3}) = -6\sqrt{3}$.

2. B

3. D

4.(1) 最大值 $y(4) = 80$,最小值 $y(-1) = -5$;

(2) 最大值 $y(0) = y(3) = 2$,最小值 $y(-1) = y(2) = -2$;

(3) 最大值 $y\left(\dfrac{3}{4}\right) = \dfrac{5}{4}$,最小值 $y(-5) = -5 + \sqrt{6}$.

提高题

1.(1) 极大值 $y\left(\dfrac{6}{5}\right) = \dfrac{\sqrt{70}}{5}$;   (2) 极大值 $y(e) = e^{\frac{1}{e}}$;   (3) 没有极值.

(4) 极大值 $y\left(\dfrac{\pi}{4} + 2k\pi\right) = \dfrac{\sqrt{2}}{2} e^{\frac{\pi}{4} + 2k\pi}$,极小值 $y\left[\dfrac{\pi}{4} + (2k+1)\pi\right] = -\dfrac{\sqrt{2}}{2} e^{\frac{\pi}{4} + (2k+1)\pi}, k \in \mathbf{Z}$.

2.(1) 极小值 $y(1) = 2 - \ln 16$;   (2) 极大值 $y(2) = 2$;

(3) 极大值 $y(-1) = \dfrac{13}{6}$,极小值 $y(2) = -\dfrac{7}{3}$.

3. $a = 3e^{3}$.

4.函数在 $x = 4$ 处有最大值,最大值为 $f(4) = 71$;在 $x = 3$ 处有最小值,最小值为 $f(3) = -88$.

5.函数在 $x = -3$ 处有最小值,最小值为 $f(-3) = 27$.

6.点 $\left(\dfrac{16}{3}, \dfrac{256}{9}\right)$.

习题 3-6

基础题

1.(1) 水平渐近线为 $y = 0$,铅直渐近线为 $x = \pm 1$;

(2) 水平渐近线为 $y = 2$,铅直渐近线为 $x = -1$;

(3) 水平渐近线为 $y = 0$,无铅直渐近线;

(4) 无水平渐近线,铅直渐近线为 $x = 0$.

3.D

提高题

1.无水平渐近线,铅直渐近线为 $x = 1$.

 **习题 3-7**

基础题

1.（1）$\mathrm{d}s = \sqrt{1 + (2x - 2)^2}\,\mathrm{d}x$;   （2）$\mathrm{d}s = \sqrt{1 + \dfrac{1}{x^2}}\,\mathrm{d}x$;

   （3）$\mathrm{d}s = \sqrt{1 + 4\mathrm{e}^{4x}}\,\mathrm{d}x$;   （4）$\mathrm{d}s = \sqrt{1 + \sec^4 x}\,\mathrm{d}x$.

2.（1）$K = \dfrac{12\sqrt{145}}{21\ 025}, \rho = \dfrac{145\sqrt{145}}{12}$;   （2）$K = \dfrac{2\sqrt{5}}{25}, \rho = \dfrac{5\sqrt{5}}{2}$;

   （3）$K = 1, \rho = 1$;   （4）$K = \dfrac{\sqrt{2}}{4}, \rho = 2\sqrt{2}$.

提高题

1.$K = 2$.

2.$K = 2, \rho = \dfrac{1}{2}$.

3.$\left(-\dfrac{\ln 8}{4}, \dfrac{\sqrt{2}}{4} \right)$.

4.$\left(\dfrac{\sqrt{2}}{2}, -\dfrac{\ln 2}{2} \right)$,曲率半径的最小值为 $\dfrac{3\sqrt{3}}{2}$.

 **习题 4-1**

基础题

1.$x^2 + 2x$.

2.（1）$-\dfrac{1}{x}+C$；　（2）$\dfrac{x^{11}}{11}+C$；　（3）$\dfrac{3x^{\frac{4}{3}}}{4}+C$；

（4）$\dfrac{2}{5}x^{\frac{5}{2}}+C$；　（5）$-\dfrac{2}{3}x^{-\frac{3}{2}}+C$；　（6）$\arcsin x+C$；

（7）$\dfrac{1}{5}x^5-\dfrac{2}{3}x^3+x+C$；　（8）$e^x-2\ln|x|+C$；　（9）$\dfrac{m}{m+n}x^{\frac{m+n}{m}}+C$；

（10）$2\arctan x-5\arcsin x+C$；

3.$y=\dfrac{1}{2}x^2+x+1$.

4.$y=x^3$.

提高题

（1）$\dfrac{10^x}{\ln 10}+C$；　（2）$\dfrac{8}{15}x^{\frac{15}{8}}+C$；　（3）$8\sqrt{x}-\dfrac{8}{3}x^{\frac{3}{2}}+\dfrac{2}{5}x^{\frac{5}{2}}+C$；

（4）$\tan x+\sec x+C$；　（5）$\tan x-\cot x+C$；

（6）$-\cos x-x+C$；　（7）$\sin x-\cos x+C$；　（8）$\dfrac{1}{2}\tan x+C$；

（9）$x-\arctan x+C$；　（10）$x^3-x-\arctan x+C$.

习题 4-2

基础题

1.（1）$\dfrac{1}{6}(2x-3)^3+C$；　（2）$-\dfrac{1}{11}(3-x)^{11}+C$；

（3）$\dfrac{2}{9}(4+3x)^{\frac{3}{2}}+C$；　（4）$(1+2x)^{\frac{1}{2}}+C$；

（5）$-\dfrac{1}{5}\cos 5x+C$；　（6）$-2\cos\left(\dfrac{x}{2}-5\right)+C$.

2.（1）$\dfrac{1}{2}(1+2x)^{\frac{3}{2}}\left(\dfrac{2}{5}x-\dfrac{2}{15}\right)+C$；　（2）$\dfrac{3}{2}x^{\frac{2}{3}}-3x^{\frac{1}{3}}+3\ln|\sqrt[3]{x}+1|+C$；

（3）$2\ln|x^{\frac{1}{2}}+1|+C$；　（4）$2\left[\sqrt{x+2}+\ln|\sqrt{x+2}-1|\right]+C$.

3.（1）$\arccos \dfrac{1}{|x|} + C$;　（2）$\dfrac{1}{2}\left(\arcsin x - x\sqrt{1-x^2}\right) + C$.

提高题

1.（1）$e^{\sin x} + C$;　（2）$-e^{-\sin x} + C$;

（3）$\dfrac{1}{3}\cos^3 x - \cos x + C$;　（4）$-\dfrac{1}{4}\cos^4 x + C$.

（5）$\dfrac{1}{3}\sec^3 x - \sec x + C$;　（6）$\arctan e^x + C$.

2.（1）$2\arctan\sqrt{2x-1} + C$;　（2）$4\left(\dfrac{1}{3}x^{\frac{3}{4}} - x^{\frac{1}{4}} + \arctan x^{\frac{1}{4}}\right) + C$;

（3）$\arccos \dfrac{1}{|x|} + C$;　（4）$\dfrac{x}{\sqrt{1+x^2}} + C$;

（5）$\arcsin x - \dfrac{x}{1+\sqrt{1-x^2}} + C$;　（6）$\dfrac{1}{2}\left(\arcsin x + \ln\left|x + \sqrt{1-x^2}\right|\right) + C$.

习题 4-3

基础题

（1）$-x\cos x + \sin x + C$;　（2）$\dfrac{1}{2}x\sin 2x + \dfrac{1}{4}\cos 2x + C$;

（3）$2(x\sin x + \cos x) - \sin x + C$;　（4）$x^2\sin x + 2x\cos x - 2\sin x + C$;

（5）$-e^{-x} - xe^{-x} + C$;　（6）$\dfrac{1}{2}xe^{2x} - \dfrac{1}{4}e^{2x} + C$;

（7）$e^{-x}(-2x - x^2 - 2) + C$;　（8）$\dfrac{1}{2}x^2\ln x - \dfrac{1}{4}x^2 + C$;

（9）$\dfrac{1}{2}x^2\ln(1+x) - \dfrac{1}{4}x^2 + \dfrac{1}{2}x - \dfrac{1}{2}\ln(1+x) + C$;　（10）$\dfrac{1}{3}x^3\ln x - \dfrac{1}{9}x^3 + C$.

提高题

（1）$x\ln(1+x^2) - 2x + 2\arctan x + C$;　（2）$\dfrac{1}{2}e^x(\sin x + \cos x) + C$;

(3) $-\dfrac{1}{2}e^{-x}(\sin x + \cos x) + C$;　(4) $\dfrac{1}{10}e^{3x}(\sin x + 3\cos x) + C$;

(5) $x\arcsin x + \sqrt{1 - x^2} + C$;　(6) $x\arctan x - \dfrac{1}{2}\ln(1 + x^2) + C$;

(7) $\dfrac{1}{2}(1 + x^2)\arctan x - \dfrac{1}{2}x + C$;　(8) $2\sqrt{x}\ln x - 4\sqrt{x} + C$;

(9) $x\ln^2 x - 2x\ln x + 2x + C$;　(10) $3e^{\sqrt[3]{x}}(\sqrt[3]{x^2} - 2\sqrt[3]{x} + 2) + C$;

(11) $\dfrac{x}{2}(\cos\ln x + \sin\ln x) + C$;　(12) $\dfrac{2}{3}(\sqrt{3x + 9} - 1)e^{\sqrt{3x+9}} + C$.

习题 4-4

基础题

(1) $\ln|x^2 - x - 2| + C$;　(2) $\ln|x| - \dfrac{1}{2}\ln(x^2 + 1) + C$;

(3) $\dfrac{1}{3}x^3 - \dfrac{3}{2}x^2 + 9x - 27\ln|x + 3| + C$;

(4) $\ln|x + 1| - \dfrac{1}{2}\ln(x^2 - x + 1) + \sqrt{3}\arctan\dfrac{2x - 1}{\sqrt{3}} + C$;

(5) $\dfrac{1}{2}\ln(x^2 - 2x + 5) + \arctan\dfrac{x - 1}{2} + C$;

(6) $-\dfrac{1}{2}\ln|x + 1| + 2\ln|x + 2| - \dfrac{3}{2}\ln|x + 3| + C$;

提高题

(1) $\dfrac{1}{4}\ln\left|\dfrac{x - 1}{x + 1}\right| - \dfrac{1}{2}\arctan x + C$;　(2) $-\dfrac{1}{2\sqrt{3}}\arctan\dfrac{\sqrt{3}\cot x}{2} + C$;

(3) $\ln\left|\tan\dfrac{x}{2} + 1\right| + C$;　(4) $x - 4\sqrt{x + 1} + 4\ln(\sqrt{x + 1} + 1) + C$;

(5) $2\sqrt{x} - 4\sqrt[4]{x} + 4\ln(\sqrt[4]{x} + 1) + C$;　(6) $-\dfrac{3}{2}\sqrt[3]{\dfrac{x + 1}{x - 1}} + C$.

基础题

$(1)\ \dfrac{2}{3}(-x-6)\sqrt{3-x}+C;\quad (2)\ \dfrac{1}{2}\arctan\dfrac{x+1}{2}+C;$

$(3)\ \dfrac{x}{8}(2x^2-9)\sqrt{9-x^2}+\dfrac{9}{8}\arcsin\dfrac{x}{3}+C;\quad (4)\ \dfrac{1}{9}\left(\ln|3x+2|+\dfrac{2}{3x+2}\right)+C;$

$(5)\ -\dfrac{1}{5}\sin^4 x\cos x-\dfrac{4}{15}\sin^2 x\cos x+\dfrac{8}{15}\cos x+C;\quad (6)\ \dfrac{2}{3}\arctan\left(3\tan\dfrac{x}{2}\right)+C.$

提高题

$(1)\ -\dfrac{1}{x}-\ln\left|\dfrac{1-x}{x}\right|+C;\quad (2)\ -\dfrac{1}{x}+2\ln\left|\dfrac{1+2x}{x}\right|+C;$

$(3)\ -\dfrac{\cos x}{2\sin^2 x}+\dfrac{1}{2}\ln\left|\tan\dfrac{x}{2}\right|+C;\quad (4)\ x\ln^3 x-3x\ln^2 x+6x\ln x-6x+C;$

$(5)\ \dfrac{x^3}{12}-\dfrac{25x}{16}+\dfrac{125}{32}\arctan\dfrac{2x}{5}+C;\quad (6)\ \ln\left|\dfrac{\sin x}{\sin x+1}\right|+C.$

基础题

1.(1)D；　(2)B；　(3)A.

2.(1)$\dfrac{1}{3}$；　(2)$\dfrac{b^2-a^2}{2}$.

3.3.

$4.(1)\ 6\leqslant\displaystyle\int_1^4(x^2+1)\mathrm{d}x\leqslant 51;\qquad (2)\ \pi\leqslant\displaystyle\int_{\frac{\pi}{4}}^{\frac{5\pi}{4}}(1+\sin^2 x)\mathrm{d}x\leqslant 2\pi;$

$(3)\ \dfrac{\pi}{9}\leqslant\displaystyle\int_{\frac{1}{\sqrt 3}}^{\sqrt 3}x\arctan x\mathrm{d}x\leqslant\dfrac{2\pi}{3};\qquad (4)\ -2\mathrm{e}^2\leqslant\displaystyle\int_2^0\mathrm{e}^{x^2-x}\mathrm{d}x\leqslant-2\mathrm{e}^{-\frac{1}{4}}.$

5.（1）$\int_0^1 x^2 \mathrm{d}x > \int_0^1 x^3 \mathrm{d}x$；

（2）$\int_3^4 \ln x \mathrm{d}x < \int_3^4 (\ln x)^2 \mathrm{d}x$；

（3）$\int_1^2 \ln x \mathrm{d}x > \int_1^2 (\ln x)^2 \mathrm{d}x$；

（4）$\int_0^{\frac{\pi}{2}} \sin x \mathrm{d}x > \int_0^{\frac{\pi}{2}} \sin^2 x \mathrm{d}x$.

提高题

1.略.

2.（1）6；　（2）-2；　（3）-3；　（4）5.

基础题

1.（1）B；　（2）D；　（3）D.

2.$y'(0) = 0, y'\left(\dfrac{\pi}{4}\right) = \dfrac{\sqrt{2}}{2}$.

3.（1）$a^3 - \dfrac{a^2}{2} + a$；　（2）$\dfrac{21}{8}$；　（3）$\dfrac{271}{6}$；　（4）$1 - \dfrac{\pi}{4}$；　（5）$1 - \dfrac{\pi}{4}$；　（6）4.

提高题

1.（1）1；　（2）1；　（3）$\dfrac{1}{2}$；　（4）$\dfrac{1}{2e}$.　2.$x = 0$.

3.$f(x) = 24x^2 - 12x$.

基础题

1.（1）0；　（2）$\dfrac{51}{512}$；　（3）$2\sqrt{2} - 2$；　（4）$\dfrac{3}{2} - \dfrac{1}{2}(\ln 5 - \ln 2)$；　（5）$\dfrac{\pi^2}{32}$；

（6）$-\dfrac{\sqrt{2}}{2}$；　（7）$2\sqrt{1 + \ln 2} - 2$；　（8）$\dfrac{1}{4}$.

2.(1) $\dfrac{5}{9}e^6 - \dfrac{2}{9}e^3$； (2) $4\ln 4 - 4$； (3) -2π； (4) $\ln 2 - 1 + \dfrac{\pi}{2}$.

提高题

1.$\dfrac{1}{2}(\cos 1 - 1)$. 4.1.

 习题 5-4

基础题

1.(1) $\dfrac{3}{2} - \ln 2$；(2) $e + \dfrac{1}{e} - 2$；(3) $b - a$. 2.$\dfrac{9}{4}$.

3.$2a\pi x_0^2$. 4.$\dfrac{128}{7}\pi, \dfrac{64}{5}\pi$.

5.(1) $\dfrac{3}{10}\pi$；(2) $160\pi^2$.

提高题

1.$k = 0$. 2.$10^4, 100$.